Hermelin
Weißstorch
Reh
Feldhase
Aurorafalter ♀
Aurorafalter ♂
Springspinne
Schwebfliege
Kiebitz
Feldlerche
Laubheuschrecke
Blindschleiche
Feldgrille

Joachim Dobers

ERLEBNIS Biologie 3

Ein Lehr- und Arbeitsbuch

Schroedel

ERLEBNIS Biologie 3

Herausgegeben von
Joachim Dobers

Bearbeitet von
Joachim Dobers
Michael Kampf
Stefan Kratsch
Dagmar Mehliß
Sigrid Pankow
Antje Starke

unter Mitarbeit von
Hans-Günther Beuck, Joachim Boesenthal, Kerstin Brausewetter, Eva Döhring, Hartmut Eulner, Dr. Erwin Graf, Gitta Hagmeier, Prof. Hans Hagenmeier, Wolfgang Hahn, Peter Hoff, Dr. Joachim Jaenicke, Heinrich Joußen, Dr. Wolfgang Jungbauer, Dr. Harald Kähler, Manfred Kaufmann, Fritz Klöckner, Sebastian Körnig, Axel Knippenberg, Hans-Peter Konopka, Silke Kraft, Dr. Gabriele Mai, Dr. Wolfgang Martin-Beyer, Erhard Mathias, Hana Meuer, Sabine Nelke, Dr. Andreas Paul, Gustav Pekarsky, Eckard Philipp, Günter Rabisch, Dr. Michael Reck, Sonja Riedel, Monika Semrau, Rüdiger Stelling, Dr. Frank Thomas, Rolf Wellinghorst, Christian Wendel, Annely Zeeb

und der Verlagsredaktion

Illustrationen:
Brigitte Karnath-Eidner
Liselotte Lüddecke
Karin Mall
Tom Menzel
Kerstin Ploß
Thilo Pustlauk
Barbara Schneider-Rank
Ingrid Schobel
Susanne Thater
Werner Wildermuth

Grundlayout und Pinnwände:
Atelier *tiger*color Tom Menzel

Umschlaggestaltung:
Cordula Hofmann

ISBN 3-507-76827-5

Druck A $^{5\ 4\ 3\ 2\ 1}$ / Jahr 2006 2005 2004 2003 2002

Alle Drucke der Serie A sind im Unterricht parallel verwendbar, da bis auf die Behebung von Druckfehlern untereinander unverändert. Die letzte Zahl bezeichnet das Jahr dieses Druckes.

CHLORFREI
Gedruckt auf Papier, das nicht mit Chlor gebleicht wurde. Bei der Produktion entstehen keine chlorkohlenwasserstoffhaltigen Abwässer.

Gesamtherstellung:
Universitätsdruckerei H. Stürtz AG, Würzburg

Lebensprozesse von Produzenten und Destruenten

Organismen in ihrer Umwelt

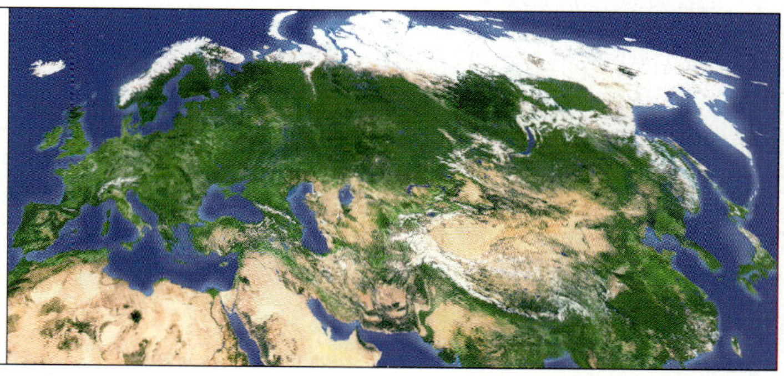

Vererbung

Abstammungslehre

Hier findest du zusätzlich Bilder und Informationen zum jeweiligen Thema. Aufgaben dazu stehen auf eigenen Pinnzetteln.

Pinnwand

Hier findest du weitere Informationen zu Themen, die in anderen Bereichen und Fächern von Bedeutung sind.

Streifzug durch die ...

Hier findest du Versuche, Aufgaben und Bauanleitungen, die du selbstständig oder mit deinen Mitschülerinnen und Mitschülern ausführen kannst.

Übung

Hier findest du vielfältige Aufgaben zum Wiederholen und Vertiefen der Inhalte des Kapitels.

Prüfe dein Wissen

Lebensprozesse von Produzenten und Destruenten

1 ***Gartenausschnitt.*** ***A*** *Laubmoos;* ***B*** *Lebermoos;* ***C*** *Farn;* ***D*** *Nacktsamer;* ***E*** *Bedecktsamer*

1 Formenvielfalt und Ordnung im Pflanzenreich

1.1 Pflanzen in vielerlei Gestalt

Es ist Sommer. Im Garten blühen Lilien, Margeriten, Mohn und Rittersporn. Dazwischen sieht man verschiedene Grüntöne. Dunkelgrün schimmern die Blätter der Pfingstrose, silbergrün die Nadeln der Blaufichte. Alle grünen Pflanzen besitzen den Blattfarbstoff **Chlorophyll**. Mit dessen Hilfe können sie die Energie des Sonnenlichtes nutzen, um organische Stoffe zu produzieren. Pflanzen sind die Voraussetzung für alles Leben auf der Erde.

Erste Algen im Wasser gab es bereits vor etwa zwei Milliarden Jahren. Einfache Landpflanzen besiedelten vor 400 Millionen Jahren das Festland. Seit dieser Zeit haben sich viele verschiedene Pflanzenformen entwickelt. Sie sind an die unterschiedlichsten Lebensräume angepasst. Man unterscheidet heute fünf große Pflanzengruppen.

Stichwort

Produzenten

Alle autotrophen Pflanzen sind Produzenten. Sie bilden das erste Glied der Nahrungskette. Sie betreiben Fotosynthese und produzieren organische Stoffe.

Die **Algen** gehören zu den einfach gebauten Pflanzen. Ihre Größe variiert erheblich: von mikroskopisch kleinen Einzellern bis meterlangen Vielzellern. So sind viele einzellige Algen kleiner als einen Millimeter. Mehrzellige Algenarten weisen häufig fadenförmige oder flächige Vegetationskörper auf. Beim *Riesentang,* einer Braunalge, erreichen einzelne Exemplare eine Länge von über 100 Metern. Die meisten Algenarten kommen in Gewässern vor.

Die anderen Pflanzengruppen sind ebenfalls vielgestaltig. Zu ihnen zählen Moose, **Flechten,** Farn- und Samenpflanzen. Zu den **Moosen** gehören die *Lebermoose,* die meist eine einfache, blattähnliche Gestalt haben. *Laubmoose* dagegen sind in Stängel und Blättchen gegliedert. Rhizoide verankern die Pflanze im Boden. Moose vermehren sich durch Sporen und gehören deshalb zu den Sporenpflanzen. Sie besiedeln meist feuchte Lebensräume.

Eine weitere große Gruppe der Sporenpflanzen sind die **Farnpflanzen**. Zu ihnen zählen Farne, Schachtelhalme und Bärlappe. Sie sind Sprosspflanzen und gliedern sich in Spross und Wurzel. Bei den Farnen gibt es krautige und baumartige Pflanzen.

Die **Samenpflanzen** tragen Blüten und bilden Samen aus. Im Samen geschützt liegen der Embryo und das Nährgewebe. So können Samenpflanzen ungünstige Umweltbedingungen wie Kälte und Trockenheit über lange Zeiträume hinweg überdauern. Sie kommen deshalb in fast allen Lebensräumen vor. Bei einigen Samenpflanzen liegen die Samenanlagen offen auf den Fruchtblättern. Diese Pflanzen nennt man *Nacktsamer.* Bei den *Bedecktsamern* sind die Samenanlagen dagegen im Fruchtknoten eingeschlossen.

Nicht immer kann man von der Gesamtgröße einer Pflanze auf die Größe ihrer Organe schließen. Die *Riesen-Mammutbäume* Kaliforniens sind mit etwa 135 Metern die höchsten Landpflanzen. Sie bilden aber nur kleine Nadeln und winzige Samen aus.
Die Riesenseerose der Gattung *Victoria* zeichnet sich durch besonders große Blüten mit bis zu 40 Zentimetern Durchmesser aus. Sie öffnen sich nur in zwei Nächten. Sie besitzt auch die größten Schwimmblätter im Pflanzenreich. Die Blätter können einen Durchmesser von zwei Metern erreichen und sogar ein Kind tragen. Wild kommt diese Seerose im Verlandungsgebiet des Amazonas in Südamerika vor. Bei uns ist sie in einigen botanischen Gärten zu bewundern.
Die größten Blüten einer Pflanze wurden 1818 in Sumatra entdeckt. Dort wächst im tropischen Regenwald ein Parasit, die *Rafflesia*. Sie lebt auf den Wurzeln wilder Weinarten und bildet keine Blätter aus. Die rotbraun gefleckten Blüten haben einen Durchmesser von etwa einem Meter und können bis zu sieben Kilogramm wiegen. Sie liegen wie ein großer offener Kessel auf dem Boden, stinken faulig und locken so Aasfliegen zur Bestäubung an.

Im Pflanzenreich gibt es nicht nur Riesen. Die Zwergbäume der Tundra oder des Hochgebirges erreichen durch die extremen Lebensbedingungen nur eine geringe Höhe. In solchen Lebensräumen wachsen auch 50 Zentimeter hohe Zwergbirken und nur 10 Zentimeter hohe Kriechweiden.
Die kleinste Samenpflanze gedeiht im Wasser. Es ist eine *Zwergwasserlinse* in Australien. Sie wird nur 0,6 Millimeter lang und wiegt 0,0015 Gramm. Unsere heimische Zwergwasserlinse ist ebenfalls sehr klein. Sie erreicht einen Durchmesser von einem Millimeter und schwimmt auf der Wasseroberfläche. Meist vermehrt sie sich ungeschlechtlich.

Grüne Pflanzen besitzen Chlorophyll und betreiben Fotosynthese. Sie weisen eine große Formenvielfalt auf. Die größten und ältesten Lebewesen zählen zu den Pflanzen. Man unterscheidet fünf große Pflanzengruppen voneinander: Algen, Flechten, Moose, Farn- und Samenpflanzen.

1 Nenne je zwei Beispiele zu Abb. 1 A, C, D und E.
2 Informiere dich über Pflanzenrekorde. Stelle zwei Beispiele vor. Nutze z. B. das Guinnessbuch der Rekorde oder das Internet.
3 Die Riesenseerose Victoria ist eine Samenpflanze. Begründe diese Aussage.

*2 **Rekordhalter unter den Pflanzen. A** Riesen-Mammutbaum; **B** Rafflesia; **C** Victoria; **D** Zwergwasserlinse*

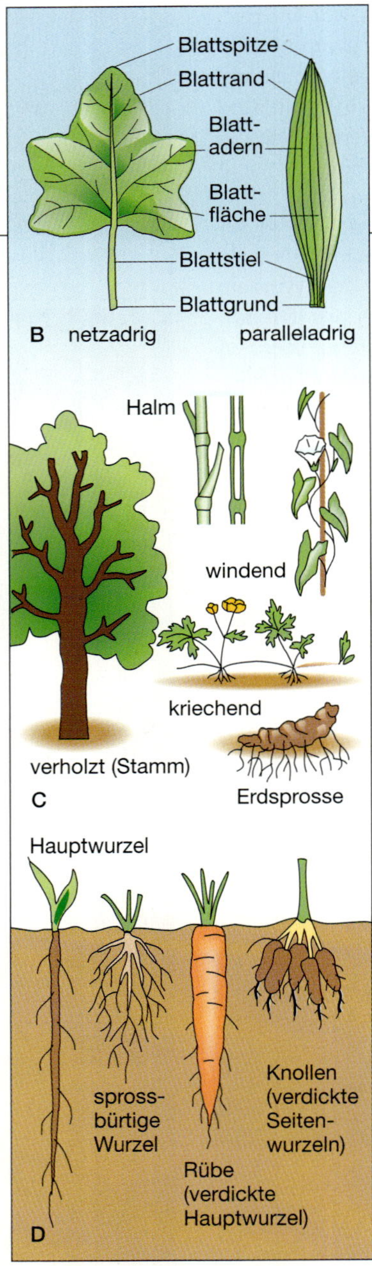

***1 Pflanzenorgane sind unterschiedlich gestaltet. A** Blattformen; **B** schematischer Blattaufbau; **C** Sprossachsenformen; **D** Wurzelformen*

1.2 Formenvielfalt der Pflanzenorgane

Pflanzen zeigen eine erstaunliche Formenvielfalt. Diese ist vor allem auf die Abwandlungen der Hauptorgane Blatt, Sprossachse und Wurzel zurückzuführen.

Laubblätter gehören zu den grünen Teilen der Pflanze. Ihre Hauptaufgabe ist die Fotosynthese. Mit der gesamten *Blattfläche* wird dazu Licht eingefangen. *Blattgrund* und *Blattstiel* ermöglichen Bewegungen des Blattes. Dadurch werden die Blätter in eine günstige Stellung zum Licht gebracht. Blätter unterscheiden sich in ihrer Form und der Anordnung an der Sprossachse. Es gibt einfache Laubblätter, die nur aus einer Fläche bestehen. Bei zusammengesetzten Laubblättern besteht die Blattfläche aus mehreren Blättchen. Die Blattflächen weisen ebenfalls unterschiedliche Formen auf. Sie können zum Beispiel herzförmig wie bei der Linde sein oder nadelförmig wie bei Kiefer und Fichte.

Zum Spross einer Samenpflanze gehört auch die **Sprossachse.** Sie trägt Laubblätter und Blüten. Bäume und Sträucher bilden stark *verholzte* Sprossachsen aus. Bäume besitzen Stamm, Äste und Zweige. Bei allen anderen Pflanzen ist die Sprossachse *krautig.* Man bezeichnet sie dann als Stängel. Eine Sonderform ist der *Halm* der Süßgräser. Er ist hohl und durch Knoten gegliedert.

Sprossachsen unterscheiden sich auch in ihrer Wuchsform. Es gibt zum Beispiel aufrechte, windende, kriechende und liegende Sprossachsen. Hauptaufgabe der Sprossachse ist die Weiterleitung von Stoffen.

Wurzeln wachsen unterirdisch und verankern die Pflanze im Boden. Mit ihnen nimmt die Pflanze Wasser und gelöste Mineralstoffe auf. Wurzeln sind meist verzweigt. Wenn sie der Stoffspeicherung dienen, sind sie verdickt. Eine verdickte Hauptwurzel bezeichnet man als *Rübe.* Bei *Wurzelknollen* handelt es sich um verdickte Seitenwurzeln.

Samenpflanzen sind durch die Abwandlung der Grundorgane Wurzel, Sprossachse und Laubblatt sehr vielgestaltig.

1 Benenne die abgebildeten Blattformen.

2 Beschreibe verschiedene Wurzelformen. Nutze dazu auch die Pinnwand Seite 9.

Pinnwand

UMGEWANDELTE PFLANZENORGANE

Efeu

Kletterstrauch mit immergrünen Blättern; klettert mit speziellen Haftwurzeln

Kartoffel

Pflanze bildet an den Seitensprossen Sprossknollen, in denen sie Stärke speichert

Kaktus

Pflanze besitzt verdickte (sukkulente) Sprossachse und zu Dornen umgebildete Blätter

Sonnentau

Tier fangende Pflanze, die spezielle Fangblätter mit Drüsenhaaren besitzt

Mangrovenpflanze

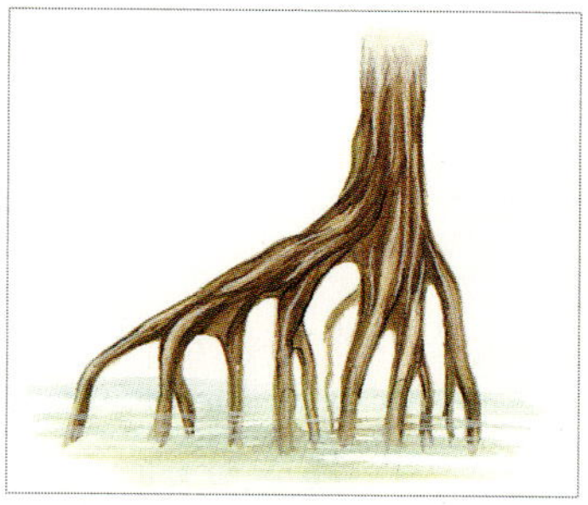

Pflanze wächst in der Gezeitenzone; sie hat Stelzwurzeln

Erdbeere

Pflanze bildet Ausläufer und vermehrt sich auf diesem Weg vegetativ

Knospen

Niederblätter schützen die neuen Blatt- oder Blütenanlagen

Weihnachtsstern

Farbige Hochblätter locken Bestäuber an

Küchenzwiebel

Die verdickte Blattbasis speichert Stoffe (zum Beispiel Senföle)

1 Gib für jedes umgewandelte Pflanzenorgan die entsprechende Funktion an.

2 Ordne die einzelnen Abbildungen den Grundorganen Wurzel, Blatt und Sprossachse zu.

Pinnwand

KNOSPEN

1.3 Ein- und zweikeimblättrige Pflanzen

Die Schüler hatten eine Gras- und Kräutermischung gesät. Die Samen keimten und schon nach kurzer Zeit konnte man die ersten grünen Spitzen sehen. Manche Pflanzen hatten nur ein Keimblatt, andere zwei. Die Keimblätter sind ein wichtiges Merkmal der Samenpflanzen. Nach ihrer Anzahl gliedert man die Bedecktsamer in zwei Gruppen.

Einkeimblättrige Pflanzen haben Keimlinge mit *einem* Keimblatt. Die danach wachsenden Laubblätter sind meist ganzrandig und ungestielt. Fast immer verlaufen die Blattadern *parallel*. Auch der Stängelquerschnitt zeigt oft einen typischen Bau. Hier liegen über die Fläche *verstreut* viele kleine Leitbündel für den Stofftransport. Die Blüten vieler einkeimblättriger Pflanzen sind *dreizählig*. Die Wurzeln bilden häufig *Wurzelbüsche* aus. Typische Vertreter sind Gräser wie Mais, Weizen und Roggen. Aber auch Orchideen, Lilien und Palmen gehören zu den einkeimblättrigen Pflanzen.

Zweikeimblättrige Pflanzen haben Keimlinge mit *zwei* Keimblättern. Die später wachsenden Laubblätter sind vielgestaltig und tragen *netzartig* verlaufende Blattadern. Die Leitbündel liegen *kreisförmig* im äußeren Bereich des Stängels. Die Blüten sind meist *vier-* oder *fünfzählig*. Häufig findet man eine stark entwickelte *Hauptwurzel* mit Seitenwurzeln. Zu den zweikeimblättrigen Pflanzen gehören viele Laubbäume, Sträucher und Kräuter.

Nach der Anzahl der Keimblätter unterscheidet man bei den Bedecktsamern ein- und zweikeimblättrige Pflanzen.

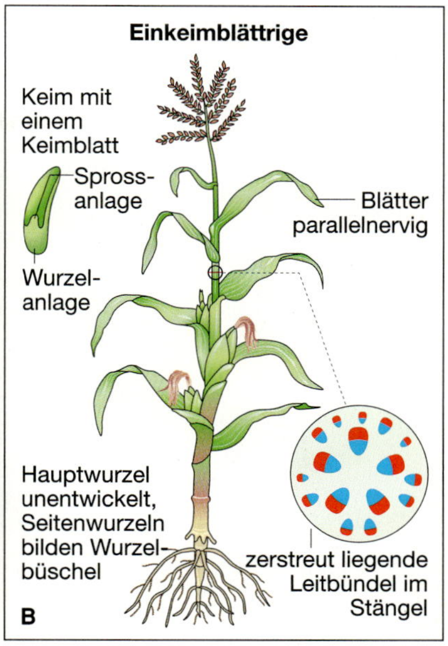

*1 **Mais – eine einkeimblättrige Pflanze. A** Maisfeld; **B** Merkmale*

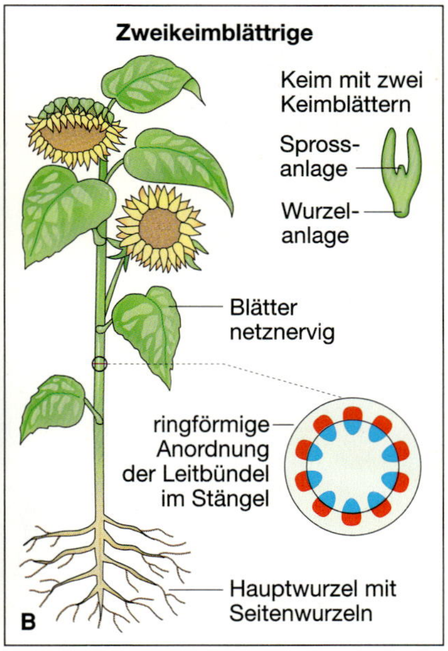

*2 **Sonnenblume – eine zweikeimblättrige Pflanze. A** Sonnenblumenfeld; **B** Merkmale*

1 Stelle die Merkmale ein- und zweikeimblättriger Pflanzen in einer Tabelle zusammen.

2 Ordne die folgenden Beispiele den ein- und zweikeimblättrigen Pflanzen zu: Raps, Aster, Kokospalme, Hafer, Frauenschuh (Orchidee), Hirtentäschel, Rotbuche, Feuerlilie, Sommerlinde, Weizen.

3 Entwickle mit folgenden Begriffen eine Übersicht: Samenpflanzen, Bedecktsamer, Nacktsamer, einkeimblättrig, zweikeimblättrig.

*1 **Klatschmohn.***
***A** blühend; **B** fruchtend*

1.4 Verwandte Pflanzen zeigen gemeinsame Merkmale

Es ist Sommer. Die Getreidefelder werden gelb. Am Feldrand leuchten die roten Blüten des *Klatschmohns.* Auch blaue *Kornblumen* und weiße Blütenköpfe der *Kamille* sind zu erkennen.
Wer die Vegetation eines Feldraines genauer untersucht, findet viele unterschiedliche Pflanzenarten. Sie unterscheiden sich zum Beispiel im Blütenbau und in der Fruchtform voneinander.

Betrachten wir eine Blüte des Klatschmohns genauer. Deutlich lassen sich die kreisförmig angeordneten, freien Kronblätter erkennen. Ihre Anzahl kann zwischen vier und sechs schwanken. Außerdem besitzt die Blüte zwei Kelchblätter. Der oberständige Fruchtknoten ist von vielen Staubblättern umgeben. In ihm liegen die Samenanlagen. Nach der Bestäubung und Befruchtung entwickelt sich eine kugelförmige Kapsel. Ist sie reif, öffnet sie auf der Oberseite ihre Poren. Die schwarzen Samen fallen heraus und werden vom Wind verbreitet. Bei uns wächst nicht nur der wilde Klatschmohn. Angebaut wird eine dem Klatschmohn ähnliche **Art,** die Kulturpflanze *Schlafmohn.* Die Blüten haben weiße Kronblätter, die am Grunde violett erscheinen. Die Samen werden zur Gewinnung von Mohnöl und zum Backen verwendet. Weitere Arten sind der *Saatmohn* und der *Sandmohn.* Auch als Zierpflanze für den Garten werden verschiedene Mohnarten angeboten. Dort gedeiht zum Beispiel der gelb blühende *Islandmohn.*
Die Mohnarten unterscheiden sich in der Fruchtform voneinander. Sie sind eng miteinander verwandt und bilden die **Gattung Mohn**. Alle Mohnpflanzen besitzen einen weißen Milchsaft, der in Gefäßen transportiert wird. Die Gattung umfasst insgesamt über 50 Mohnarten. Mehrere verwandte Gattungen wie Mohn und Schöllkraut bilden zusammen die **Familie** der **Mohngewächse.**

2 Feldrain

Andere Pflanzenfamilien kennst du bereits. Die Blütenstände der *Echten Kamille* bestehen aus weißen Zungenblüten, die gelbe Röhrenblüten umgeben. Weil der Blütenstand einem Korb ähnelt, bezeichnet man die gesamte Pflanzenfamilie als **Korbblütengewächse**. Die Echte Kamille hat einen typischen Duft und ist außerdem am kegelförmigen, hohlen Korbboden von anderen Kamillearten zu unterscheiden.
Ganz ähnliche Blütenstände zeigt das *Knopfkraut* oder *Franzosenkraut,* eine weitere Wildpflanze am Ackerrand, die zu den Korbblütengewächsen gehört.
Auf vielen Feldern fallen im Spätsommer auch die großen Blütenkörbe der *Sonnenblume* ins Auge, ebenfalls ein Korbblütengewächs. Diese Nutzpflanze wird vor allem wegen ihrer Samen angebaut. Man gewinnt aus ihnen Sonnenblumenöl und nutzt sie als Tierfutter.
Ein häufig zu sehendes Korbblütengewächs ist die *Kornblume.* Ihre blauen Blütenköpfe bestehen nur aus Röhrenblüten. Die äußeren Blüten sind hier größer als die inneren.

Auf Feldern und an Feldrändern finden sich noch weitere Vertreter anderer Pflanzenfamilien. Unsere Hauptgetreidearten *Weizen, Roggen* und *Gerste* zeigen viele gemeinsame Merkmale. Ihr Stängel ist besonders stabil und biegsam. Es ist ein hohler Halm mit Knoten. Die Getreidearten blühen eher unscheinbar. Ihre Blütenstände bestehen aus vielen Blüten, die in Ährchen zusammengefasst sind. Jedes Ährchen trägt am Grunde zwei Hüllspelzen. Mehrere Ährchen bilden die Getreideähre. Die vielen gemeinsamen Merkmale im Bau der Pflanzen weisen auch hier auf Verwandtschaft hin. Unsere Hauptgetreidearten gehören alle zu einer Pflanzenfamilie, den **Süßgräsern.**

Auf Feldern wachsen oft zwei eng verwandte Stiefmütterchenarten. Es sind das gelb-weiß blühende *Feldstiefmütterchen* und das gelb-violett blühende *Wilde Stiefmütterchen.* Ihre Blüten sind zweiseitig symmetrisch und bestehen aus fünf Kronblättern. Das unterste Kronblatt trägt einen Sporn. Beide Arten gehören zur Familie der **Veilchengewächse**.

> Verwandte Pflanzen zeigen gemeinsame Merkmale im Blütenbau und in der Fruchtform. Eng verwandte Arten werden zu einer Gattung zusammengefasst. Mehrere verwandte Gattungen bilden eine Pflanzenfamilie.

1 Beschreibe den Bau der Blüte und der Frucht des Klatschmohns. Nutze dazu die Abb. 1 A und B.

2 Benenne die in der Abbildung 2 gezeichneten Pflanzen.

Übung

Kennübungen Samenpflanzen

A1 Bestimmung von ausgewählten Pflanzenfamilien

a) Bestimme für drei ausgegebene Pflanzen die Pflanzenfamilie.
b) Beschreibe den Blütenbau einer Weißen Taubnessel und des Wiesenschaumkrautes.

A 2 Bestimmung von Lippenblütengewächsen

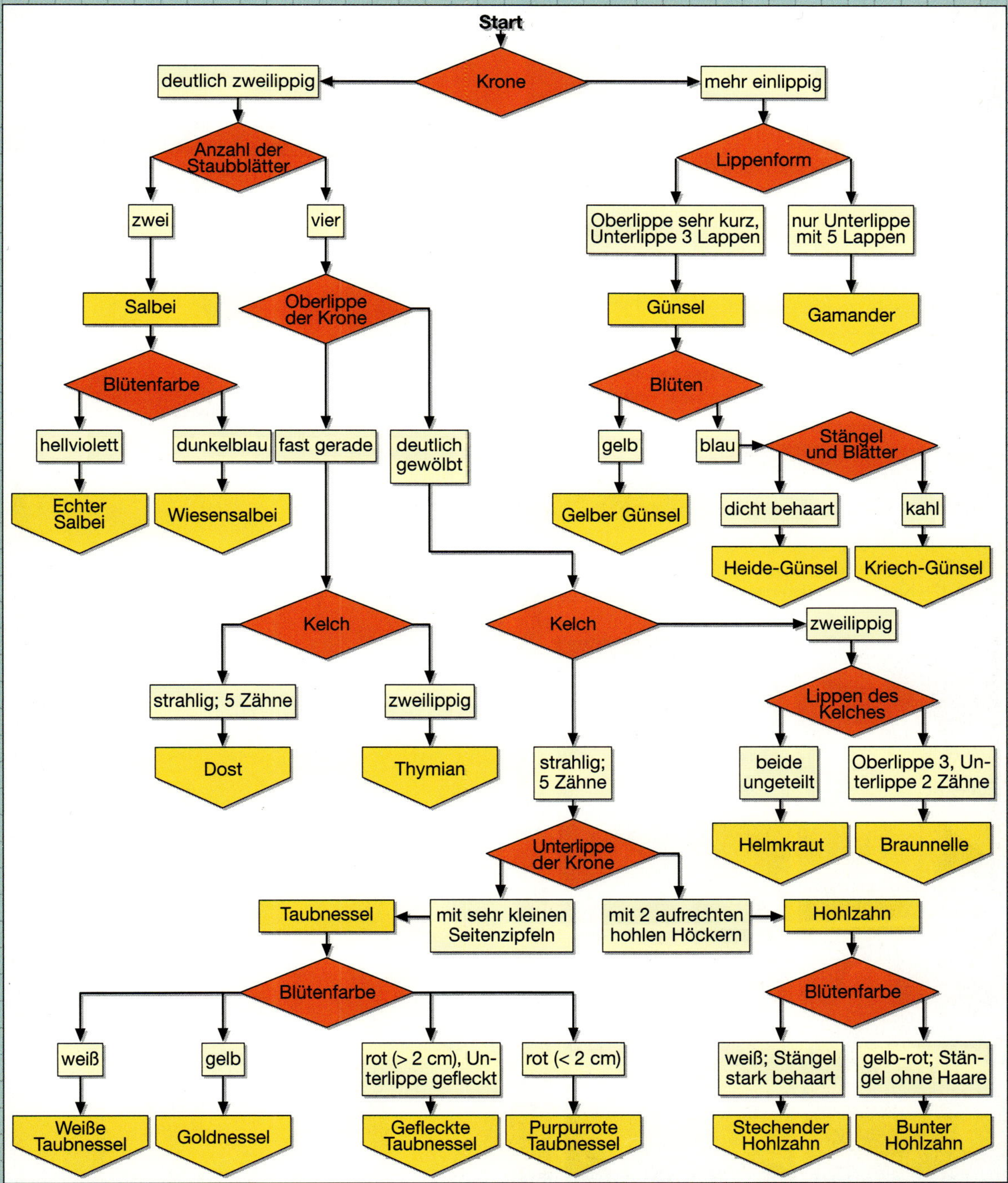

Lass dir drei Lippenblütengewächse geben, die mit diesem Bestimmungsschlüssel bestimmbar sind und ermittle den Namen der Pflanzen.

Pinnwand

SYSTEM DER PFLANZEN (AUSSCHNITT)

Das Pflanzenreich

Auf dieser Pinnwand siehst du einen Ausschnitt aus der Vielfalt der über 450 000 Pflanzenarten der Erde.
Je nach dem Grad der Verwandtschaft lassen sich die Pflanzen verschiedenen Gruppen zuordnen. Eine **Abteilung** der Pflanzen sind zum Beispiel die *Samenpflanzen*. Man unterteilt diese in zwei **Unterabteilungen,** die *Nackt-* und die *Bedecktsamer*. Zu den Bedecktsamern gehören die zwei **Klassen** der *Einkeimblättrigen* und der *Zweikeimblättrigen*.
Hier finden sich verschiedene **Unterklassen** wie zum Beispiel die *Taubnesselähnlichen*. In dieser Unterklasse werden mehrere verwandte **Ordnungen** zusammengefasst.

1 Ordne die vier abgebildeten Pflanzen in das System ein. Gib die Abteilung, wenn möglich die Unterabteilung, die Klasse und gegebenenfalls die Unterklasse an.

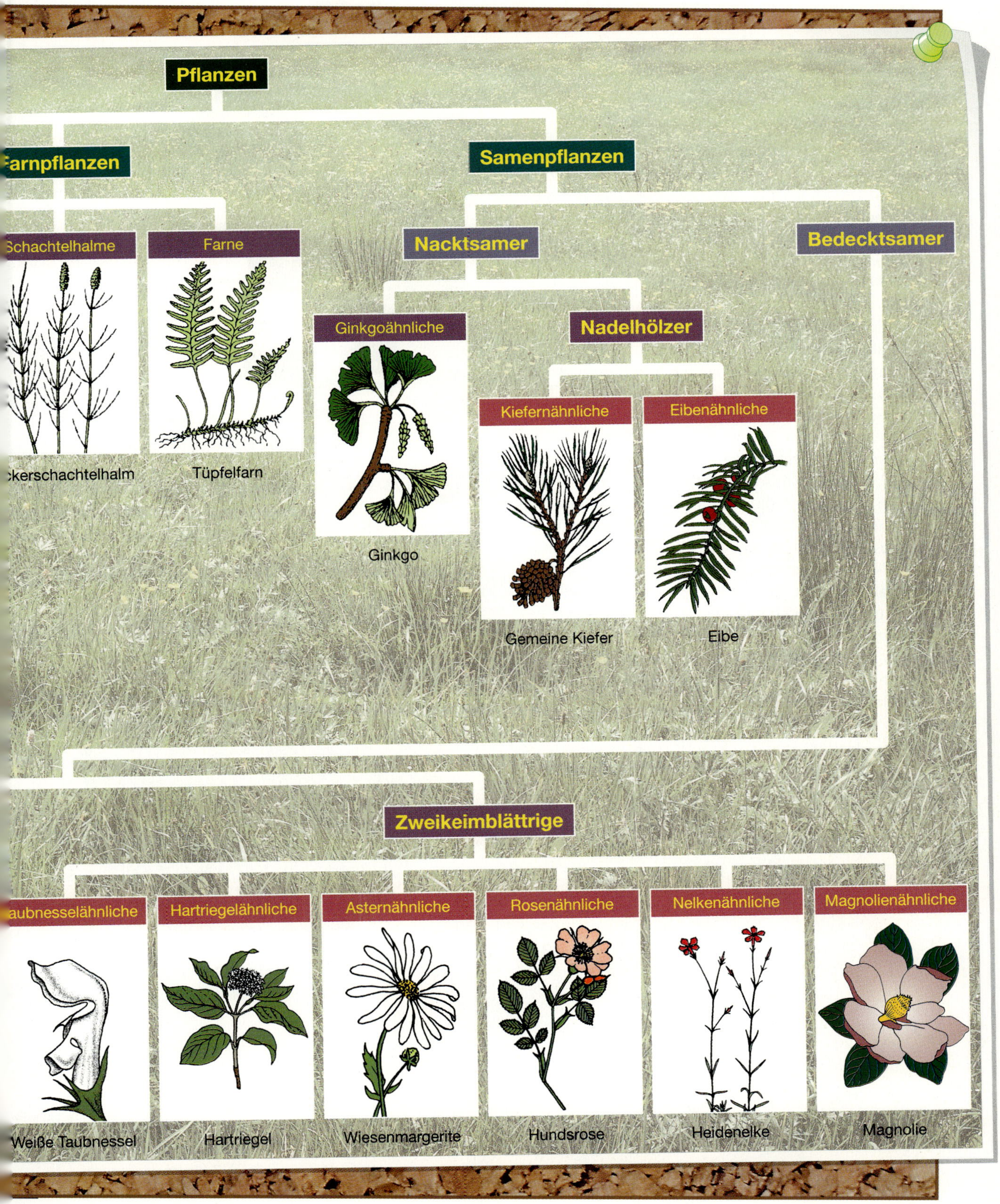
Pflanzen
arnpflanzen
Samenpflanzen
Schachtelhalme
Farne
Nacktsamer
Bedecktsamer
ckerschachtelhalm
Tüpfelfarn
Ginkgoähnliche
Nadelhölzer
Ginkgo
Kiefernähnliche
Eibenähnliche
Gemeine Kiefer
Eibe
Zweikeimblättrige
aubnesselähnliche
Hartriegelähnliche
Asternähnliche
Rosenähnliche
Nelkenähnliche
Magnolienähnliche
Weiße Taubnessel
Hartriegel
Wiesenmargerite
Hundsrose
Heidenelke
Magnolie

2 Wachstum, Entwicklung und Fortpflanzung bei Samenpflanzen

2.1 Bau einer Pflanzenzelle

Im 17. Jahrhundert bauten Wissenschaftler die ersten Lichtmikroskope. Dadurch tat sich dem Menschen eine bis dahin unbekannte Welt auf. Aber erst seit dem 19. Jahrhundert untersuchen Botaniker pflanzliche Gewebe und deren Zellen genauer.

Unter dem Lichtmikroskop lässt sich bei ausgewachsenen Zellen eine feste **Zellwand** erkennen. Sie umschließt den lebenden Zellkörper, den **Protoplasten**. Die Zellwand besteht aus Zellulose. Sie verleiht der Zelle Stabilität.

Im Innern der Pflanzenzelle befinden sich verschiedene *Organellen*. Sie sind mit den Organen vielzelliger Organismen vergleichbar und haben unterschiedliche Aufgaben zu erfüllen. In den **Chloroplasten** beispielsweise findet die Fotosynthese statt, bei der aus anorganischen Stoffen organische aufgebaut werden. Die Organellen liegen im **Zellplasma,** der Grundsubstanz des Protoplasten. Es ist zähflüssig und enthält neben Wasser gelöste Salze, verschiedene Eiweiße sowie andere Stoffe. Nach außen abgegrenzt ist es durch die **Zellmembran.** Der im Zellplasma eingebettete **Zellkern** umgibt die Erbanlagen und steuert den Stoff- und Energiewechsel der Zelle.

In den Zellen pflanzlicher Dauergewebe nimmt die **Vakuole** einen großen Raum ein. Sie hält den Innendruck der Zellen aufrecht. Vakuolen enthalten Zellsaft, der aus Stoffen besteht, die das Zellplasma abgeschieden hat. Häufig sind es Reservestoffe wie gelöste Zucker, Eiweiße oder Fette oder auch Farbstoffe, Gerbstoffe und stickstoffhaltige Substanzen.

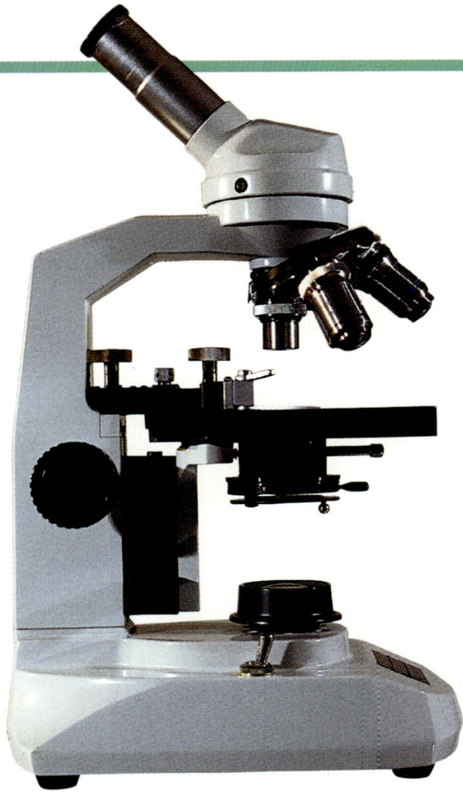

1 Lichtmikroskop

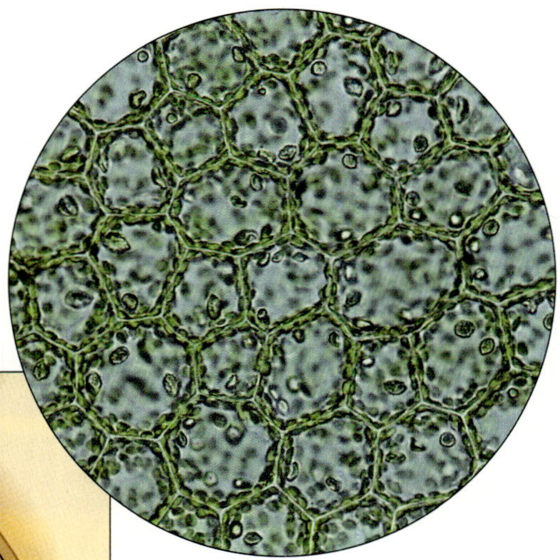

2 Zellen eines Laubmooses
(im Lichtmikroskop)

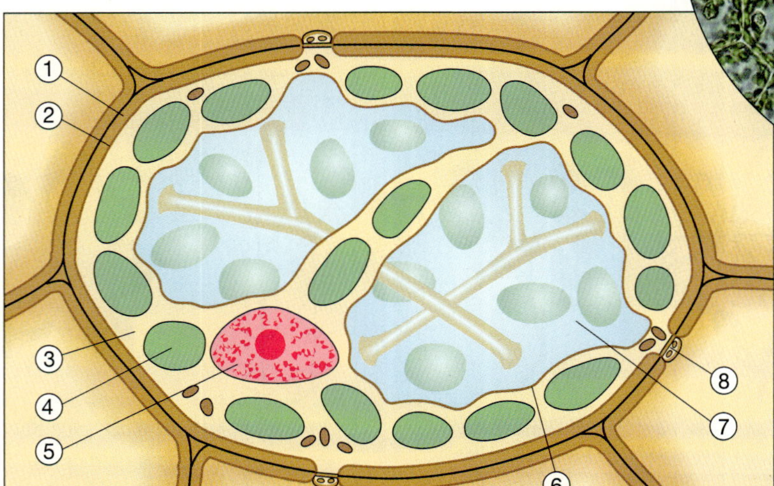

3 Pflanzenzelle *(Schema).*
① Zellwand; ② äußere Zellmembran; ③ Zellplasma (Protoplasma); ④ Chloroplast; ⑤ Zellkern; ⑥ innere Zellmembran; ⑦ Vakuole; ⑧ Pore

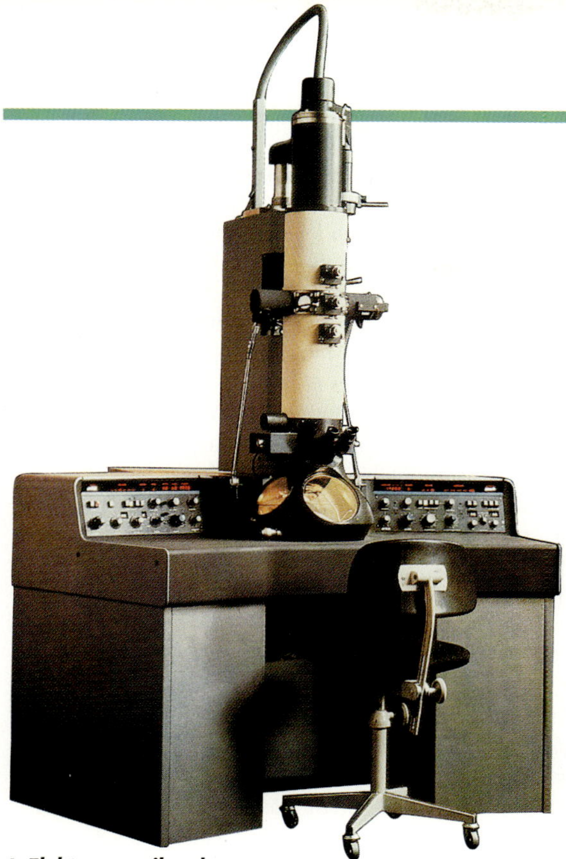

4 Elektronenmikroskop

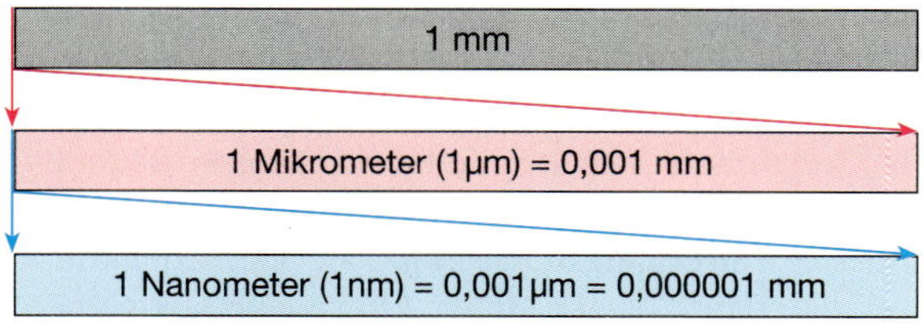

5 Längenmaße *(Schema)*

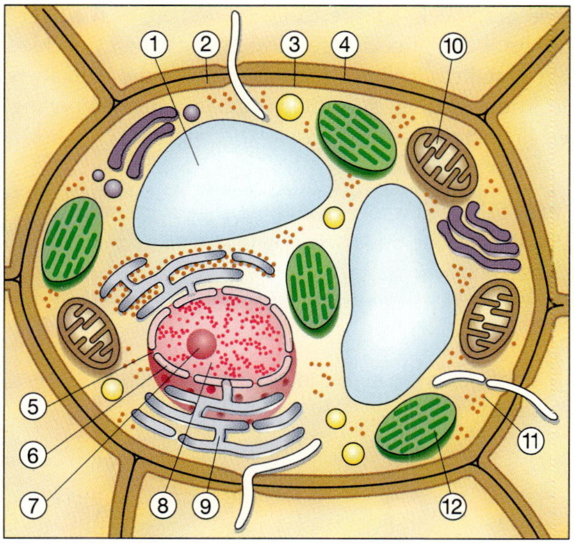

Mit der Entwicklung der Elektronenmikroskopie ab 1931 konnten noch feinere Zellstrukturen sichtbar gemacht werden. Mit diesen Mikroskopen lassen sich Einzelheiten bis zu einer Größe von 10 nm erkennen. Elektronenstrahlen übernehmen hier die Funktion des Lichts. Sie dringen jedoch nicht sehr tief in das zu untersuchende Objekt ein. Daher sind für die Untersuchung sehr dünne Schnitte erforderlich. Diese Buchseite müsste als geeignetes Präparat noch einmal in etwa 100 Seiten aufgetrennt werden.

Unter dem Elektronenmikroskop lässt sich erkennen, dass Chloroplasten von zwei Membranen umgeben sind. Die innere Membran ist eingestülpt und bildet lamellenartige, chlorophyllhaltige Stapel. Dadurch vergrößert sich ihre Oberfläche. So kann die Pflanze ausreichend Sonnenlicht für die *Fotosynthese* aufnehmen.

Mit dem Elektronenmikroskop wurden auch Einzelheiten der **Mitochondrien** sichtbar. Ihre Hülle besteht ebenfalls aus zwei Membranen. Die Innenmembran bildet unterschiedlich gestaltete Einstülpungen. In der Membranfläche laufen die Vorgänge der *Zellatmung* ab. Dort gewinnt die Zelle ihre Energie.

Auch die Vakuolen und der Zellkern werden von Membranen umgeben. Weitere Membranen wie das **Endoplasmatische Reticulum** durchziehen das Plasma und stellen die Verbindung zu benachbarten Zellen her. Sie dienen dem *Stofftransport* innerhalb der Zelle, können aber auch Stoffe aus der Zelle heraus transportieren. In manchen Bereichen sind dem Endoplasmatischen Reticulum körnchenartige Gebilde angelagert, die **Ribosomen**, die auch frei im Plasma liegen können. Es sind die Orte, an denen die *Eiweißsynthese* stattfindet.

Pflanzenzellen sind von einer festen Zellwand umgeben. Der Protoplast besteht aus Zellkern, Zellplasma, Chloroplasten, Mitochondrien und unterschiedlichen Membransystemen.

1 Stelle in einer Tabelle die Zellbestandteile und ihre Aufgaben zusammen.

2 Welche neuen Erkenntnisse zum Bau der Pflanzenzelle ließen sich durch das Elektronenmikroskop gewinnen?

6 Pflanzenzelle *(elektronenmikroskopisches Bild, Schema). ① Vakuole; ② Zellwand; ③ Zellmembran; ④ Mittellamelle; ⑤ Kernpore; ⑥ Kernmembran; ⑦ Kernkörperchen; ⑧ Zellkern; ⑨ Endoplasmatisches Reticulum; ⑩ Mitochondrium; ⑪ Ribosom; ⑫ Chloroplast*

1 Bohnenpflanze.
A *Keimung und Wachstum;*
B *Bildungsgewebe der Sprossspitze;*
C *Bildungsgewebe der Wurzelspitze*

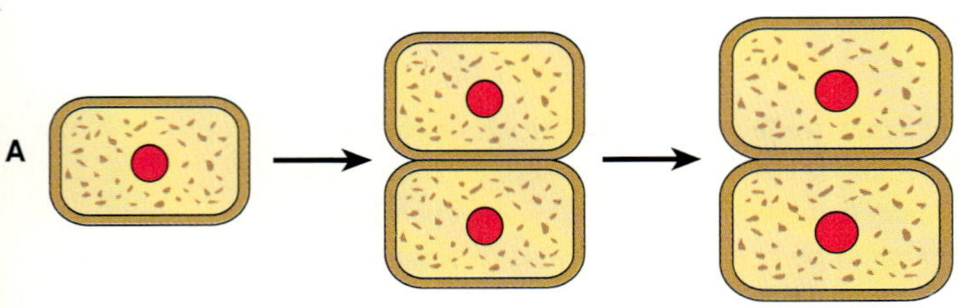

2 Wachstum. ***A*** *Zellteilung;* ***B*** *Streckungswachstum*

2.2 Wie pflanzliche Zellen wachsen

In wenigen Wochen bildet sich aus einem keimenden Bohnensamen eine Bohnenpflanze mit Sprossteilen und Wurzeln. Das ist schon eine erstaunliche Veränderung. Welche Vorgänge spielen sich dabei ab?
Grüne Pflanzen bilden in den Chloroplasten ihrer Zellen durch Fotosynthese körpereigene organische Stoffe. Diese werden innerhalb der Pflanze zu allen Zellen transportiert. Sie sind die Voraussetzung für das Wachstum der Zellen, denn aus ihnen entstehen das Zellplasma und alle anderen Zellbestandteile. Daher heißt dieser Vorgang auch **Plasmawachstum.**

Haben die Zellen einer Pflanze eine bestimmte Größe erreicht, können sie sich teilen. Plasmawachstum und **Zellteilungen** finden bei krautigen Sprosspflanzen wie der Bohne im *Bildungsgewebe* der Sprossspitzen und der Wurzelspitzen statt. Der eigentlichen Zellteilung geht die Teilung des Zellkerns voraus. Die verschiedenen Zellbestandteile werden dabei auf die entstehenden Tochterzellen verteilt. Es bildet sich eine neue Zellwand. Diese wächst durch fortgesetztes Einlagern von Wandmaterial und teilt schließlich die Mutterzelle in die beiden Tochterzellen.

Die Wachstumsgeschwindigkeit der Bohnenpflanze lässt sich damit allerdings nicht erklären. Hinter dem Bildungsgewebe befindet sich eine *Streckungszone.* Hier vergrößern sich die Zellen in wenigen Stunden um ein Vielfaches ihres ursprünglichen Volumens. Es findet ein **Streckungswachstum** statt. Das Zellplasma und die darin eingebetteten Organellen vermehren sich dabei nicht. Durch Wasseraufnahme kommt es jedoch im Innenraum der Zelle zur Bildung von Vakuolen. Auch die Zellwand wächst weiter, bis sie am Ende der Streckung ihre Fähigkeit verliert, sich zu verformen. Beim Streckungswachstum entstehen verschieden gestaltete Zellen, je nachdem, welche Aufgaben sie in der Pflanze zu erfüllen haben. Diesen Vorgang bezeichnet man als *Zelldifferenzierung.*

Pflanzenzellen wachsen durch Zellteilungs- und Plasmawachstum. Anschließend kommt es zum Streckungswachstum.

1 Beschreibe die in Abbildung 2 dargestellten Vorgänge.

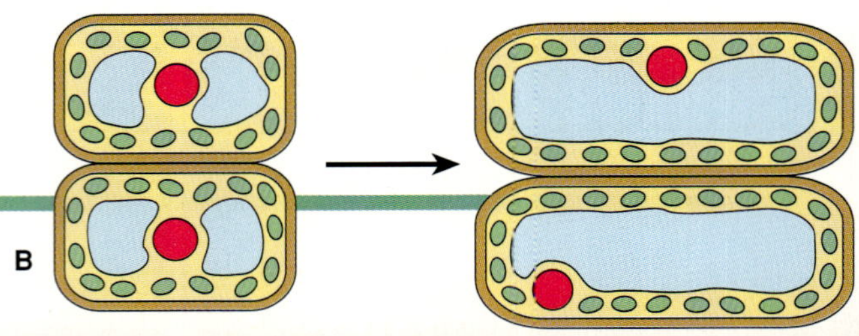

Gewebekultur

Streifzug durch die Technik

Die Wachstums- und Entwicklungsvorgänge von Pflanzen werden durch innere und äußere Faktoren beeinflusst. Besonders Licht und Temperatur, aber auch die Schwerkraft, die Bodenbeschaffenheit und die Wasserversorgung prägen die Entwicklung und Gestalt einer Pflanze. Als innere Faktoren beeinflussen vor allem **Pflanzenhormone** die Entwicklung der Pflanze. Diese Wirkstoffe werden in der Spross- und Wurzelspitze gebildet. Sie wirken schon in sehr geringen Konzentrationen.
Viele dieser Hormone können auch künstlich hergestellt werden. Sie dienen beispielsweise zur Bewurzelung von Stecklingen oder zur Beschleunigung der Fruchtreife.
In der Pflanzenzüchtung werden Pflanzenhormone seit einiger Zeit auch genutzt, um aus einer einzelnen Zelle oder einem kleinen Gewebestück eine neue Pflanze wachsen zu lassen. Diese Technik wird als **Gewebe-** oder **Zellkulturtechnik** bezeichnet. Als Ausgangsmaterial dienen beispielsweise Achselknospen, Sprosse oder Wurzeln.
Durch *Enzyme* werden zuerst die Zellwände dieser Pflanzenteile aufgelöst. Man erhält so die Protoplasten der Zellen. Protoplasten können sich von organischen Stoffen ernähren. Deshalb beginnen sie sich auf speziellen Nährboden mit allen nötigen Nährstoffen und Pflanzenhormonen zu teilen. Dadurch bildet sich ein *Kallus,* ein Zellhaufen aus undifferenzierten Pflanzenzellen. Zugegebene Pflanzenhormone bewirken, dass sich aus dem Kallus wieder eine vollständige Pflanze entwickelt.
Auf diese Weise können zum Beispiel Orchideen gezüchtet werden, die sich über Samen nur sehr schwer vermehren lassen. Bei Tabak, Kartoffeln und Reis ist es ebenfalls gelungen, aus einzelnen Zellen ganze Pflanzen zu ziehen. Auch Usambaraveilchen, Nelken oder Chrysanthemen können so vermehrt werden. Bei der Gewebekulturtechnik entstehen sehr viele erbgleiche Nachkommen aus einer Pflanze.

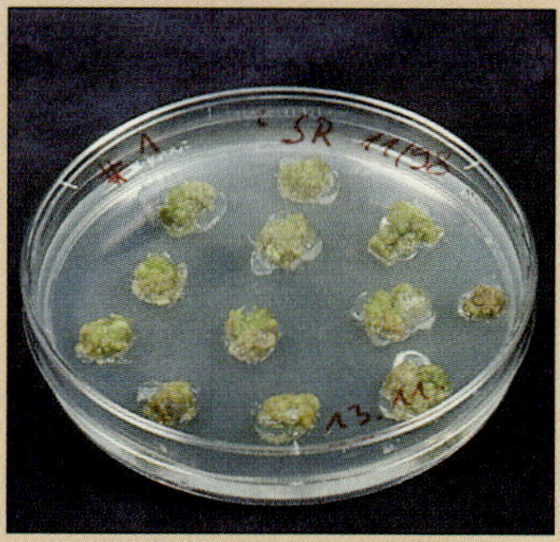

1 Zellhaufen (Kallus)

2 Ein aus Kallusgewebe hervorgegangener Spross

1 Erläutere die Gewebekulturtechnik mithilfe der Abbildung 3.
2 Welche Vorteile hat die Gewebekulturtechnik?

3 Pflanzenvermehrung durch Gewebekulturtechnik

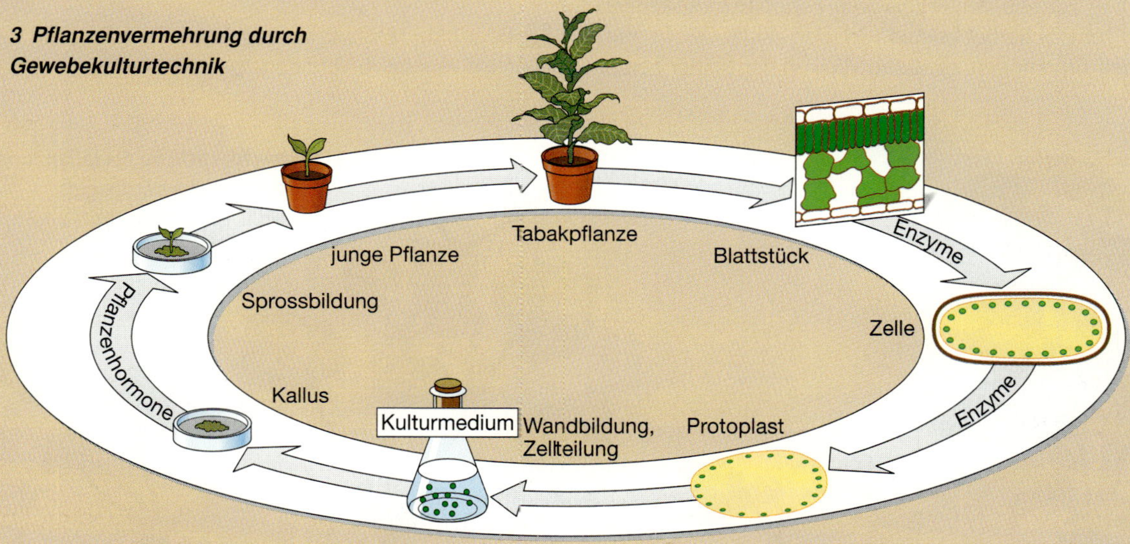

2.3 Ungeschlechtliche Fortpflanzung

Die aus tropischen Regionen stammenden Grünlilien sind beliebte Zimmerpflanzen. Bei fast jeder großen Pflanze hängen Blütentriebe mit Achselknospen herab, die zu ansehnlichen Jungpflanzen austreiben. Diese mit der Mutterpflanze verbundenen Pflanzen entwickeln sich am Ende von umgewandelten Sprossen, den *Ausläufern*. Sie dienen der *ungeschlechtlichen* oder **vegetativen Fortpflanzung**.

Trennt man die Jungpflanzen von der Mutterpflanze und stellt sie in ein Glas mit Wasser, bewurzeln sie sich. Sie lassen sich so verpflanzen und vermehren. Vegetative Vermehrung durch **oberirdische Ausläufer** finden wir auch bei Erdbeeren, Weißklee und Kriechendem Hahnenfuß.

In Mittelgebirgen wachsen große Bestände des Schmalblättrigen Weidenröschens. Hier sind es **unterirdische Ausläufer,** die *Rhizome*, die für die Ausbreitung sorgen. In bestimmten Abständen bilden sich an den Rhizomen neue, senkrecht nach oben wachsende Sprossteile. Mutter- und Tochterpflanzen bleiben dadurch miteinander verbunden. Schilfrohr wächst an Ufern auf diese Weise so dicht, dass daraus ein Pflanzengürtel entsteht. Auch Taubnesseln und Quecken vermehren sich durch unterirdische Ausläufer vegetativ.

Andere Formen der vegetativen Fortpflanzung kennen wir vom Scharbockskraut. In den Blattachseln entstehen *Brutknollen*, die beim Welken der Blätter herabfallen. Sie werden vom Regenwasser verbreitet und wachsen zu neuen Pflanzen heran. So entstehen ausgedehnte Teppiche dieses Frühblühers. Das Scharbockskraut pflanzt sich außerdem auch durch *Wurzelknollen* fort. Dabei handelt es sich um knollenförmige Gebilde im Bereich der Wurzeln. Wühlende und scharrende Tiere verbreiten die Knollen, die später zu neuen Pflanzen austreiben.

Krokusse bringen in unseren Breiten keine Samen hervor, obwohl sie regelmäßig blühen. Sie vermehren sich vegetativ aus *Sprossknollen,* verdickten unterirdischen Stängeln. Im Frühjahr entwickelt sich auf der Mutterknolle ein Kranz von Tochterknollen. Diese treiben Wurzeln in den Boden, die sich später wie straff gespannte Gummiseile verkürzen und so die jungen Knollen tiefer in den Boden ziehen. Auf diese Art bilden Krokusse dichte Horste.

Tulpen, Hyazinthen, Narzissen, Märzenbecher und Schneeglöckchen vermehren sich durch *Zwiebeln*.

1 Grünlilie

Bei der ungeschlechtlichen Fortpflanzung von Samenpflanzen entsteht die nächste Generation ohne Befruchtung aus Organen der Mutterpflanze.

1 Begründe, weshalb die vegetative Fortpflanzung auch als vegetative Vermehrung bezeichnet wird.

2 Ungeschlechtliche Fortpflanzung.
***A** Ausläufer bei der Erdbeere;*
***B** Scharbockskraut mit Brut- und Wurzelknollen*

VEGETATIVE VERMEHRUNG IN DER PRAXIS

Pinnwand

Vermehrung durch Blattstecklinge

Zierpflanzengärtnereien vermehren einige Pflanzen wie Dickblattgewächse, Usambaraveilchen oder Begonien über Blattstecklinge. Dazu werden Blätter oder Blattteile von voll entwickelten Pflanzen geschnitten und in feuchte Erde gedrückt. Die Pflanzenteile bilden schnell Wurzeln und können anschließend einzeln verpflanzt werden.

Vermehrung durch Absenken

Baumschulen vermehren einige Sträucher und Bäume wie Haseln oder bestimmte Lindenarten, indem sie einjährige Langtriebe an der Rinde schräg einschneiden und in den Boden absenken. Diese Absenker bewurzeln sich rasch an der Stelle im Boden, an der der Schnitt erfolgt ist. Anschließend werden die neu entstandenen bewurzelten Pflänzchen von der Mutterpflanze getrennt und verpflanzt.

1 Welche Beispiele einer vegetativen Vermehrung in der Praxis kennst du noch? Entwirf weitere Pinnzettel.

2 Erläutere die Vorteile der vegetativen Vermehrung.

Vermehrung durch Rhizome

Bananen werden in tropischen Ländern in riesigen Plantagen angebaut. Dort nutzt man die Möglichkeit, die Pflanzen über Teilstücke von Rhizomen zu vermehren. Rhizome sind horizontal kriechende Erdsprosse. Bei Bananen gewinnt man diese von bereits abgestorbenen Stauden. Mit den Rhizomen lassen sich neue Plantagen anlegen. Ein halbes Jahr nach der Pflanzung ist die Staude ausgewachsen. Die Banane trägt nur einmal einen Fruchtstand, dann stirbt sie ab. Ihre Rhizome treiben neue Seitensprosse, aus denen sich wieder Schösslinge entwickeln. Die kräftigsten wachsen zu neuen Stauden heran. Das Prinzip der Rhizomvermehrung wird auch bei der Vermehrung von Bambus und Schwertlilien verwendet.

Vermehrung durch Sprossknollen

Die Sprosse einiger für uns wichtiger Nutzpflanzen bilden unterirdische Sprossknollen. Ein Beispiel dafür ist die Kartoffel. Nutzt der Mensch die Kartoffelknollen nicht für seine eigene Ernährung oder als Viehfutter, dienen sie als „Saatgut“. Aus jeder Knolle wächst im folgenden Jahr eine neue Pflanze heran. Auch die Nutzpflanze Topinambur wird auf diese Art vermehrt.

1 Insektenbestäubung bei Kirschblüten

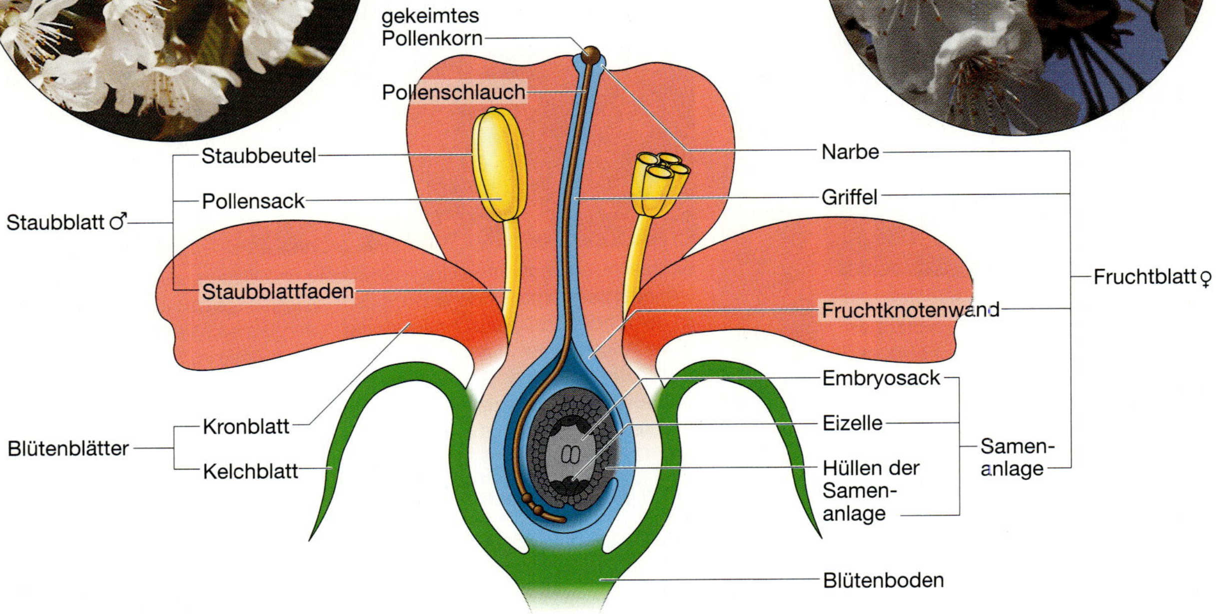

2 Längsschnitt durch die Blüte einer bedecktsamigen Pflanze *(Schema)*

2.4 Geschlechtliche Fortpflanzung bei Samenpflanzen

Viele Menschen bewundern die Farben- und Formenvielfalt von Blüten. Dass der unterschiedliche Bau auch wichtige Aufgaben erfüllt, daran denkt man oft nicht. Die Blüten der Pflanzen dienen der Fortpflanzung. Zu diesem Zweck ist jede besonders gebaut. Betrachten wir die **geschlechtliche Fortpflanzung** der Bedecktsamer am Beispiel der *Kirsche.*

Im Frühjahr locken die Blüten der Kirschbäume viele Insekten an. Jede Einzelblüte zeigt einen einfachen Bau. Fünf weiße *Kronblätter* und fünf grüne *Kelchblätter* bilden die Blütenhülle. Die Kelchblätter umschließen und schützen andere Blütenteile der Knospe, zum Beispiel die *Staubblätter* und das *Fruchtblatt,* auch Stempel genannt. Sie sind die eigentlichen Fortpflanzungsorgane der Kirsche.

Die Staubblätter tragen an ihrem oberen Ende Staubbeutel, die aus jeweils vier Pollensäcken bestehen. In ihnen entwickeln sich die Pollenkörner mit den männlichen Fortpflanzungszellen, den *Spermazellen.*

Das Fruchtblatt ist das weibliche Fortpflanzungsorgan. Es setzt sich aus dem *Fruchtknoten,* dem schlanken *Griffel* und der *Narbe* zusammen. Im Inneren des Fruchtknotens liegt die *Samenanlage,* in der sich auch der *Embryosack* mit der Eizelle befindet. Weibliche und männliche Blütenteile sind also in einer Blüte vereint. Solche auch bei anderen Pflanzen vorkommenden Blüten bezeichnet man als *Zwitterblüten.*

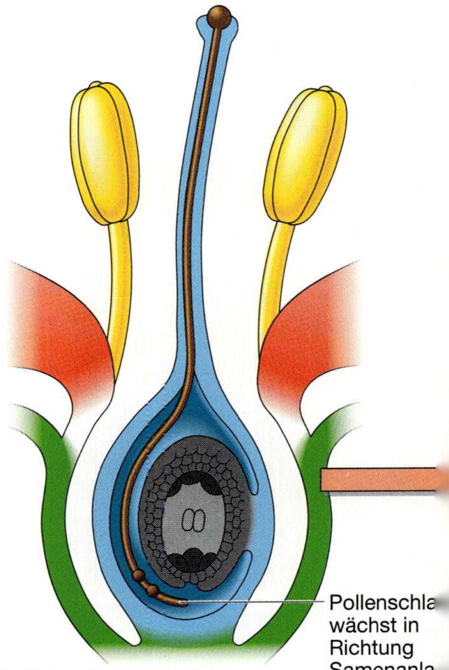

3 Befruchtung der Blüte
(Ausschnitt aus Abbildung 2)

Auf der klebrigen Narbe der Kirsche bleibt Pollen hängen, den Insekten von anderen Kirschbäumen herantransportieren. Insekten übertragen so den Pollen einer Kirschblüte auf die Narbe einer anderen. Da Staubblätter und Fruchtblatt bei der Kirsche nicht gleichzeitig reifen, kommt es bei der *Bestäubung* nicht zu einer Selbstbefruchtung.

Der Pollen keimt auf der klebrigen Narbe und bildet dabei einen *Pollenschlauch,* der durch den Griffel bis zur Samenanlage wächst. Dabei gibt das Griffelgewebe Nährstoffe an den Pollenschlauch ab und ernährt diesen, bis er in das Innere der Samenanlage zum *Embryosack* vorgedrungen ist.
Dort befindet sich ein mehrzelliger Eiapparat mit der *Eizelle.* Eine aus dem Pollenschlauch austretende Spermazelle gelangt in den Embryosack und dringt in die Eizelle ein. Plasma und Kerne beider Zellen verschmelzen bei dieser **Befruchtung.**

Die befruchtete Eizelle teilt sich. Durch fortgesetzte Zellteilungen entsteht der *Embryo.* Er besteht aus den Anlagen für Keimwurzel und Keimspross. Da die Kirsche eine *zweikeimblättrige Pflanze* ist, bildet der Keimspross später zwei Keimblätter aus. Auch das Gewebe der Samenanlage verändert sich. Es entsteht daraus ein *Nährgewebe.*

Alle diese nach der Bestäubung einsetzenden Veränderungen bleiben uns verborgen. Wir bemerken lediglich das Verblühen der Blüte und die Umbildung des Fruchtknotens zur **Frucht.**
Der Fruchtknoten beginnt zu wachsen. Aus dem äußeren Teil der Fruchtknotenwand entsteht das schmackhafte Fleisch der Kirsche. Ihr innerer Teil verholzt und wird zum „Stein". Eine Samenschale schützt den innen liegenden **Samen.** Eine solche Fruchtform bezeichnet man daher als **Steinfrucht.**

Reife Kirschen werden gern von Vögeln wie Star und Drossel gefressen. Dadurch verbreiten die Vögel die Samen. Gelangt ein Samen in einen geeigneten Lebensraum, keimt er und wächst zu einem neuen Kirschbaum heran.

Blüten sind die Fortpflanzungsorgane der Samenpflanzen. Nach Bestäubung und Befruchtung bildet sich bei Bedecktsamern der in einer Frucht eingeschlossene Samen.

1 Beschreibe den Entwicklungszyklus einer bedecktsamigen Pflanze am Beispiel der Kirsche.

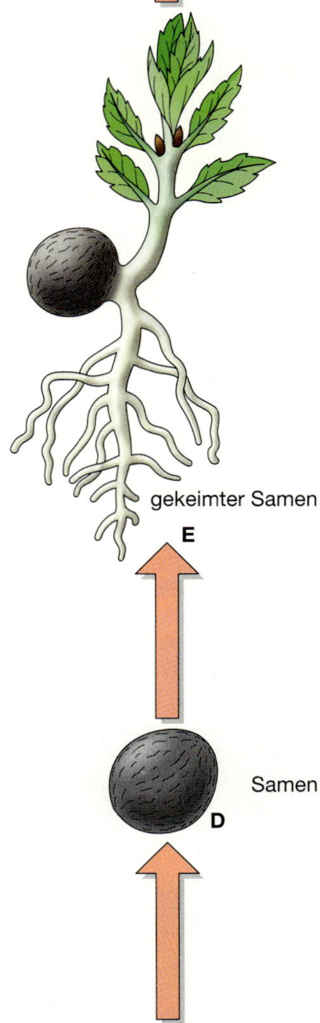

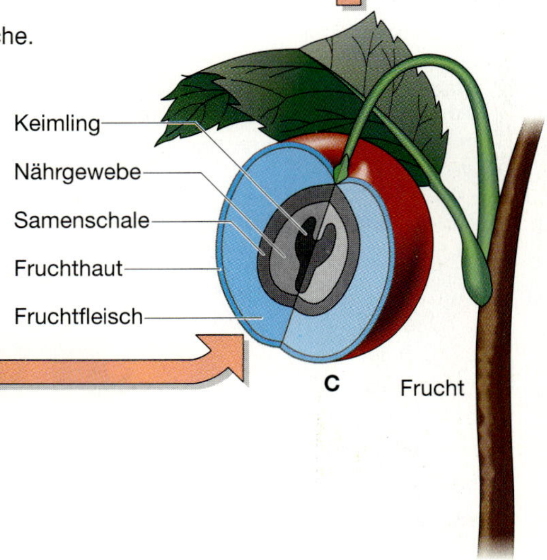

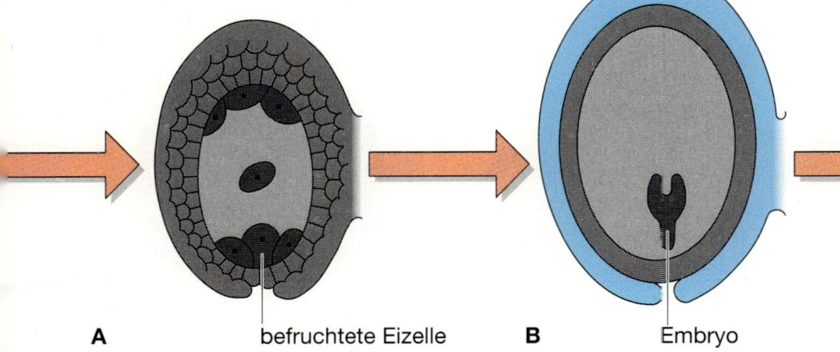

4 A–E Keimesentwicklung, Fruchtbildung und Wachstum bei der Kirsche

Pinnwand

FRUCHTFORMEN

Früchte entwickeln sich aus dem Fruchtknoten und umschließen die Samen.
Bei den **trockenen Früchten** vertrocknet oder verholzt die Fruchtwand bei der Reife. Man unterscheidet
- **trockene Schließfrüchte:** Samen bleiben von der Fruchtwand umschlossen;
- **Spaltfrüchte:** Frucht bricht auseinander, ohne dabei Samen zu hinterlassen;
- **Springfrüchte:** Frucht springt an den „Nähten" auf oder entlässt Samen durch kleine Öffnungen.

Bei den **saftigen Früchten** ist mindestens eine Schicht der Fruchtwand saftig. Die Samen werden erst nach dem Verfaulen der Fruchtwand frei.
- **saftige Schließfrüchte:** z. B. Steinfrüchte und Beeren;
- **Sammelfrüchte:** mehrere einsamige Einzelfrüchte derselben Blüte sind zusammengewachsen;
- **saftige Springfrüchte:** z. B. Springkraut.

Bei den **Scheinfrüchten** sind außer den Fruchtblättern noch andere Blütenteile wie z. B. der Blütenboden an der Fruchtbildung beteiligt.

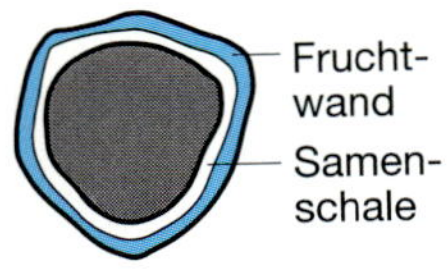

Haselnuss
(= Nuss)

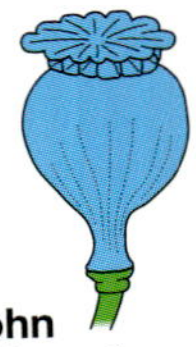

Mohn
(= Kapsel)

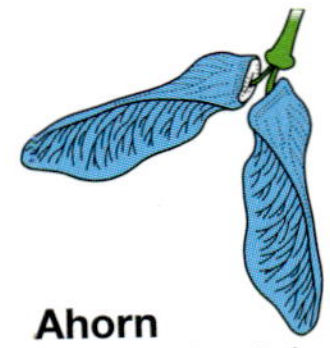

Ahorn
(= Spaltfrucht)

Rittersporn
(= Balgfrucht; aus einem Fruchtblatt; springt an einer Naht auf)

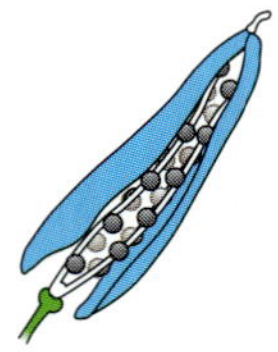

Raps
(= Schote; aus zwei Fruchtblättern mit Scheidewand)

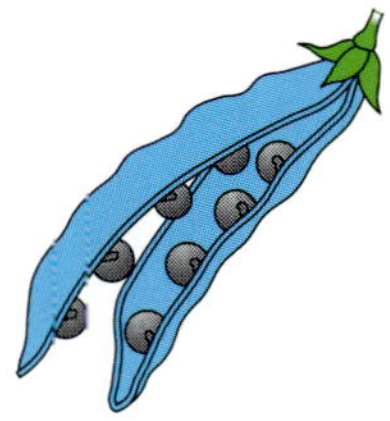

Erbse
(= Hülse; aus einem Fruchtblatt; springt an zwei Nähten auf)

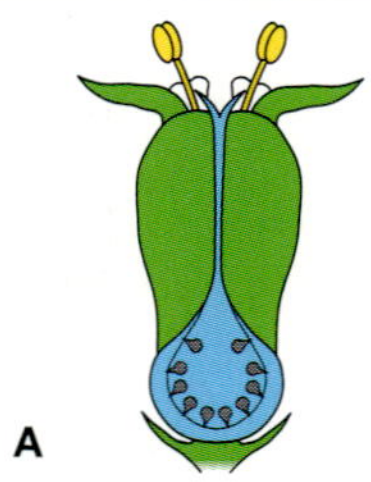

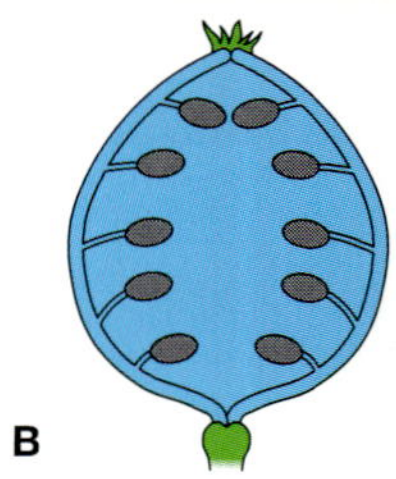

Stachelbeere. A Blüte; **B** Beere (Fruchtwand ist bis auf die Außenhaut durchgehend saftig)

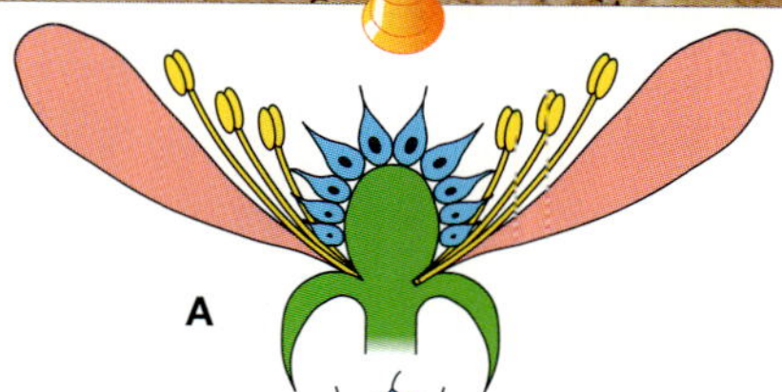

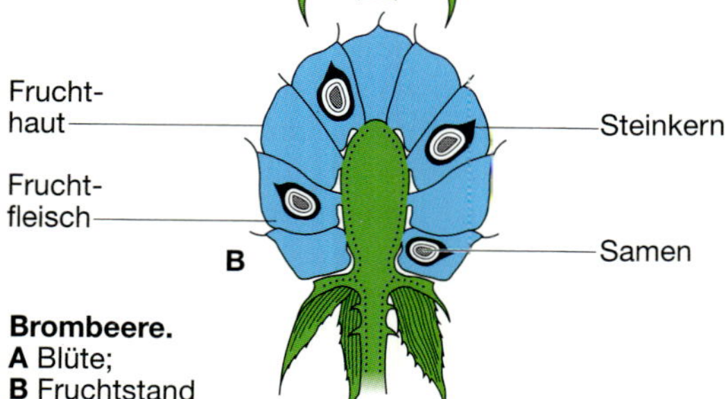

Brombeere.
A Blüte;
B Fruchtstand
(Einzelfrucht ist eine Steinfrucht)

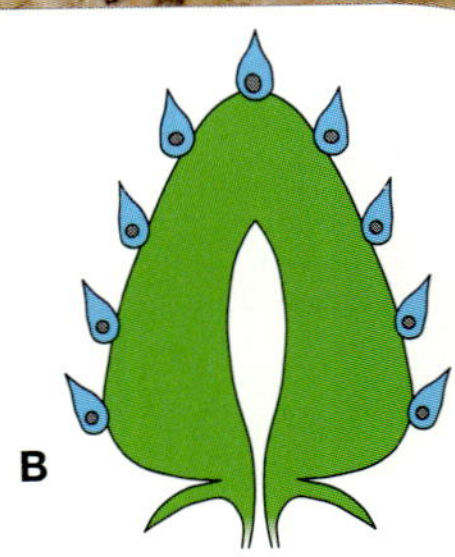

Erdbeere.
A Blüte; **B** Fruchtstand (Einzelfrucht ist eine Nussfrucht)

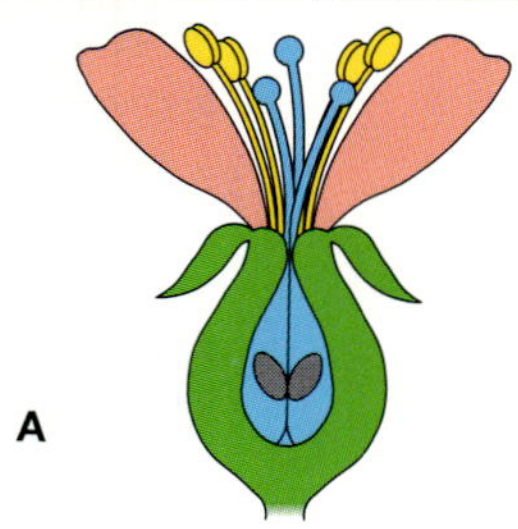

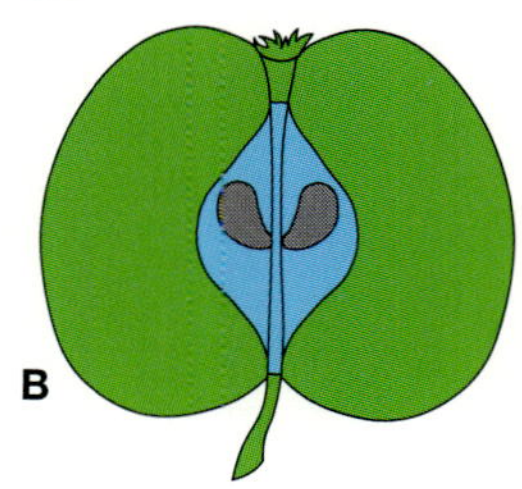

Apfel. A Blüte; **B** Scheinfrucht

2.5 Entwicklungsphasen einer Pflanze

Erbsensamen werden im Frühjahr in den lockeren Boden ausgesät. Bei günstigen Bedingungen wie ausreichend Wasser und Wärme kommt es zur **Keimung.** Zuerst wächst die Keimwurzel. Sie verankert den Keimling im Boden und versorgt ihn mit Wasser und Nährsalzen. Danach entwickeln sich die Keimblätter. Sie sind meist rund oder oval.

Viele Pflanzen keimen oberirdisch. Hier erscheinen die Keimblätter über dem Erdboden. Bei einer unterirdischen Keimung sieht man gleich die ersten Laubblätter über dem Boden.

Nach der Keimung beginnt eine neue Phase in der Individualentwicklung der Erbsenpflanze. In dieser Zeit wächst sie. Der Spross streckt sich. Laubblätter entfalten sich und auch die Wurzel wächst. Man bezeichnet diesen Lebensabschnitt als **vegetative Phase.** Viele Gemüsepflanzen werden in diesem Stadium geerntet. Dazu zählen Salat, Radieschen, Spinat, Mohrrüben, Kohlrabi, Porree und Spargel. Die Gartenerbse jedoch wächst weiter.

In der folgenden **generativen Phase** bildet sie weiße bis violette Blüten. Nach der Bestäubung und anschließenden Befruchtung der Eizellen entwickeln sich daraus Früchte, die *Hülsen.* In ihren Samen „schlummert" schon die neue Generation. Sie müssen noch ausreifen und können dann nach einer Samenruhe keimen.
Die Erbsenpflanze selbst ist alt geworden. Ihre Blätter sterben ab, die Stängel vertrocknen. Nach dem **Altern** wird der Lebenszyklus mit dem **Tod** beendet.

Die Lebensdauer von Pflanzen ist jedoch unterschiedlich. Erbsen brauchen für ihre gesamte Entwicklung nur eine Vegetationsperiode. Sie sind *einjährige* Pflanzen. Zu ihnen gehören viele Wildkräuter und Nutzpflanzen wie Sonnenblume, Mais, Raps und Weizen.

Zweijährige Pflanzen blühen und fruchten erst in der nächsten Vegetationsperiode. Im ersten Jahr produzieren und speichern sie dafür Nährstoffe. Solche Pflanzen sind zum Beispiel Möhre, Zuckerrübe, Roter Fingerhut und Königskerze.

Ausdauernde Pflanzen können mehrere Jahre hintereinander blühen und fruchten. Sie überdauern den Winter zum Beispiel als Knospen, Zwiebeln oder Wurzelstock. Zu ihnen gehören Bäume, Sträucher und Stauden. Einige Bäume können ein erstaunliches Alter erreichen. Manche Fichten werden 1000 Jahre alt, Eiben sogar 3000 Jahre. Den Altersrekord hält eine Borstenkiefer mit 4900 Jahren.

Pflanzen durchlaufen während ihrer Entwicklung vier aufeinander folgende Phasen: Keimung, vegetative Phase, generative Phase und Altern bis zum Tod.

1 Beschreibe die Entwicklung einer Gartenerbse mithilfe der Abbildung 1.
2 Nenne je vier Beispiele für ein-, zwei- und mehrjährige Pflanzen.

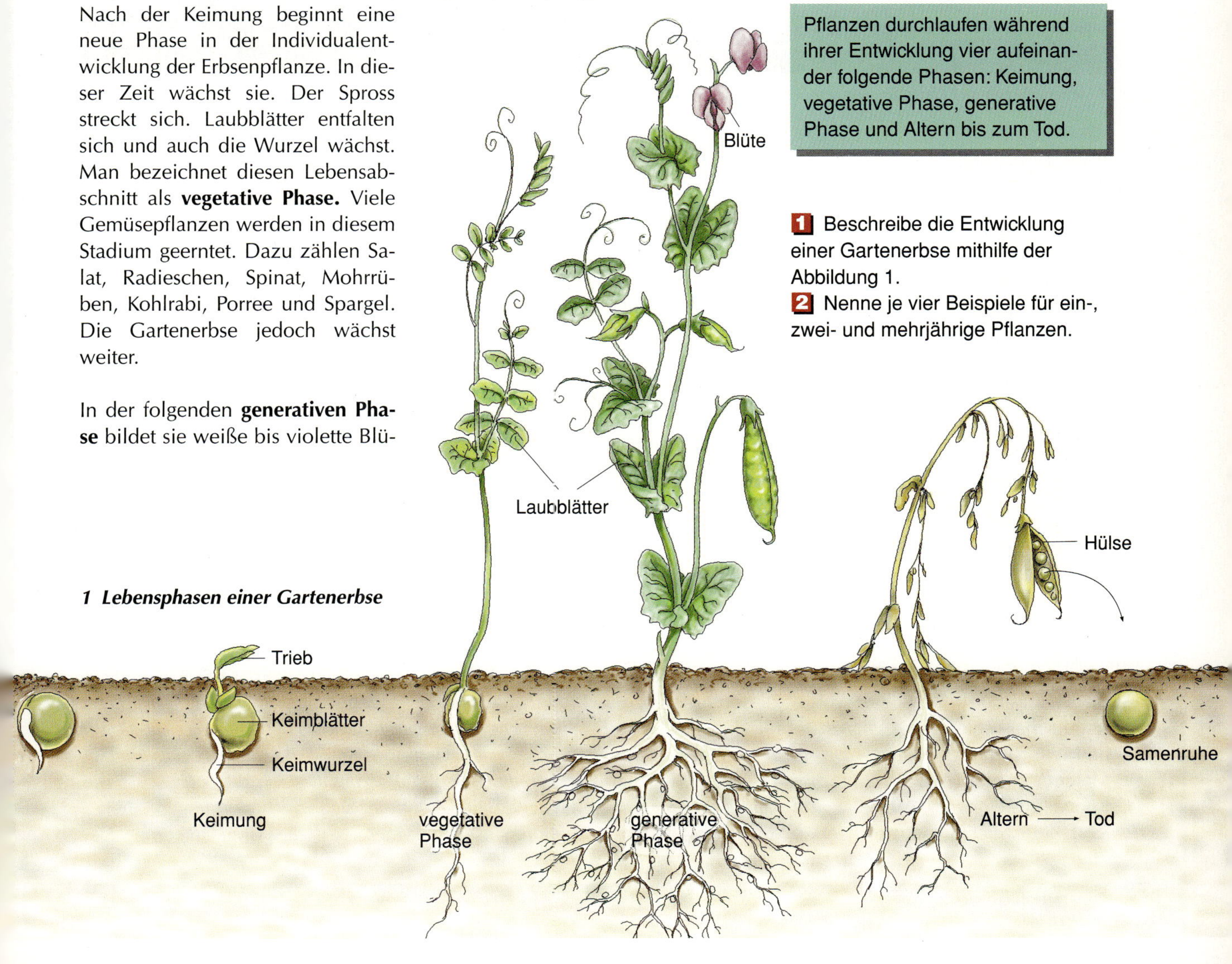

1 Lebensphasen einer Gartenerbse

1 ***Maisfeld bei der Ernte im September. A*** *Maiskörner (Saatgut);* ***B*** *junge Pflanze im Juni*

2.6 Das Wachstum der Pflanzen hängt von verschiedenen Faktoren ab

Anfang Juni kannst du von einem Feldrand aus lange Reihen mit kleinen Maispflanzen sehen. Der Landwirt hat die Maiskörner im Frühjahr nach den letzten Nachtfrösten gesät, denn sie keimen erst ab 8 bis 10 °C. Die Pflanzen wachsen nach der Keimung nur, wenn die durchschnittlichen Temperaturen oberhalb von 12 °C liegen. Die **Temperatur** spielt eine wichtige Rolle für die Keimung und das Wachstum der Pflanzen. Daher kann Mais nur in der warmen Jahreszeit angebaut werden.

Nach dem Keimen und Erscheinen der ersten Blätter verharrt die Maispflanze in einer Übergangsphase, in der es zu keinem *Längenwachstum* der Sprossachse kommt. In dieser Zeit bereitet sie die Entwicklung der Blätter und der Blütenstände vor. Ist diese Phase abgeschlossen, „schießt" die Pflanze förmlich in die Höhe und erreicht bis zum August eine Höhe von etwa zwei Metern. Dies ist jedoch nur möglich, wenn ihr im Boden ausreichend **Nährsalze** zur Verfügung stehen. Sind diese nicht in ausreichender Menge vorhanden, kann der Landwirt dem Boden natürliche Dünger wie Gülle oder an deren Stelle Mineraldünger zuführen.

Jede Maispflanze benötigt während ihres kurzen Lebens etwa 200 Liter **Wasser.** Nur mit dieser Menge kann sie wachsen und sich entwickeln. Steht Wasser nicht ausreichend zur Verfügung, kümmern die Pflanzen und bringen nur einen geringen Ertrag. In einem trockenen Sommer kannst du aus diesem Grund oft beobachten, wie Felder künstlich beregnet werden.

Stichwort

Wachstum

Das Wachstum der Samenpflanzen umfasst alle Vorgänge, die die Entstehung einer vermehrungsfähigen Pflanze aus einem Samen ermöglichen.

Auch das **Licht** ist für die Keimung und das Wachstum der Pflanzen bedeutend. Die Mistel zum Beispiel keimt nur bei Licht. Sie ist ein *Lichtkeimer.* Zu den *Dunkelkeimern* dagegen gehören Stiefmütterchen und Kürbis.

Getreidearten blühen nur, wenn sie in einer bestimmten Zeit, der lichtempfindlichen Phase ihrer Entwicklung, täglich einer längeren Lichteinwirkung ausgesetzt sind. Diese Lichtverhältnisse herrschen bei uns im Frühsommer. Getreide gehört damit zu den *Langtagpflanzen.* Bei den *Kurztagpflanzen* dagegen muss die tägliche helle Zeit unter sieben Stunden liegen. Hierzu gehören Herbstblumen wie die Chrysantheme. Der

Mais dagegen lässt sich durch die Tageslänge nicht beeinflussen.
Auch **Hormone** spielen bei der Keimung und beim Wachstum eine Rolle. Sie werden zum Teil in jungen, wachsenden Geweben gebildet. Bei der Keimung von Getreidekörnern zum Beispiel gibt der Embryo Hormone ab, die dafür verantwortlich sind, dass die Stärke im Mehlkörper abgebaut wird. Sie steht dann für den Bau- und Energiestoffwechsel des wachsenden Keimlings zur Verfügung.
Im Gartenbau wendet man solche Pflanzenhormone zur Beschleunigung des Wachstums und der Blütenbildung an. Bei der Stecklingsvermehrung werden Sprossabschnitte in eine spezielle Hormonlösung getaucht. Dies führt zu einer beschleunigten Wurzelbildung.

Das Wachstum aller Pflanzen ist nur möglich, weil sich in bestimmten Abschnitten die Zellen teilen und anschließend strecken. Die Zellulose in den Zellwänden verleiht dem Pflanzenkörper dabei einen festen Halt. Die Zellkerne enthalten das Erbgut, das die Wachstumsprozesse steuert. Auf diese Weise entstehen Wurzeln und Sprossteile wie Stängel, Blätter, Blüten und Früchte. Über das äußere Erscheinungsbild, zu dem die Gestalt, die durchschnittliche Größe der Pflanze und der Blütenbau gehören, entscheidet das in den einzelnen Zellen vorhandene Erbgut jeder Pflanze.

Bestimmte Temperaturen und Nährsalze sowie Wasser- und Lichtverhältnisse sind wichtige Faktoren bei der Entwicklung und beim Wachstum der Pflanzen. Daneben spielen Hormone eine Rolle.

1 Die Pflanze lebt nicht von Licht und Luft allein. Begründe diese Aussage.
2 Das aus dem tropischen Regenwald stammende Usambaraveilchen gedeiht bei uns nur an bestimmten Standorten. Welche können das sein? Begründe.

Keimung und Wachstum

Übung

V1 Keimungsbedingungen

Material: Kressesamen; 6 gleich große Marmeladengläser, eines davon mit Deckel; Blumenerde; Watte; Schuhkarton; Wasser; Kühlschrank; Arbeitsleuchte
Durchführung: *Glas 1:* Fülle das Glas etwa ein Drittel mit feuchter Blumenerde. Streue Kressesamen darauf. Stelle das Glas an einen hellen und warmen Ort, z.B. auf die Fensterbank. Halte die Erde feucht (nicht nass).
Glas 2: Fülle das Glas etwa ein Drittel mit trockener Blumenerde. Verfahre weiter wie mit Glas 1.
Glas 3: Fülle das Glas etwa ein Drittel mit Watte. Verfahre weiter wie mit Glas 1.
Glas 4: Verfahre mit dem Glas wie mit Glas 1. Stülpe jedoch über das Glas einen Schuhkarton.
Glas 5: Verfahre mit dem Glas wie mit Glas 1. Stelle es dann in einen Kühlschrank und sorge für eine Beleuchtung, z. B. mit einer Arbeitsleuchte.
Glas 6: Verfahre mit dem Glas wie mit Glas 1. Verschließe das Glas luftdicht mit einem Deckel.
Aufgaben: a) Beobachte die Versuchsreihe etwa zwei Wochen lang möglichst täglich. Halte die Beobachtungen in einer Tabelle fest.
b) Nenne die Bedingungen, die für die Keimung der Kressesamen von Bedeutung sind.

A2 Wachstumsbedingungen

*1 **Buntnessel.** **A** in Blumenerde; **B** in Nährsalzlösung; **C** in destilliertem Wasser*

Zu Beginn des Versuchs waren die Buntnesselpflanzen gleich groß.
a) Beschreibe die Versuchsreihe und das Ergebnis nach drei Wochen, das auf dem Foto festgehalten ist.
b) Welche Bedingungen braucht eine Pflanze, um gut wachsen zu können?
c) Welche Wachstumsbedingungen sind an der Abbildung nicht abzulesen?

1 Stofftransport in der Pflanze

3 Pflanzengewebe und ihre Leistungen

3.1 Stofftransport in der Pflanze

Im Frühjahr säen die Landwirte den Mais auf ihren Feldern aus. Nach dem Keimen des Samens bildet sich ein ausgedehntes *Wurzelsystem*. Gleichzeitig wächst die Pflanze in die Höhe. Bis zum Herbst ist aus dem Samen eine bis zu 2 m hohe, erntereife Pflanze herangewachsen. In dieser Zeit hat sie 200 l Wasser aufgenommen. Wie aber gelangt die Pflanze an dieses Wasser? Sehen wir uns dazu die Wurzeln an.

Wurzeln wachsen nur in der **Zellteilungszone** ihrer Spitze. Dort liegt ein zartes *Bildungsgewebe,* in dem durch ständige Zellteilungen neue Zellen entstehen. Das Bildungsgewebe wird von der *Wurzelhaube* umhüllt, deren äußere Zellen verschleimen und so das Eindringen der Wurzel in den Boden erleichtern.

An die Zellteilungszone schließt sich die **Streckungszone** an. Hier wachsen die Zellen in die Länge.

Die Streckungszone geht in die **Wurzelhaarzone** über. Diese ist für die Aufnahme von Wasser verantwortlich. Hier wachsen die meisten Zellen der *Oberhaut* zu dünnen *Wurzelhaarzellen* aus. Diese schieben sich zwischen die Bodenteilchen und erreichen dort das haftende Wasser mit den darin gelösten Mineralstoffen. Über ihre zarten Zellwände nehmen sie das Wasser auf.

Das Wasser wird über Zellen der *Wurzelrinde* bis zum *Zentralzylinder* weitergeleitet. Dort gelangt es in ein *Leitgewebe,* von dem aus es in alle Teile der Pflanze emporsteigt.

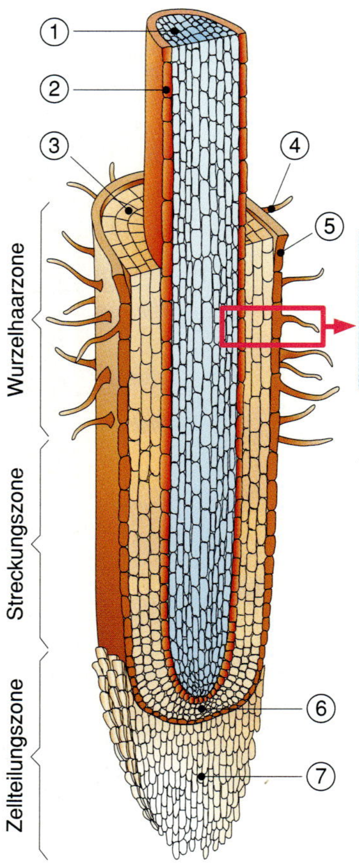

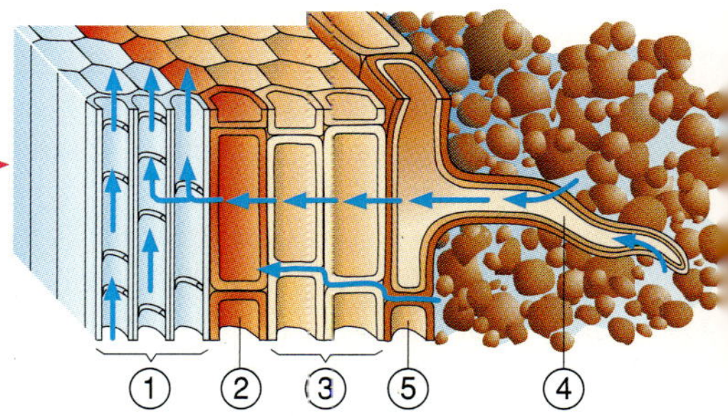

3 Wasseraufnahme durch die Wurzel und Weg des Wassers in das Leitgewebe.
① Leitgewebe im Zentralzylinder
② Innenhaut ③ Wurzelrinde
④ Wurzelhaar ⑤ Oberhaut

2 Wurzelspitze im Schnitt.
① Zentralzylinder ② Innenhaut
③ Wurzelrinde ④ Wurzelhaar
⑤ Oberhaut ⑥ Bildungsgewebe
⑦ Wurzelhaube

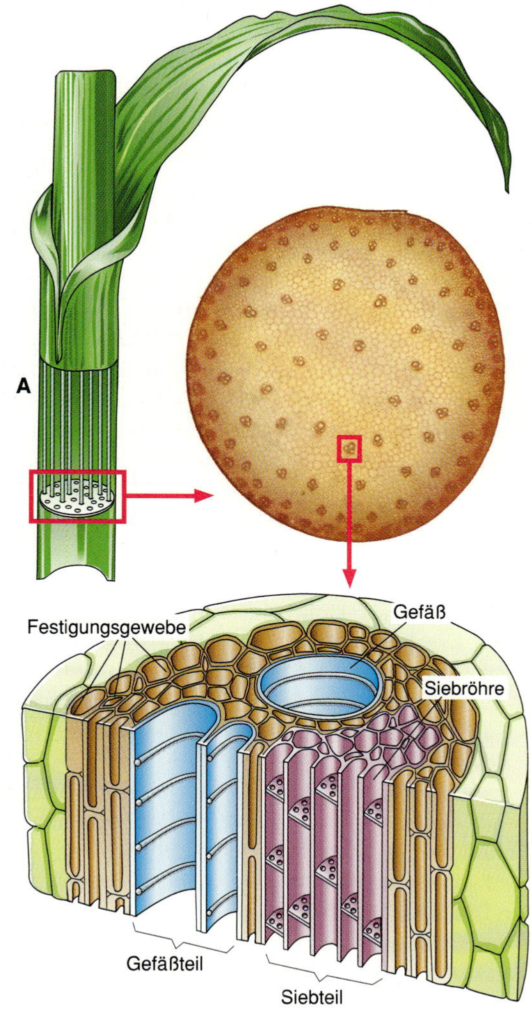

***4 Mais. A** Stängelabschnitt; **B** Stängelquerschnitt; **C** Leitbündel (Blockbild)*

Das Leitgewebe besteht aus **Leitbündeln.** Sie setzen sich aus einem Gefäßteil und einem Siebteil zusammen. Im Gefäßteil transportieren verschiedenartig gebaute *Gefäße* das Wasser aus den Wurzeln in alle Teile der Pflanze. Im Siebteil werden in den *Siebröhren* gelöste Nährstoffe aus den Blättern in das übrige Pflanzengewebe transportiert.

Der Stofftransport in grünen Pflanzen erfolgt in einem Leitgewebe. Es sind Leitbündel mit einem Gefäß- und einem Siebteil.

1 Liste einzelne Gewebearten der Wurzel und des Sprosses auf und nenne ihre Aufgaben.

Streifzug durch die Chemie

Diffusion und Osmose

Unterschichtet man reines Wasser mit einer gesättigten Kaliumpermanganatlösung, streben die Wassermoleküle so lange in Richtung Kaliumpermanganat, bis die Lösung überall die gleiche Konzentration hat. Eine solche Durchmischung bezeichnet man als **Diffusion.**

Steht diesem Konzentrationsausgleich eine Membran mit winzigen Poren im Wege, so können nur kleine Moleküle hindurchtreten. Bringt man z. B. eine mit Zuckerlösung gefüllte Schweinsblase in ein Gefäß mit Wasser, so dringen die kleinen Wassermoleküle in die Blase. Die größeren Zuckermoleküle dagegen können nicht nach außen gelangen. Deshalb fließt ständig Wasser nach innen. So entsteht in der Blase ein Druck, der zum Anstieg der Flüssigkeit in einem angeschlossenen Steigrohr führt. Eine solche Diffusion durch eine halbdurchlässige Membran bezeichnet man als **Osmose.**

1 Erläutere mithilfe der folgenden Abbildungen den Wassertransport durch eine Wurzelhaarzelle. (Hinweis: Der Zellsaft ist chemisch gesehen eine Lösung, die Zellmembran ist halbdurchlässig.)

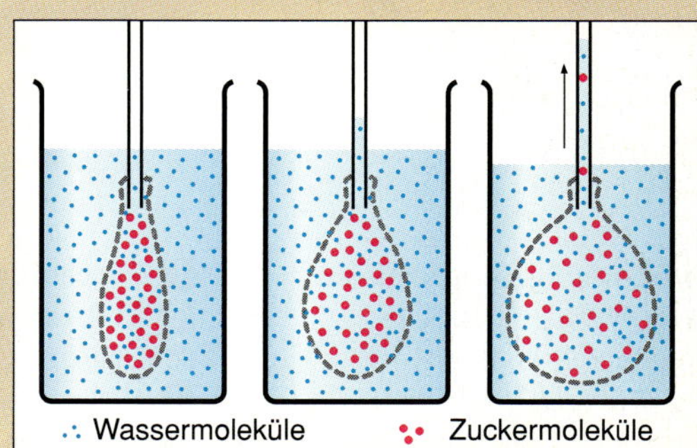

3.2 Bäume und Sträucher sind Holzpflanzen

Viele krautige Pflanzen wie der Mais leben nicht länger als ein Jahr. Sträucher und Bäume dagegen werden teilweise sehr alt. Eine Kiefer kann beispielsweise 500 Jahre alt werden, ein Mammutbaum sogar 4000 Jahre.

Ein **Strauch** verzweigt sich dazu dicht über dem Boden in verholzte *Seitensprosse.* Er wird so bis zu fünf Metern hoch. **Bäume** erreichen bei uns eine Höhe von 20 bis 50 Metern. Ihre Sprossachse verzweigt sich erst in größerer Höhe. Im Laufe der Jahre entwickelt sich ein mächtiger, verholzter *Stamm,* der mit zunehmendem Alter immer dicker wird. Er trägt die *Krone,* die aus Ästen, Zweigen und Blättern besteht.

Am Stammquerschnitt eines gefällten Baum lässt sich der Aufbau des Stammes gut erkennen. Die außen liegende *Rinde* schützt das weiter innen liegende *Holz.* Im Holz fallen Jahresringe ins Auge.

Im Mikroskop erkennt man zwischen Holz und Rinde eine schmale Schicht lebender Zellen, das *Kambium.* Diese Zellen können sich teilen und neue Zellen bilden. Sie ermöglichen das **Dickenwachstum** der Bäume. Nach innen gibt das Kambium **Holzzellen** ab. Sie sind langgestreckt und lagern in ihre Zellwände Holzstoff ein. In ihnen werden Wasser und gelöste Mineralsalze zur Krone geleitet.

Weil für den Laubaustrieb im Frühjahr besonders viel Wasser benötigt wird, sind die Zellen im hellen *Frühholz* größer und dünnwandiger. Das dunkle *Spätholz* bilden kleine und dickwandige Zellen. Sie stabilisieren den Stamm und leiten ebenfalls Wasser. Beide Holzarten zusammen bilden einen Jahresring. Nach der Festigkeit des Holzkörpers unterscheidet man zwischen *Harthölzern* wie Eiche, Bergkiefer, Hainbuche oder Esche und *Weichhölzern* wie Linde, Pappel und viele Nadelhölzer.

Nach außen bildet das Kambium **Rindenzellen.** Dieser Teil des Stammes wird auch als *Bast* bezeichnet. Hier transportieren Bastzellen die Nährstoffe in den Stamm und in die Wurzel. Über *Markstrahlen* stehen diese Zellen mit dem Stamminneren in Verbindung.

Die äußersten Zellschichten der Rinde bilden die *Borke,* ein schützendes Abschlussgewebe. Die Zellen lagern Korkstoff in ihre Zellwände ein. Da diese Schicht nur langsam wächst, springt sie oft auf und bildet Risse. So entstehen die großen, schuppenartigen Borkenstücke einer Kiefer.

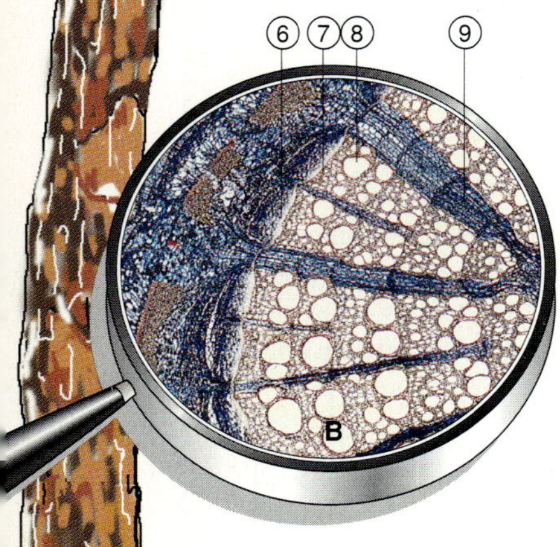

Sträucher und Bäume gehören zu den Holzpflanzen. Der Stamm eines Baumes besteht aus Holz, Kambium und Rinde. Das Kambium ist ein Bildungsgewebe und ermöglicht das Dickenwachstum der Holzpflanzen.

1* Kiefer.** ***A *Aufbau des Stammes:* ① *Borke,* ② *Bast,* ③ *Kambium,* ④ *Splintholz,* ⑤ *Kernholz;* ***B*** *Holzausschnitt (Mikrofoto):* ⑥ *Kambium,* ⑦ *Spätholz,* ⑧ *Frühholz,* ⑨ *Markstrahl*

1 Beschreibe den Aufbau eines Kiefernstammes. Nutze dafür Abbildung 1.

2 Erkläre, weshalb eine Kiefer abstirbt, wenn die gesamte Rinde abgeschält wird.

3 Stelle in einer Übersicht die verschiedenen Zelltypen, die am Aufbau des Stammes beteiligt sind, zusammen. Gib jeweils ihre Funktion und eine Besonderheit im Bau an.

DICKENWACHSTUM BEI BÄUMEN

Pinnwand

Dickenwachstum bei der Kiefer
(schematisch)

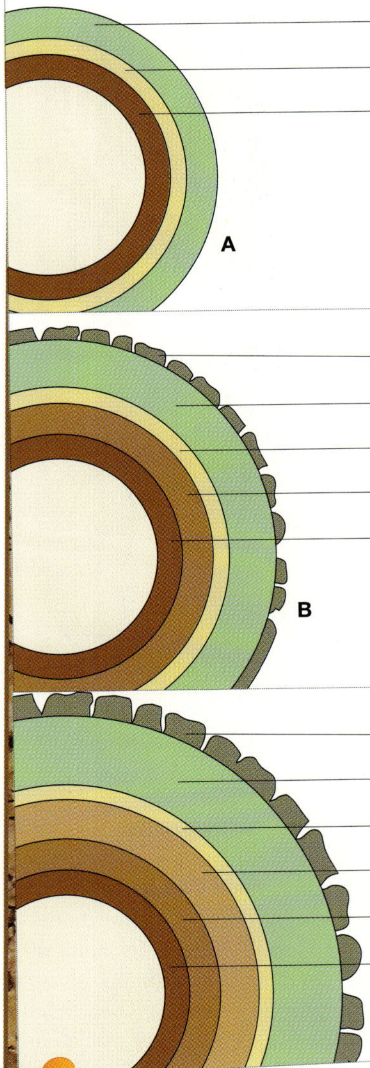

Holzstruktur

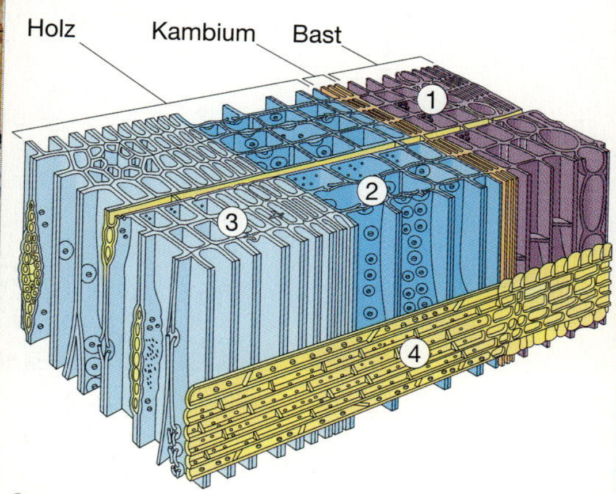

① **Siebröhren** sind langgestreckte Zellen mit siebartig durchbrochenen Querwänden.

② **Gefäße** bestehen aus toten Zellen, deren Querwände weitgehend aufgelöst sind.

③ Die Zellen des **Grundgewebes** speichern Reservestoffe, meistens Stärke.

④ **Markstrahlen** sind aus Grundgewebe-Zellen aufgebaut. Sie dienen dem Transport von Stoffen vom Rand zum Zentrum des Stammes.

1 Beschreibe das Dickenwachstum einer Kiefer mithilfe der Abbildungen.

2 a) Schätze das Alter der Kiefer anhand des Querschnitts. Versuche dann durch Auszählen der Jahresringe das Alter möglichst genau zu bestimmen.
b) Wann war die Kiefer einem Bodenfeuer ausgesetzt?

Stammquerschnitt einer Kiefer

An der Schnittfläche eines Baumstammes erkennt man helle, dunkle, breite und schmale Ringe. Regelmäßig wechseln ein heller und ein dunkler Ring. Beide zusammen bilden einen Jahresring, der einem Lebensjahr eines Baumes entspricht. Die hellen Ringe setzen sich aus dünnwandigen, weiten Holzzellen zusammen, die im Frühjahr gebildet werden. Die dunklen Ringe entstehen im Sommer. Dieses Holz besteht aus engen, dickwandigen Zellen. Im Winterhalbjahr erfolgt dagegen kein Wachstum.
Aus den Jahresringen kann man nicht nur das Alter ablesen. Sie verraten uns auch etwas über die Standort- und Wachstumsbedingungen des Baumes wie Störungen durch Trockenheit oder Insektenbefall, trockene und feuchte Jahre, Sonneneinstrahlung und Verletzungen.

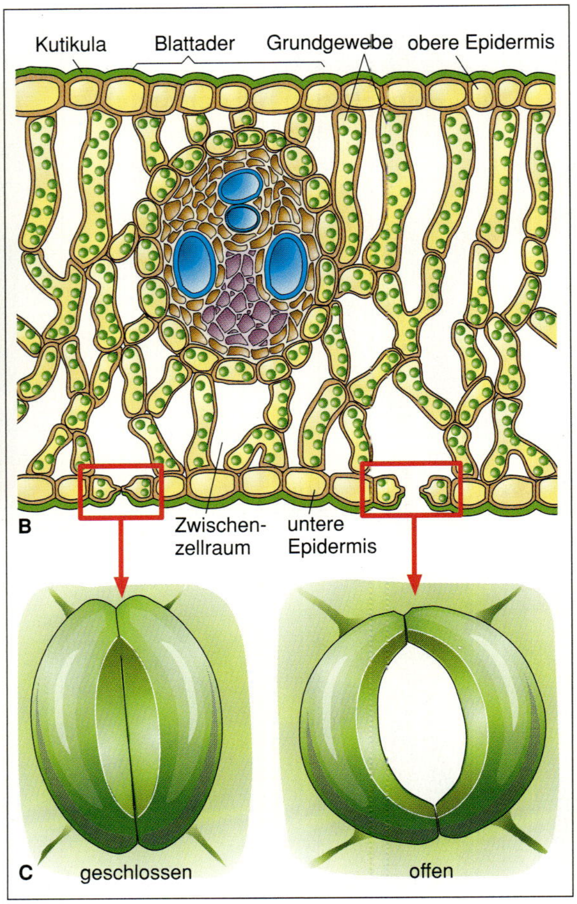

***1 Mais. A** Maisfeld; **B** Blattquerschnitt; **C** Schließzellen und Spaltöffnungen*

3.3 Grüne Pflanzen bauen organische Stoffe auf

Getreide, Kartoffeln, Zuckerrüben, Sojabohnen, Obst und Gemüse sind wichtige Lieferanten von *Kohlenhydraten, Eiweißstoffen* und *Fetten* für unsere Ernährung. In diesen Nährstoffen ist Energie gespeichert, die zur Aufrechterhaltung von Lebensvorgängen wie Atmung, Bewegung und Wärmeerzeugung notwendig ist. Wie aber gelingt es den grünen Pflanzen, diese *organischen Stoffe* zu bilden und in ihren Organen zu speichern? Sehen wir uns daraufhin eine Maispflanze näher an.
Maiskörner von einem reifen Maiskolben schmecken süß. Der Geschmack stammt vom Traubenzucker, einem *Kohlenhydrat,* das die Pflanze gebildet und in ihren Samen gespeichert hat. „Zuckerfabriken" sind die grünen Blätter. Dafür sind sie besonders gebaut. Sie besitzen eine große Oberfläche, um möglichst viel Sonnenenergie einzufangen. Die äußere Zellschicht bildet die *Oberhaut,* auch **Epidermis** genannt. Sie besteht aus dicht aneinandergefügten Zellen. Eine wachsartige Schicht, die **Kutikula,** überzieht die Epidermis und schützt damit das Blatt vor übermäßigem Wasserverlust. Zwischen der oberen und der unteren Epidermis findet man ein lockeres **Grundgewebe** mit zahlreichen grünen Körnern, den **Chloroplasten.** Außerdem wird das Blatt von Leitbündeln durchzogen, die als *Blattadern* erkennbar sind.

Über die Epidermis verteilt sind viele Poren, durch die das Blatt mit der „Außenwelt" in Verbindung steht. Es sind die **Spaltöffnungen.** Jede Spaltöffnung wird von zwei gekrümmten Zellen, den **Schließzellen,** gebildet. Sie können je nach Umweltbedingungen ihre Gestalt verändern. Wenn z. B. bei feuchtem Wetter der Zellsaft zunimmt und der Innendruck der Zellen steigt, nehmen sie bananenförmige Gestalt an und der Spalt öffnet sich. Die Blätter geben dann Wasserdampf ab und saugen gleichzeitig Wasser aus den Gefäßen nach. Nimmt dagegen der Innendruck z. B. bei trockenem Wetter ab, strecken sich die Schließzellen. Die Wände legen sich aneinander und der Spalt schließt sich. Mithilfe dieser Spaltöffnungen regulieren die Pflanzen nicht nur ihren Wasserhaushalt, sondern auch Aufnahme und Abgabe von Gasen wie Kohlenstoffdioxid und Sauerstoff.

Bei geöffneten Spaltöffnungen kann das für die Zuckerproduktion wichtige Kohlenstoffdioxid der Luft hineingelangen. Es durchströmt die Zwischenzellräume des Grundgewebes. Über die Blattadern wird Wasser heran transportiert. Die Chloroplasten nehmen beides auf. Der grüne Blattfarbstoff **Chlorophyll** in den Chloroplasten baut nun mithilfe des Sonnenlichts al-

lein aus den anorganischen Stoffen Kohlenstoffdioxid und Wasser den organischen Stoff Traubenzucker auf. Dabei entweicht Sauerstoff und gelangt durch die Spaltöffnungen ins Freie.
Einen solchen Aufbauvorgang nennt man *Synthese.* Da dieser Vorgang nur im Licht abläuft, bezeichnet man ihn als **Fotosynthese.**
Die Fotosynthese kann vereinfacht als eine chemische Reaktion zusammengefasst werden, bei der das Kohlenstoffdioxid der Luft mit dem Wasser reagiert, wobei Sauerstoff und Traubenzucker entstehen.

Bei der Fotosynthese bauen grüne Pflanzen mithilfe von Chlorophyll aus Kohlenstoffdioxid und Wasser Traubenzucker auf. Dabei wird Sauerstoff frei. Das Sonnenlicht liefert die Energie für die Fotosynthese.

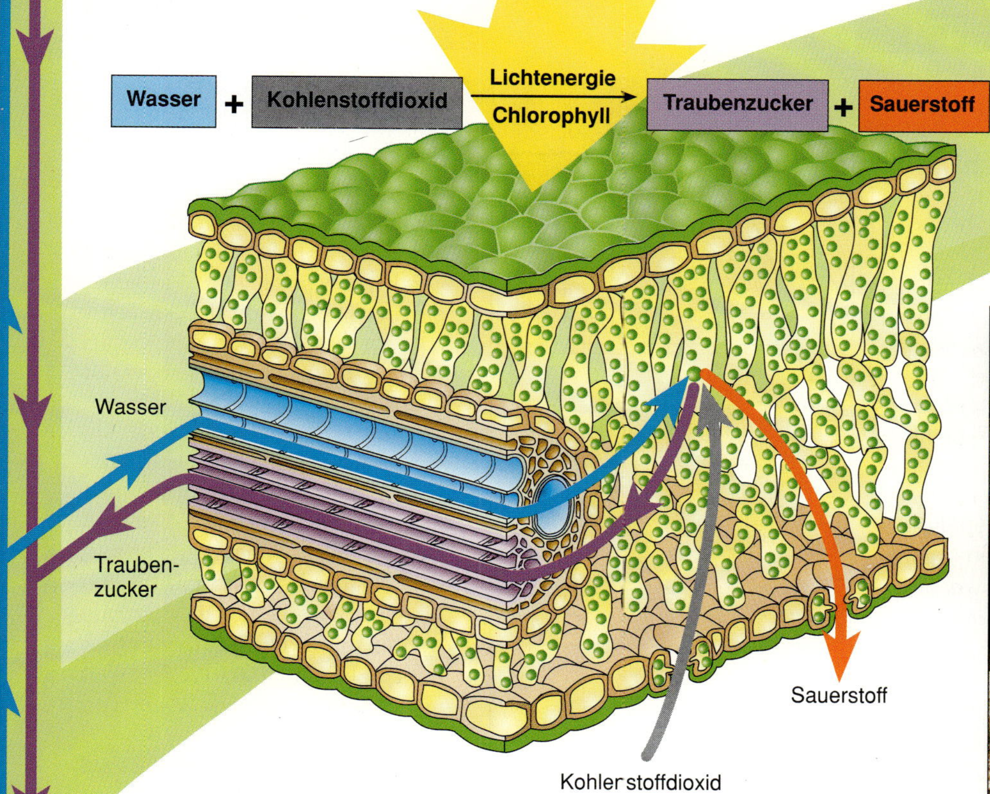

2 *Vorgänge bei der Fotosynthese.* *Ausschnitt eines Laubblattes im Blockbild (schematisch)*

3 Reifer Maiskolben

Der Traubenzucker wird in den Chloroplasten in Stärke umgewandelt oder durch die Blattadern abtransportiert. Stärke ist ein Kohlenhydrat, das aus vielen Traubenzucker-Teilchen aufgebaut ist. Aus Traubenzucker stellt die Pflanze weitere organische Stoffe wie Eiweißstoffe und Fette her, aber auch Zellulose, den Baustoff der Zellwände.

Untersuchungen der Maiskörner haben ergeben, dass diese sich zu rund 67% aus Kohlenhydraten, zu 11% Eiweißstoffen und zu 5% Fetten zusammensetzen. Diese Nährstoffe sind durch die Siebröhren der Leitbündel bis zu den Maiskolben gelangt und dort in den Samen gespeichert worden.

1 Beschreibe den Aufbau eines Maisblattes anhand der Abbildung 1B.

2 Beschreibe den Vorgang der Fotosynthese anhand der Abbildung 2.

3 Nenne Stoffe, die von grünen Pflanzen produziert werden.

4 Aquarien werden künstlich beleuchtet. Welche Bedeutung hat diese Maßnahme?

1 Gewächshauskultur

3.4 Die Fotosynthese hängt von verschiedenen Umweltfaktoren ab

Tomaten, Gurken und Paprika sind beliebte Gemüsesorten in Europa. Um die Erträge dieser Nutzpflanzen zu steigern, werden sie in Gewächshäusern angebaut. Denn nur dort lassen sich optimale Bedingungen für die Pflanzen schaffen. Höhere Erträge erreicht man zwar auch durch Züchtung, die Fotosyntheseleistung der Pflanzen kann aber ebenfalls gesteigert werden. Wie hängt das mit dem Anbau im Gewächshaus zusammen?

Die Fotosynthese ist vor allem von der **Lichtintensität** abhängig. So lässt sich die Fotosyntheseleistung in vielen Fällen bei stärkerer Belichtung steigern. Jedoch wird bei einer bestimmten Lichtintensität, der *Lichtsättigung*, ein Maximum der Fotosynthese erreicht. Die Lichtsättigung erreichen einzelne Pflanzenarten unterschiedlich schnell. Schattenpflanzen wie der Sauerklee gelangen eher an ihr Maximum als Lichtpflanzen wie der Mais.

Auch die **Temperatur** hat einen Einfluss auf die Fotosynthese. Die volle Leistung erzielt eine Pflanze nur in einem engen Temperaturbereich, dem *Optimum*. Bei zu geringen Temperaturen laufen die chemischen Reaktionen langsamer ab. Bei zu hohen Temperaturen werden die beteiligten Wirkstoffe, die Enzyme, zerstört. In Gewächshäusern lässt sich für jede Kulturpflanze die optimale Temperatur einstellen.

Steuern lässt sich dort auch ein weiterer Umweltfaktor. Unter Glas begast man die Pflanzen teilweise mit **Kohlenstoffdioxid**. Dadurch kann die Fotosyntheseleistung z. B. bei Tomaten bis auf das Dreifache gesteigert werden. Die normale Kohlenstoffdioxid-Konzentration der Luft liegt mit 0,03 Prozent weit unter dem optimalen Wert von 0,15 bis 0,2 Prozent.

Auch **Wasser** hat einen Einfluss auf die Fotosyntheseleistung. Bei längerer Trockenheit schließen sich die Spaltöffnungen und die Fotosyntheseleistung sinkt.

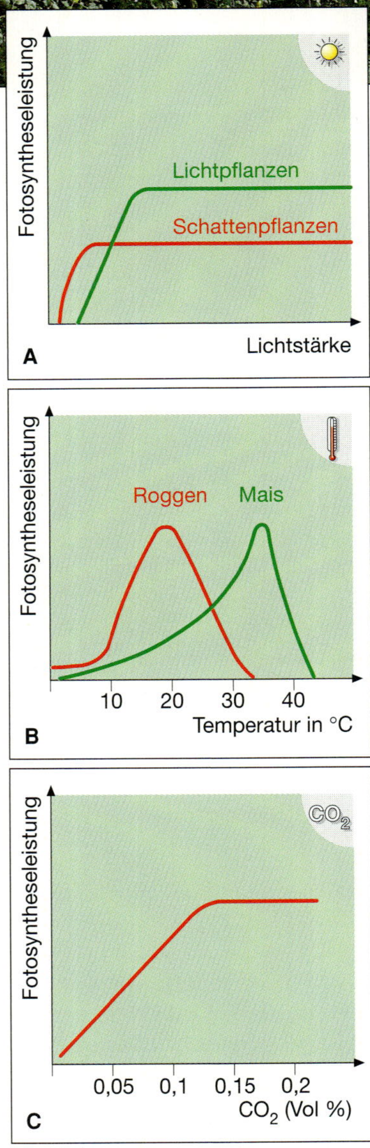

2 Abhängigkeit der Fotosynthese von verschiedenen Umweltfaktoren.
***A** Licht; **B** Temperatur; **C** Kohlenstoffdioxidkonzentration*

> Die Fotosyntheseleistung ist u. a. von der Lichtintensität, der Temperatur und dem Kohlenstoffdioxidgehalt der Luft abhängig.

1 Wie lässt sich die Fotosyntheserate von Tomaten in einem Gewächshaus steigern?

3.5 Pflanzen atmen auch

Vorwiegend in artenreichen Buchen- und Auenwäldern wächst der *Aronstab.* Er blüht im April und Mai. Zuerst sieht man nur die grünen Hochblätter. Jedes Hochblatt umschließt einen Blütenstand. Dabei erweitert es sich nach unten zu einem bauchigen Kessel.

An der Blütenstandsachse befinden sich am unteren Teil die weiblichen und darüber die männlichen Blüten. Weiter oben folgen sterile Blüten, die zu Reusenhaaren umgebildet sind. Der Blütenstand endet in einem braunvioletten Kolben.

Sind die weiblichen Blüten reif, öffnet sich das Hochblatt und gibt den Kesseleingang frei. Im Kessel entwickelt sich dann eine beachtliche Wärme. Die Wärme dient dazu, Geruchsstoffe aus dem Kolben zu verbreiten.

Der Aasgeruch lockt kleine Insekten wie Fliegen und Schmetterlingsmücken an. Sie rutschen von der glatten, ölbeschichteten Oberfläche des Hochblattes durch die Haarreuse hindurch bis zum Grund des Kessels. Die Haarreuse verhindert eine Flucht aus dem Kessel. Tragen die Insekten Pollen, streifen sie diesen an den weiblichen Blüten ab.

In der darauf folgenden Nacht öffnen sich die männlichen Blüten. Die Insekten bepudern sich nun mit neuen Pollenkörnern. Kurz darauf vertrocknen die Reusenhaare und geben den Kessel frei. Die Insekten gelangen ins Freie und fliegen weiter zum nächsten Aronstab.

Wie gelingt es dem Aronstab nun, die nötige Wärme zu erzeugen? Als „Heizmaterial" dient ihm Stärke, die er in den Zellen gespeichert hat. Diese muss jedoch zunächst wieder in Traubenzucker zerlegt werden. In den Zellen findet dann eine biologische Oxidation statt. Dabei wird der *Traubenzucker* zusammen mit *Sauerstoff* in mehreren Schritten zu *Kohlenstoffdioxid* und *Wasser* umgewandelt. In ihrem Verlauf wird viel **Energie** frei. Ein Teil der freigesetzten Energie geht als Wärme „verloren". Ein weiterer Teil dient der Pflanze dazu, ihre eigenen Lebensvorgänge aufrechtzuerhalten. So kann sie zum Beispiel wachsen, neue Stoffe bilden oder diese transportieren.

Da diese Vorgänge in den Zellen stattfinden, heißen sie **Zellatmung**. Der Aronstab atmet also wie alle anderen grünen Pflanzen auch. Die Zellatmung lässt sich in der unten stehenden Wortgleichung zusammenfassen:

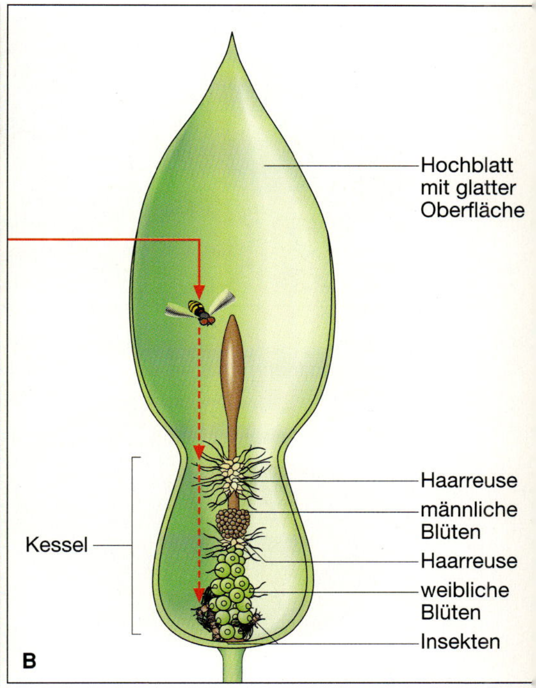

1 ***Aronstab. A*** *Blütenstand;* ***B*** *Bau einer Blüte;* ***C*** *Temperaturmessung im Kessel*

Traubenzucker + Sauerstoff → Kohlenstoffdioxid + Wasser

Energie

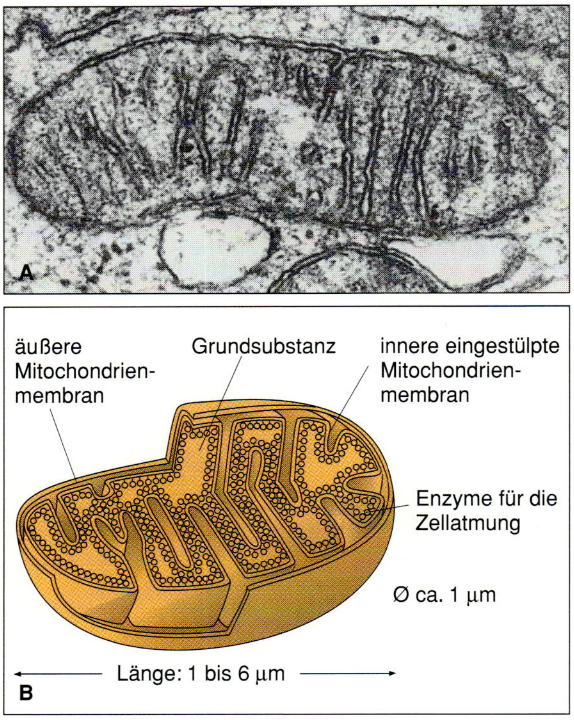

2 ***Mitochondrium. A*** *elektronenmikroskopische Aufnahme;* ***B*** *Schema*

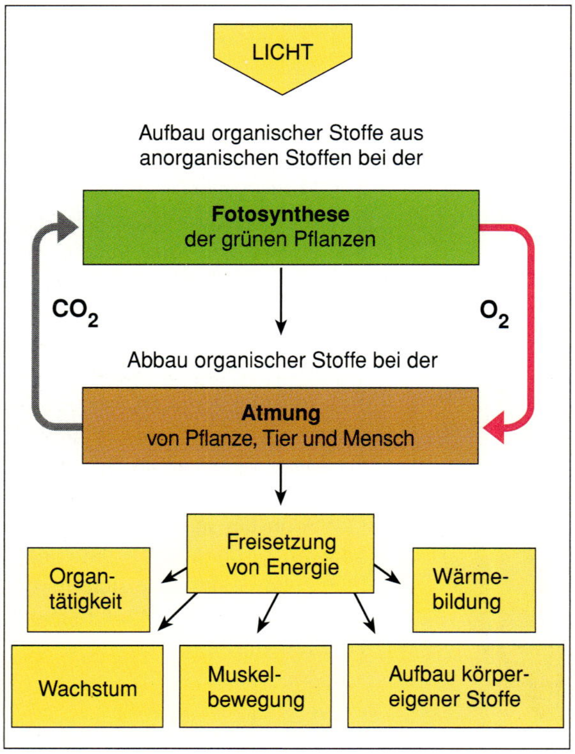

3 Zusammenhang zwischen Fotosynthese und Zellatmung

Die Zellatmung findet in speziellen Zellorganellen, den **Mitochondrien** statt. Diese sind in Gestalt und Größe recht unterschiedlich. Sie können oval, kugelförmig, stäbchenförmig oder gekrümmt sein. Mitochondrien werden von einer Doppelmembran umgeben. Die innere Membran ist mit vielen Einstülpungen versehen. So vergrößert sich der Reaktionsraum für die Zellatmung. Die Reaktionen der Zellatmung finden sowohl an der inneren Mitochondrienmembran als auch in dem Raum zwischen den beiden Membranen statt. Da die Hauptfunktion der Mitochondrien die Energiegewinnung ist, werden sie auch „Kraftwerke" der Zelle genannt.

Auch Tiere und Menschen gewinnen die Energie für ihre körpereigenen Vorgänge durch die Zellatmung. Menschen benötigen sie zum Beispiel für die Aufrechterhaltung ihrer Körpertemperatur. Auch die Arbeit, die die inneren Organe leisten, Muskelbewegungen und Zellerneuerung wären ohne Energieverbrauch nicht möglich.

Im Gegensatz zu den grünen Pflanzen können Tiere und Menschen die für die Zellatmung nötigen Stoffe nicht selbst herstellen. Sie müssen diese mit der Nahrung aufnehmen. Damit liefert die Fotosynthese die stoffliche Grundlage für die Zellatmung.
Der zum Abbau des Traubenzuckers nötige Sauerstoff stammt ebenfalls aus der Fotosynthese. Er gelangt über die Atemwege bis in die Körperzellen. Hier entstehen beim Abbau der organischen Stoffe wieder Kohlenstoffdioxid und Wasser. Als Ausgangsstoff für die Fotosynthese nehmen die Pflanzen das Kohlenstoffdioxid wieder auf. Fotosynthese und Zellatmung bilden also einen **Stoffkreislauf.**

Bei der Zellatmung wird Traubenzucker unter Sauerstoffverbrauch abgebaut. Dabei entstehen als Reaktionsprodukte Kohlenstoffdioxid und Wasser. Dieser Vorgang findet in den Mitochondrien statt. Er setzt Energie für die eigenen Lebensvorgänge und Wärme frei.

1 Beschreibe die besondere Bestäubungsform beim Aronstab.
2 Nenne den Ort der Zellatmung und erläutere ihren Ablauf.
3 Beschreibe den Feinbau eines Mitochondriums mithilfe der Abbildung 2.
4 Erläutere den Zusammenhang zwischen Fotosynthese und Zellatmung. Nutze dazu auch die Abbildung 3.

Stoffaufnahme und Stoffwechsel der grünen Pflanzen

Übung

V1 Wurzelspitze und Wurzelhaare

Material: Kresse- oder Senfsamen; Petrischale; schwarzes Papier; Wasser; starke Lupe/Binokular
Durchführung: Lege die Petrischale mit feuchtem Papier aus. Streue Samen darüber. Lege den Deckel auf und stelle das Gefäß bei Zimmertemperatur auf eine Fensterbank.
Aufgabe: Untersuche nach einigen Tagen die gekeimten Samen mit der Lupe/dem Binokular. Zeichne den Samen mit Wurzelspitze und beschrifte deine Zeichnung.

V2 Wasserleitung und Transpiration

Material: 3 Seitensprosse vom Fleißigen Lieschen oder Sprosse vom Springkraut; davon jeweils der erste voll beblättert, der zweite zum Teil beblättert, der dritte unbeblättert; 3 Reagenzgläser; Reagenzglasständer; 2%ige Eosin-Lösung; Zentimetermaß; Filzstift

Durchführung: Fülle die Gläser gleich hoch mit der Eosin-Lösung. Stelle die Sprosse in die Gläser.
Aufgaben: a) Beobachte die durchscheinenden Stängel. Beschreibe deine Beobachtungen.
Bestimme die Geschwindigkeit der Wasserleitung in den Stängeln in cm pro Stunde, indem du jede Stunde den Anstieg des gefärbten Wassers mit dem Filzstift am Spross markierst. Stelle außerdem jedesmal die Wasserstände in den Gläsern fest.
b) Lass den Versuch einige Stunden laufen. Vergleiche die Messergebnisse und gib dafür eine Erklärung.

V3 Präparat eines Stängelquerschnittes

Material: Stängel eines gefärbten beblätterten Sprosses aus V2; Rasierklinge mit Korkhalterung; Pinzette; Pipette; Becherglas; Wasser; Mikroskop mit Zubehör

Durchführung: Gib mit der Pipette einen Tropfen Wasser auf den Objektträger. Fertige vom Stängel einen hauchdünnen Querschnitt. Orientiere dich dabei an der Abbildung. Überführe den Querschnitt in den Wassertropfen. Decke ein Deckgläschen auf. Mikroskopiere.

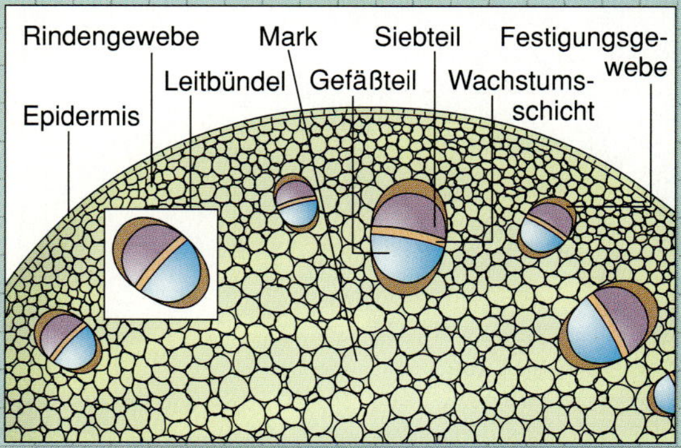

Aufgabe: Zeichne vom Querschnitt eine Übersicht. Beschrifte. Orientiere dich an der Abbildung oben. Nenne Unterschiede zwischen deinem Querschnitt und der Abbildung.

V4 Präparat einer Blatthaut

Material: Laubblatt (z. B. Flieder, Sumpfdotterblume, Alpenveilchen); Rasierklinge mit Korkhalterung; Pinzette; Pipette; Becherglas; Wasser; Mikroskop mit Zubehör; Zeichenmaterial

Übung

Stoffaufnahme und Stoffwechsel der grünen Pflanzen

Durchführung: Gib mit der Pipette jeweils einen Tropfen Wasser auf 2 Objektträger. Ritze mit der Rasierklinge ein Kreuz in die *untere* Epidermis. Ziehe dann mit der Pinzette ein Stück dieser Haut ab. Überführe dieses in den Wassertropfen. Decke ein Deckgläschen auf. – Verfahre ebenso mit einem Stück aus der *oberen* Epidermis. Mikroskopiere.

Aufgaben: a) Begründe, weshalb du dich beim Mikroskopieren auf den Randbereich der Schnitte konzentrieren solltest.

b) Zeichne einen Ausschnitt des Blattgewebes von der unteren und der oberen Epidermis. Beschrifte. Orientiere dich auf den Seiten 34 und 35.

c) Vergleiche die Gewebe der Blattober- und der Blattunterseite. Nenne Unterschiede.

V5 Fotosynthese und Sauerstoff

Hinweis: Ein glimmender Holzspan entflammt in reinem Sauerstoff.

Material: Glasgefäß; Glastrichter; Reagenzglas; Wasser; Wasserpest; Draht; Holzspan; Streichhölzer; 100-Watt-Tischlampe

Durchführung: Binde frische Sprosse der Wasserpest mit Draht zusammen. Bringe diese in das mit Wasser gefüllte Gefäß. Stülpe den Trichter so über die Pflanzenteile, dass dieser ganz von Wasser bedeckt ist. Fülle nun das Reagenzglas randvoll mit Wasser. Verschließe es mit dem Daumen. Stülpe es über den Hals des Trichters und ziehe den Daumen weg, wobei kein Wasser aus dem Reagenzglas treten darf. Setze das Gefäß dem Licht aus.

Wenn sich das Reagenzglas etwa zur Hälfte mit Gas gefüllt hat, ziehe es vorsichtig unter Wasser vom Trichterhals und verschließe es mit dem Daumen. Hebe es aus dem Glasgefäß, drehe es um, ziehe den Daumen zurück und lass unmittelbar darauf von einer anderen Person einen glimmenden Holzspan in das Reagenzglas führen.

Aufgabe: Beschreibe deine Beobachtungen und erläutere diese.

V6 Funktionsmodell der Schließzellen

Material: Fahrradschlauch; Gummiring; Luftpumpe

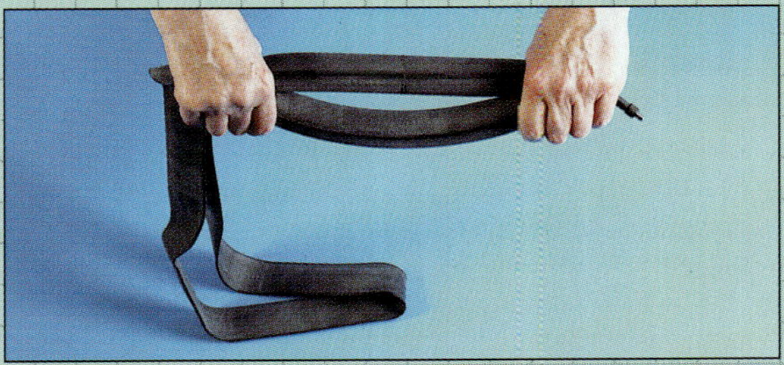

Durchführung: Klemme den Schlauch etwa 20 cm vom Ventil luftdicht mit einem Gummiring oder mit einer Hand ab. Halte den Schlauch mit der anderen Hand am Ventilende fest. Lege nun beide Hände auf einen Tisch. Eine andere Person pumpt nun Luft in den Schlauch.

Aufgabe: Beschreibe anhand des Modells die Funktionsweise der Schließzellen. Vergleiche mit Abbildung 1 C auf Seite 34.

V7 Stoffkreislauf in einem Glasgefäß

In einem verschlossenen Glasgefäß gedeihen Pflanzen ohne Wasser- und Luftzufuhr von außen. Beschreibe, wie so etwas möglich ist.

A8 Blattaufbau

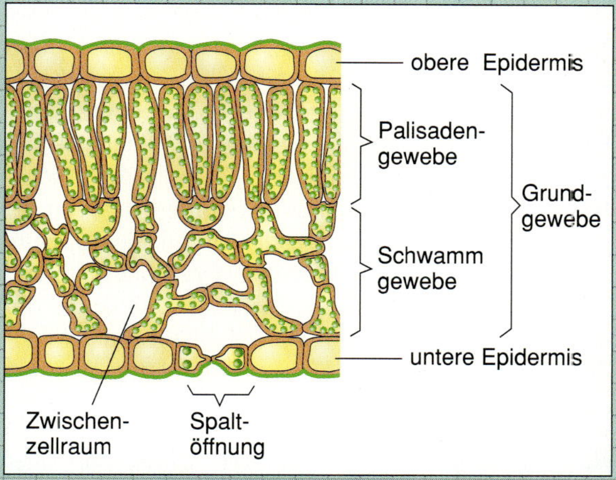

Laubblätter zeigen je nach Pflanzenart einen vom Grundbauplan abweichenden Aufbau.

a) Beschreibe den abgebildeten Blattquerschnitt eines Rotbuchenblattes. Erläutere den Aufbau im Zusammenhang mit dessen Aufgaben.

b) Vergleiche den Blattquerschnitt der Buche mit dem vom Mais in Abb. 1 B auf S. 34. Nenne Gemeinsamkeiten und Unterschiede.

A9 Pflanzenatmung

Hinweis: Kohlenstoffdioxid wird in Kalkwasser gebunden. Dies trübt sich dabei milchig.

a) Beschreibe die dargestellte Versuchsanordnung.

b) Mit dem Blaseblag wird Luft durch die Versuchsanordnung gepumpt. Beschreibe das Versuchsergebnis und erläutere dieses.

A10 Stärkebildung in Blättern

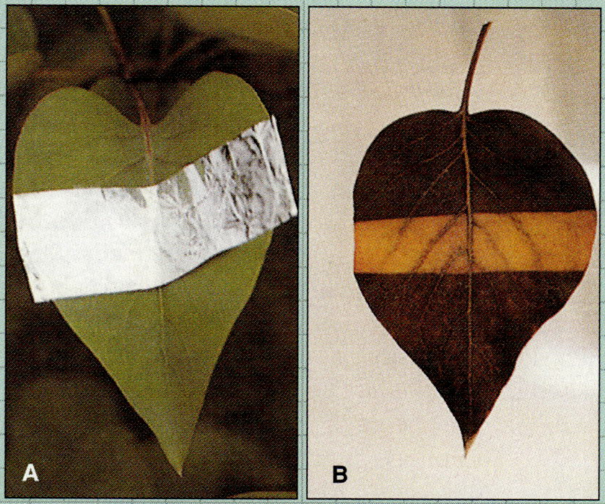

Die Abbildungen A und B stellen jeweils ein Blatt zu Beginn und zum Ende eines Versuchs dar, bei dem festgestellt werden soll, welche Faktoren für die Bildung von Stärke verantwortlich sind. Nachdem das Blatt einen Tag dem Licht ausgesetzt war, wurde es in heißem Spiritus entfärbt und zum Stärkenachweis in Iodlösung getaucht.

a) Beschreibe den Versuch und das Versuchsergebnis.

b) Von welchem Faktor ist bei diesem Versuch die Stärkebildung abhängig?

c) In der Abbildung C ist ein Blatt dargestellt, das nur in bestimmten Bereichen grün gefärbt ist. Auch mit diesem Blatt wurde der Stärkenachweis durchgeführt (Abbildung D).

Beschreibe das Ergebnis.

3.6 Ohne Mineralstoffe kein Pflanzenwachstum

Aus Erfahrung weißt du: Zimmerpflanzen brauchen Licht und Wasser. Doch auch bei ausreichender Versorgung damit sehen viele Pflanzen nach einiger Zeit nicht mehr „gesund" aus. Woran liegt das?

Die Pflanzen brauchen für ein gesundes Wachstum *Mineralstoffe,* die sie in Wasser gelöst über die Wurzeln aufnehmen. Wichtige Mineralstoffe sind u.a. chemische Verbindungen mit Kalzium, Kalium, Phosphor, Stickstoff, Magnesium, Eisen und Schwefel. Die Stickstoffverbindungen nennt man *Nitrate,* die Phosphorverbindungen *Phosphate.* Alle diese Elemente sind für die Ernährung der Pflanzen von Bedeutung.

Das Gedeihen der Pflanzen hängt davon ab, ob alle notwendigen Mineralstoffe in ausreichender Menge vorhanden sind. Fehlt auch nur einer, beginnen die Pflanzen zu kränkeln. Es kommt zu **Mangelerscheinungen.** Die Pflanzen kümmern und gehen ein.

Dabei kann der Mangel an einem Mineralstoff nicht durch einen Überschuss eines anderen Minerals ausgeglichen werden. Die unten abgebildete Minimum-Tonne veranschaulicht dies. Sie kann nur bis zur Höhe der kürzesten Daube gefüllt werden. Schüttet man mehr hinein, fließt der überschüssige Inhalt hinaus. Man bezeichnet diesen von Justus Liebig um 1850 erkannten Sachverhalt als das **Gesetz des Minimums.**

Fehlende Mineralstoffe kann man durch gezielte **Düngung** wieder hinzufügen, wobei die einzelnen Mineralstoffe in einem bestimmten Mengenverhältnis stehen müssen. Dies deutet die Daubenbreite an.

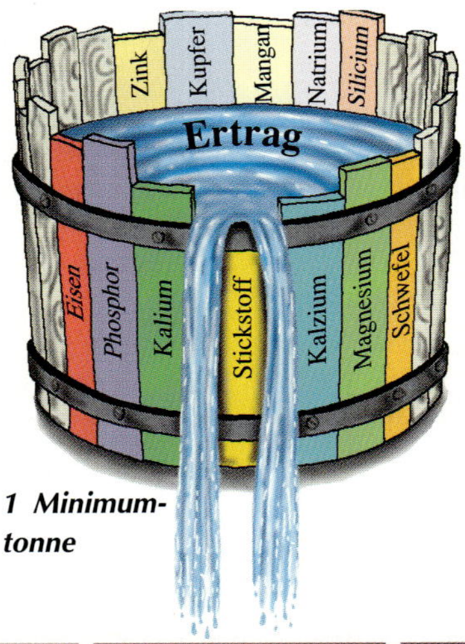

1 Minimumtonne

Mangelversuche zeigen, wie Pflanzen reagieren, wenn ihnen bestimmte Mineralstoffe fehlen. *Kalium* z.B. reguliert den Wasserhaushalt und den Stoffwechsel. Beim Fehlen werden die Blätter schlaff und knicken. *Eisen* ist zur Chlorophyllbildung erforderlich. Fehlt es, verfärben sich die Blätter. *Kalzium* reguliert den Wasserhaushalt und ist Bestandteil der Zellwände. Bei einem Mangel bleiben die Pflanzen klein. Die Blätter werden bräunlich.

Pflanzen brauchen gelöste Mineralstoffe zum Leben.

1 a) Sieh auf dem Etikett einer Flasche mit Pflanzendünger nach, welche Mineralstoffe dort aufgeführt sind.
b) Welche Menge ist jeweils enthalten?

2 Kulturversuche mit Mais

ERNÄHRUNGSSPEZIALISTEN

Pinnwand

Die Venus-Fliegenfalle

Die Venus-Fliegenfalle stammt aus Nordamerika. Ihre beiden Blätter stehen unter Spannung. Setzt sich ein Insekt auf ein Blatt und berührt die Sinneshärchen auf der Blattoberfläche, klappen d e Blätter zusammen und das Insekt ist gefangen. Es wird anschließend von der Pflanze verdaut.

Der Sonnentau – eine Tier fangende Pflanze

Der Sonnentau kommt auf moorigen Flächen vor. Die Blätter besitzen rote Drüsenhaare. Diese scheiden an ihren Spitzen ein klebriges Sekret aus, das in der Sonne wie Tautropfen aussieht. Hierdurch werden Insekten angelockt und bleiben daran kleben. Anschließend wird das Tier durch Verdauungssäfte aus den Drüsenhaaren aufgelöst. Aus den freiwerdenden Eiweißstoffen gewinnt der Sonnentau Stickstoffverbindungen, die an seinem Standort fehlen.

Die Nesselseide – ein Vollparasit

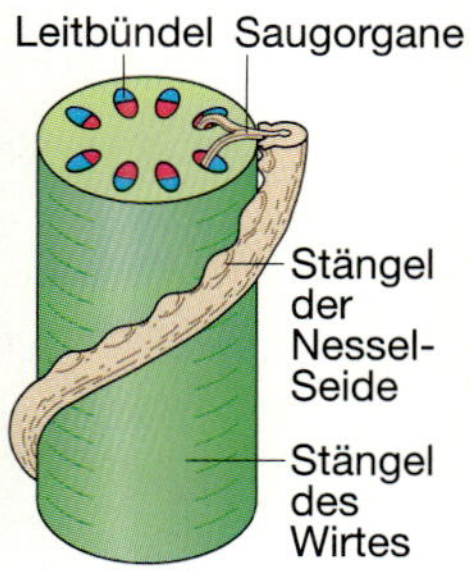

Die Nesselseide wächst in Auwäldern, Hecken und Feldkulturen. Sie besitzt weder Wurzeln noch Blätter sowie kaum Chlorophyll. Daher ist sie zur Fotosynthese nicht fähig. Ihr Stängel umschlingt eine Wirtspflanze und bildet *Saugorgane* aus. Diese dringen in den Stängel des Wirts, „zapfen" die Leitbündel an und entnehmen daraus Nährstoffe, Wasser und Mineralstoffe.

Die Mistel – ein Halbparasit

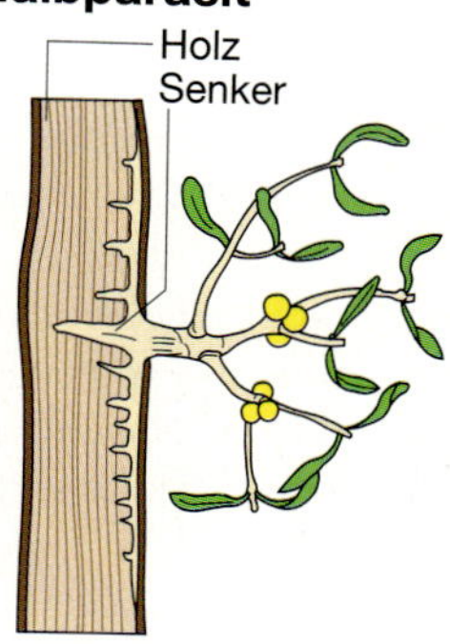

Die immergrüne Mistel wächst auf Bäumen. Wie alle immergrünen Pflanzen ist sie zur Fotosynthese fähig. Sie bezieht jedoch ihr Wasser mit den Mineralstoffen von ihrem Wirtsbaum. Dazu treibt sie ihre zu *Senkern* umgebildeten Wurzeln in die wasserführenden Gefäße des Wirts.

Tier fangende Pflanzen

Die über 500 Tier fangenden Pflanzenarten auf der Welt wachsen zumeist an Standorten, die äußerst arm an Mineralstoffen sind. Vor allem fehlt es dort an Stickstoffverbindungen. Sie haben verschiedene Methoden entwickelt, um über Beutetiere an die lebensnotwendigen Mineralstoffe zu gelangen.

1 Wodurch unterscheiden sich die hier vorgestellten Ernährungsspezialisten?

3.7 Pflanzen sind reizbar

Wenn ein Mensch besonders sensibel reagiert, so bezeichnen wir ihn vielfach als Mimose. Die entsprechende Person zeigt ähnliche Reaktionen wie die Blätter einer Pflanze, die sich bei einer Berührung zusammenfalten.

Mimosen besitzen an den Blattstielen und an den Ansatzstellen der Fiederblättchen Gelenke. Ungereizt sind die Zellen der Gelenke prall mit Zellsaft gefüllt, sodass die Blätter aufrecht stehen. Bei Berührung fließt Wasser aus den auf der Unterseite des Gelenks liegenden Zellen in die luftgefüllten Zellzwischenräume. Die Zellen werden dadurch kleiner, und das Gelenk knickt nach unten. Diese Bewegungen laufen sehr schnell ab. Die Mimose ist ein gutes Beispiel dafür, dass Pflanzen auf Reize aus der Umgebung reagieren.

Für diese Reaktionen sind nicht nur Berührungen verantwortlich, sondern auch Licht, Feuchtigkeit oder die Schwerkraft stellen Reize dar. Pflanzen können auf diese Reize mit Bewegungen reagieren. Stehen Bewegungen in Beziehung zur Richtung eines bestimmten Reizes, so nennt man sie **Tropismen.**

Tropismen kommen unter anderem durch Wachstumsbewegungen zustande. Werden z. B. grüne Pflanzen einseitig beleuchtet, so wachsen sie an der nicht beleuchteten Seite schneller als an der beleuchteten Seite. Es entsteht dadurch eine Bewegung zum Licht, das die Pflanzen zur Fotosynthese benötigen. Das Bestreben der grünen Pflanzen, dem Licht entgegen zu wachsen, nennt man **Fototropismus.**

Während der Pflanzenspross dem Licht entgegenwächst, richtet sich die Wurzel vom Licht weg in Richtung Boden aus. Zusätzlich reagieren die Pflanzen auf die Schwerkraft. Die Wurzeln wachsen dadurch nach unten. Hierdurch wird gewährleistet, dass die Wurzeln aus dem Boden Wasser und Nährsalze aufnehmen können. Solche Wachstumsbewegungen, die von der Schwerkraft beeinflusst werden, nennt man **Geotropismen.**

Pflanzen sind reizbar. Sie reagieren unter anderem auf Berührung, Licht, Feuchtigkeit und Schwerkraft.

1 Beschreibe die in Abbildung 1 D–F gezeichneten Versuche. Gib im Protokoll jeweils Durchführung, Beobachtung und Auswertung an.

2 Die Bewegungen der Pflanzen in Abbildung 1 A–F beruhen auf unterschiedlichen Mechanismen. Erläutere diese.

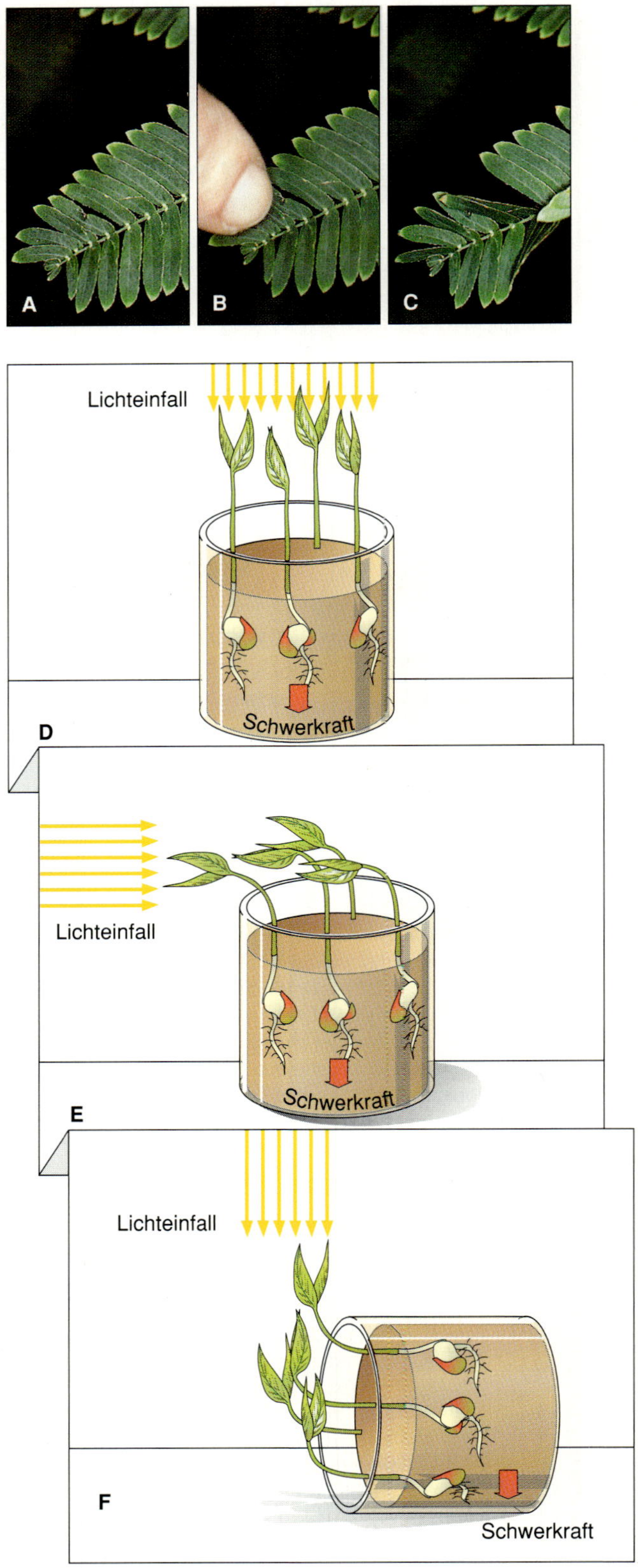

1 Pflanzen sind reizbar. A–C *Mimosenblätter;* ***D–F*** *Tropismen bei Pflanzen*

REIZBARKEIT UND BEWEGUNG

Pinnwand

Organbewegungen

Unter den vielfältigen Bewegungsformen lebender Pflanzenorgane herrschen zwei Grundmechanismen vor. Zum einen bewegen sich Pflanzen durch nicht umkehrbare **Wachstumsbewegungen.** Zum anderen treten bei ihnen umkehrbare **Turgorbewegungen** auf. Bei den umkehrbaren Bewegungen ändert sich der Zellinnendruck der Pflanzenzelle durch Wasseraufnahme oder -abgabe sehr schnell.

Beide Mechanismen können durch Reize hervorgerufen werden. Dabei lassen sich **Tropismen** von **Nastien** unterscheiden. Tropismen sind gerichtete Krümmungsbewegungen, die durch einen einseitigen Reiz ausgelöst werden. Bei Nastien hat der Reiz keinen Einfluss auf die Bewegungsrichtung. Es handelt sich um eine ungerichtete Bewegung.

Gänseblümchen

Bewegung: Blüten öffnen und schließen sich.
Reiz: meist Temperatur und Licht
Besonderheit: Die Bewegung kann auf Turgoränderung oder auf Wachstum beruhen. Beim Wachstum strecken sich die Ober- und die Unterseite der Blütenblätter unterschiedlich schnell.

Wasserschlauch

Bewegung: Fangblase fängt Wasserfloh.
Reiz: Berührung
Besonderheit: Die Sinnesborsten der Pflanze ① nehmen den Reiz auf, den der Wasserfloh durch seine Berührung verursacht. Durch den daraufhin veränderten Zellinnendruck öffnet sich die Fangblase schnell ②. Sie dehnt sich aus und der entstehende Sog zieht die Beute hinein. Danach reagiert die Pflanze mit einer Wachstumsbewegung, die die Falle fest verschließt ③. Der Wasserfloh wird nun verdaut.

Kressekeimlinge

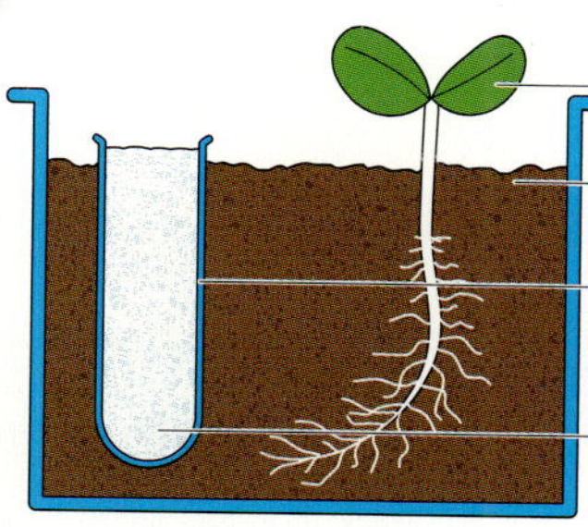

Bewegung: Die Keimwurzeln wachsen in Richtung der Nährsalzlösung.
Reiz: chemische Stoffe wie Nährsalze und Wasser
Besonderheit: Bei älteren Wurzeln ist die Reaktion stark verlangsamt.

Erdnuss

Bewegung: Die Blütenstiele wachsen zuerst entgegen der Schwerkraft und tragen aufrechte Blüten. Erst nach der Befruchtung wachsen sie in Richtung der Erdanziehung und schieben so die reifenden Früchte in die Erde.
Reiz: Schwerkraft der Erde

1 Tropischer Regenwald als Pflanzenreservoir. A *Banane;* ***B*** *Ausschnitt;* ***C*** *Rosarotes Immergrün*

4 Grüne Pflanzen – Grundlage des Lebens

Pflanzen bestimmen das Bild auf der Erde. Sie kommen in fast allen Klimazonen vor. Es gibt sie als mikroskopisch kleine Einzeller und als Baumriesen mit über 100 m Höhe. Allein in tropischen Regenwäldern findet man über 50 Prozent aller Pflanzenarten.
Grüne Pflanzen können die Energie des Sonnenlichtes in chemische Energie umwandeln. Bei dieser Fotosynthese stellen sie organische Stoffe wie Traubenzucker her. Diese nutzen sie zum Aufbau eigener Biomasse. Alle anderen Organismen sind Verbraucher organischer Stoffe. Sie ernähren sich direkt oder indirekt von Pflanzen. *Futterpflanzen* wie Gras, Klee und Getreide werden von Nutztieren gefressen. So erhalten wir später Eier, Fleisch und Milcherzeugnisse. Pflanzen bilden deshalb die **Nahrungsgrundlage** für Tiere und Menschen.

Ein Nebenprodukt der Fotosynthese ist der **Sauerstoff,** den die Pflanzen an die Umgebung abgeben. Diesen Sauerstoff brauchen alle Lebewesen zur Atmung. Ohne die Entwicklung grüner Pflanzen vor etwa zwei bis drei Milliarden Jahren hätten wir heute keine sauerstoffhaltige Erdatmosphäre. Auch die Ozonschicht, die uns vor zu starker UV-Strahlung schützt, hat sich erst gebildet, als Sauerstoff vorhanden war.

Durch die vielseitigen Leistungen grüner Pflanzen erhalten wir zahlreiche Produkte, die wir als **Rohstoffe** und **Baumaterialien** verwenden. Fossile Brennstoffe wie *Braun-* und *Steinkohle* stammen von Pflanzen früherer Erdzeitalter. Ein besonders wertvoller Rohstoff ist *Holz.* Man braucht es für Häuser, Werkzeuge, Möbel und vor allem als Brennholz. Holz nutzt man darüber hinaus auch für die Zellstoff- und Papierherstellung. Pflanzliche *Fasern* wie Baumwolle, Hanf, Jute und Flachs werden für die Herstellung von Textilien verwendet. Andere Pflanzen liefern *Harze, Kautschuk,* und *Öle.* Auf **Genussmittel** wie Kakao, Tee, Kaffee und Schokolade möchte sicher auch niemand verzichten. Darüber hinaus gibt es viele wertvolle **Heilpflanzen** wie Kamille, Salbei, Roter Fingerhut und Tropisches Immergrün.

Grüne Pflanzen sind die Grundlage allen Lebens auf der Erde. Sie liefern Sauerstoff, Nahrung und Rohstoffe.

1 Stelle verschiedene „Leistungen" der Pflanzen zusammen. Nutze dazu auch die Pinnwand Seite 47.

LEISTUNGEN DER PFLANZEN

Pinnwand

Dattelpalmen kommen vor allem in den Trockengebieten von Marokko in Afrika bis nach Pakistan in Asien vor. Nach einem arabischen Sprichwort steht die Dattelpalme mit den Füßen im Wasser und mit dem Kopf in der glühenden Hitze. Tatsächlich reichen ihre Wurzeln tief bis in das Grundwasser und nehmen dort jährlich etwa 150 000 l Wasser auf. Der Baum verträgt auch Temperaturen bis 52 °C. Die Dattelpalme ist für die Bewohner der Wüstenräume und Oasen von lebenswichtiger Bedeutung. Jährlich liefert sie etwa 70 kg zucker- und eiweißhaltige Früchte. Diese werden entweder frisch gegessen

oder zu Dattelbrot gepresst. Es bildet die tägliche Nahrung. Getrocknet, gepresst und in Leder eingenäht hält es sich über viele Jahre. Die Früchte werden auch zu Marmelade verarbeitet. Die Palme liefert täglich bis zu 10 l „Dattelmilch", die man aus der Krone abzapft. Ein Teil davon wird zu Dattelwein vergoren. Junge Blätter werden als Gemüse gegessen. Ältere dienen als Viehfutter, für Bedachungen und als Flechtmaterial für Matten, Körbe und Hüte. Aus den Stämmen gewinnt man Bauholz. Die Dattelpalme ist somit ein universeller Nahrungsmittel- und Rohstofflieferant der trockenheißen Gebiete.

Ein durchschnittlicher, 17 m hoher Laubbaum mit 1000 m² Blattfläche
- produziert 400 kg organische Stoffe pro Jahr (z. B. Traubenzucker)
- produziert 200 Millionen l Sauerstoff pro Jahr
- verbraucht 2 500 l Wasser pro Jahr für die Sauerstoffproduktion
- „pumpt" 30 000 l Wasser pro Jahr durch seine Organe
- filtert 7 000 kg Luftverunreinigungen pro Jahr (z. B. Staub)
- verhindert durch seine Wurzeln einen Wasserabfluss von 70 000 l pro Jahr

Dürre in Brasilien: Frage von Leben und Tod

Nach einem Bericht im SPIEGEL Nr. 24/1998

Wenn der Regen ausbleibt und die Pflanzen auf den Feldern verdorren, die den Menschen in den Dörfern Nahrung und Einkommen liefern, dann leiden viele Brasilianer unter Hunger. So auch im Jahre 1998. In vielen Dörfern des Bundesstaates Ceará sind die Brunnen versiegt, Mais und Bohnen verdorrt. Der Preis für Reis hat sich verdreifacht – unerschwinglich für die meist arme Bevölkerung. Viele haben schon ihre Hütten verlassen. Auf der Suche nach Wasser und Nahrung irren sie durch die trockene Gegend des brasilianischen Nordens. Ausgezehrte Kinder schwenken vorüberfahrenden Autos leere Blechnäpfe entgegen. Sie betteln um Bohnen, Mais, irgendetwas zu essen. Die neunjährige Raimunda hat zuletzt vor drei Tagen gegessen: eine Handvoll Mehl und ein Kaktusblatt.

Holz: Daten und Fakten

- Weltproduktion an Rundholz für Verarbeitungszwecke: 1,6 Mrd. m³ pro Jahr.
- Weltproduktion an Brennholz und Holzkohle: 1,8 Mrd. m³ pro Jahr.
- Rund 80% des geschlagenen Holzes dienen der Energiegewinnung.
- Über 2 Mrd. Menschen sind beim Kochen und Heizen mangels anderer Energiequellen auf Holz angewiesen.

1 Pro Tag nimmt der Mensch etwa 600 l Sauerstoff auf. Wie lange könnte er von dem Sauerstoff leben, den ein durchschnittlicher Laubbaum an einem Tag produziert?

5 Lebensprozesse der Destruenten

5.1 „Recycling“ in der Natur

Ein naturnaher Wald macht auf den Betrachter einen eher „unaufgeräumten“ Eindruck. Der Mensch greift dort nicht ein; er überlässt diesen Wald sich selbst. In naturnahen Wäldern sammelt sich deshalb reichlich Totholz wie umgestürzte Bäume und alte Baumstubben an. Sie sind ein Paradies für **Destruenten**, die diese organischen Materialien zersetzen. Schauen wir uns die unterschiedlichen Kleinstlebensräume einmal genauer an.

Vor allem *Pilze* nutzen Baumstümpfe und liegen gebliebene Stämme als Nahrungsgrundlage. So wachsen *Hallimasch* und *Schwefelkopf* büschelweise an totem Holz. Auch viele *Porlinge* wie die *Schmetterlingstramete* und der *Birkenporling* sind hier zu finden. Mit ihren Hyphen dringen die Pilze tief in das Holz ein. Sie zerlegen es mithilfe ihrer Enzyme und können so den Hauptbestandteil des Holzes, die Zellulose, nutzen. Diese wird von den Pilzen bis zum Traubenzucker abgebaut, den sie für ihre Ernährung verwenden. Lebewesen, die ihre organischen Nahrungsstoffe toten Pflanzenkörpern entziehen, heißen **Saprophyten** oder *Fäulnisbewohner*.

Zersetzen die Pilze nur die Zellulose, sieht der Baumstubben rotbraun aus. Das Holz ist brüchig und lässt sich zwischen den Fingern zerreiben. Dieser Zustand wird als **Braunfäule** bezeichnet. Die meisten Holzpilze können zusätzlich auch einen weiteren Holzstoff, das Lignin, abbauen. Als Produkt entsteht eine weiße, faserige Masse. Diese Art der Holzzersetzung heißt **Weißfäule.**

In der Rinde und im Holz leben außerdem viele tierische Zersetzer wie der Borkenkäfer und andere Holzkäfer. Ihre Larven legen umfangreiche Gangsysteme an. So erleichtern sie den Pilzhyphen das Eindringen.

Der größte Teil des toten, organischen Materials, das im Wald anfällt, wird von Bodenorganismen zersetzt. An einem Baumstubben finden sich viele bekannte Wirbellose, die zu den Zersetzern gehören. Verschiedene *Gehäuse-* und *Nacktschnecken,* die durch das feuchte Moos kriechen, gehören dazu. Ebenfalls häufig anzutreffen sind *Ameisen, Tausendfüßer, schwarze Laufkäfer* und *Asseln.* Neben Tierkadavern und Kot ernähren sich diese Organismen vor allem von Laub. Auch **Räuber** wie *Spinnen* und *Hundertfüßer* suchen hier nach Nahrung.

> **Stichwort**
> **Destruenten**
> Destruenten oder Zersetzer sind Organismen, die tote organische Substanz abbauen. Sie gewinnen auf diese Weise Energie für ihre eigenen Lebensprozesse. Unter den Destruenten gibt es Fäulnisbewohner, die von Aas, Kot und anderen organischen Abfällen leben. Auch die Mineralisierer gehören dazu. Sie bauen organische Stoffe vollständig ab. Dabei entstehen anorganische Stoffe wie Mineralsalze, Wasser und Kohlenstoffdioxid.

1 Abbau von organischem Material im Boden (→ = zunehmende Zersetzung)

Betrachtet man die oberen Schichten der Laubstreu, fallen erste Fraßspuren auf. Diesen *Fensterfraß* verursachen *Springschwänze* und *Schnakenlarven*. Andere Tiere wie *Asseln, Milben* und *Fliegenlarven* fressen Löcher in die Blätter. Man spricht deshalb von *Lochfraß*. In den unteren Schichten der Laubschicht überwiegen die Blattskelette. Hier haben *Asseln, Ohrwürmer* und *Haarmückenlarven* das weiche Blattgewebe zwischen den Blattadern gefressen. Die *Primärzersetzer* haben damit ihre Arbeit beendet und die Pflanzenteile zerkleinert.

Mit ihrem Kot scheiden sie unverdaute, organische Stoffe aus. Von diesen Resten ernähren sich zum Beispiel *Milben* und *Fadenwürmer*. Durch das mehrfache Fressen und Ausscheiden werden die organischen Stoffe auch mit Mineralien gemischt. Es entsteht **Humus**. Einen wesentlichen Anteil an dieser Durchmischung haben *Regenwürmer*. Bei ihrer Tätigkeit verkleben die Humusteilchen mit Sand- und Tonkörnern. Es entsteht eine Krümelstruktur, die eine gute Durchlüftung und Wasserversorgung des Bodens ermöglicht.

Die Zersetzung ist damit jedoch noch nicht beendet. **Mineralisierer** wie *Pilze* und *Bakterien* bauen die Ausscheidungen weiter ab. Diese *Mikroorganismen* zersetzen die organischen Reste vollständig zu anorganischen Stoffen. Dabei entstehen Wasser, Kohlenstoffdioxid und Mineralsalze. Beim Abbau gewinnen die Mineralisierer Energie für ihre eigenen Lebensprozesse. Dabei schließen sie den Stoffkreislauf im Wald. Denn alle von ihnen freigesetzten Stoffe können von den Pflanzen wieder aufgenommen werden. Der Waldboden ist damit ein besonders effektives „Recyclingsystem".

Destruenten bauen Laub und andere organische Substanzen ab. Bodenorganismen und andere Lebewesen zerkleinern die Pflanzenreste, die Mikroorganismen dann zu anorganischen Stoffen wie Wasser, Kohlenstoffdioxid und Mineralsalzen zersetzen.

1 Beschreibe die Zersetzung eines Laubblattes mithilfe der Abbildung 1.

2 Ordne den abgebildeten Destruenten die richtigen Namen zu: Regenwurm, Tausendfüßer, Madenwurm, Milbe, Große Wegschnecke, Assel, Springschwanz, Hallimasch, Borkenkäfer, Porling, Schwefelkopf, Schlauchpilz, Bodenbakterien, Schnakenlarve, Haarmückenlarve.

5.2 Stoffabbau ohne Sauerstoff – die Gärung

Vor mehr als 6000 Jahren beobachteten unsere Vorfahren, dass sich über längere Zeit aufbewahrte Fruchtsäfte im Geschmack veränderten. Es entstand aus ihnen ein berauschendes Getränk, das wir heute als Fruchtwein bezeichnen würden. Welche Vorgänge in den Fruchtsäften abliefen, blieb bis Anfang des 19. Jahrhunderts unbekannt. Heute kennt man nicht nur die Verursacher, die Hefepilze, sondern auch den Vorgang, die **alkoholische Gärung.**

Warum tun diese Mikroorganismen das? Die *Hefepilze* ernähren sich von den Inhaltsstoffen der Fruchtsäfte. Sie setzen im Prozess der Gärung aus energiereichen Ausgangsstoffen wie Traubenzucker Energie zur Erhaltung ihrer Lebensfunktionen frei. Im Gegensatz zum vergleichbaren Zellatmungsprozess benötigen die Mikroorganismen für ihre Gärung keinen Sauerstoff. Auch in den Endprodukten unterscheiden sich beide Prozesse. Bei der Atmung wird der Traubenzucker vollständig zu Kohlenstoffdioxid und Wasser abgebaut. Bei der Vergärung von Traubenzucker entsteht dagegen neben Kohlenstoffdioxid nicht Wasser, sondern Alkohol. Da Alkohol im Gegensatz zu Kohlenstoffdioxid und Wasser ein immer noch energiehaltiges Zwischenprodukt darstellt, wird bei der Gärung wesentlich weniger Energie freigesetzt als bei der Zellatmung.

Gärungsvorgänge spielen im Haushalt der Natur eine wichtige Rolle. Neben Hefepilzen beziehen auch verschiedene Bakterienarten ihre Energie aus Gärungsprozessen. Sie spielen bei der Zersetzung abgestorbener Lebewesen unter Luftabschluss in Böden oder im Schlamm von Gewässern eine Rolle. Im Darm von Rindern, Pferden oder Nagetieren erschließen *Darmbakterien* und andere Mikroorganismen die zellulosehaltige Nahrung der Tiere. Bei den Wiederkäuern, wie z. B. bei den Rindern, spielen sich die Gärungsvorgänge im Pansen ab.

Auch der Mensch nutzt Gärungsvorgänge, um Genuss- und Lebensmittel herzustellen oder sie zu konservieren. Bei der Herstellung von Bier und Wein vergären Hefepilze zuckerhaltige Produkte in der alkoholischen Gärung zu Alkohol und Kohlenstoffdioxid. Die **Milchsäuregärung** wird dagegen bei der Herstellung von Sauermilch, Jogurt, Sauerkraut und sauren Gurken eingesetzt. Hierbei bauen *Milchsäurebakterien* Traubenzucker zu Milchsäure ab.

Verschiedene Mikroorganismen bauen Traubenzucker ohne Sauerstoff ab. Bei dieser und anderen Gärungen setzen sie Energie frei.

1 Fertige ein Versuchsprotokoll für den in Abbildung 1 beschriebenen Versuch an. Das Protokoll sollte Durchführung, Beobachtung und Auswertung beinhalten.

2 Vergleiche Zellatmung und alkoholische Gärung miteinander. Stelle Gemeinsamkeiten und Unterschiede zusammen.

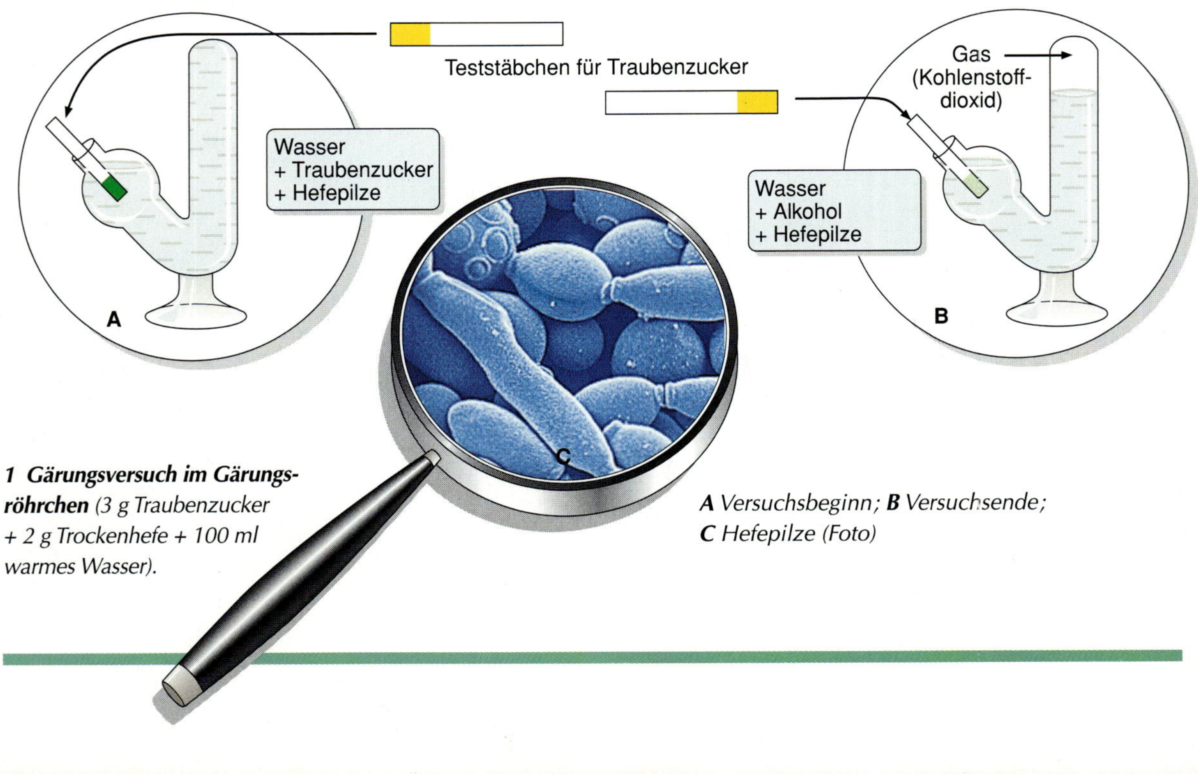

1 Gärungsversuch im Gärungsröhrchen *(3 g Traubenzucker + 2 g Trockenhefe + 100 ml warmes Wasser).* ***A*** *Versuchsbeginn;* ***B*** *Versuchsende;* ***C*** *Hefepilze (Foto)*

Bier brauen – eine uralte Biotechnologie

Streifzug durch die Technik

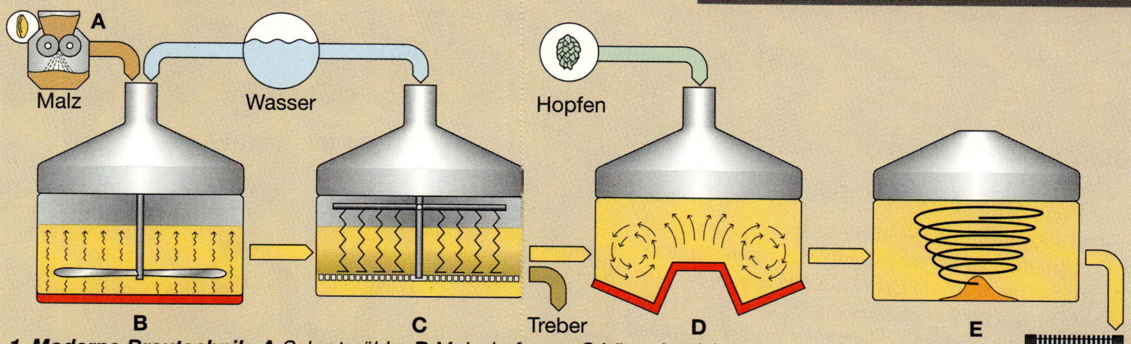

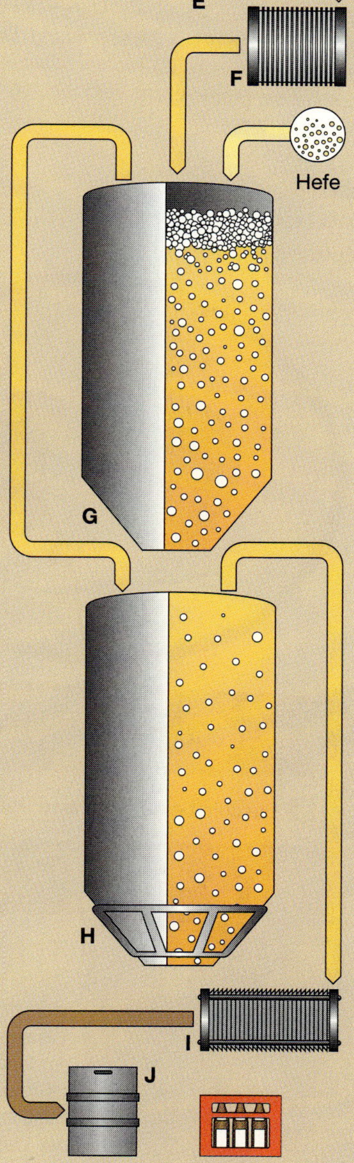

***1 Moderne Brautechnik. A** Schrotmühle; **B** Maischpfanne; **C** Läuterbottich; **D** Würzepfanne; **E** Whirlpool; **F** Würzekühler; **G** Gärtank; **H** Lagertank; **I** Bierfilter; **J** Abfüllung*

Die Kunst, aus keimenden Getreidekörnern ein alkoholisches Getränk zu brauen, war schon im Altertum hoch entwickelt. Die Menschen hatten erkannt, dass Bier ungefährlicher war als Wasser: Wegen der aus dem Hopfen stammenden Bestandteile können sich in ihm keine Krankheitskeime vermehren.

Im Mittelalter verfiel die Bierkultur: Angeblich, um das Bier haltbarer und schmackhafter zu machen, verwendeten Bierpanscher Zutaten wie Ochsengalle, berauschende Kräuter, Teer und Ruß. Um dem ein Ende zu setzen, erließ Herzog Wilhelm IV. von Bayern am 23. April 1516 das *„Reinheitsgebot“:* Bier sollte fortan nur noch aus Gerste, Hopfen und Wasser gebraut werden. Diese älteste lebensmittelrechtliche Vorschrift der Welt gilt in Deutschland noch heute. Im Reinheitsgebot wird die Hefe nicht erwähnt; dies liegt vermutlich daran, dass damals die Gärung durch natürlich vorkommende Hefen ausgelöst wurde.

Moderne Braukunst beginnt wie in der Antike mit dem *Mälzen:* Gerstenkörner werden eingeweicht und zum Keimen gebracht. Dabei bilden sich Wirkstoffe, die Stärke in Malzzucker umwandeln. Anschließend wird das so entstandene *Braumalz* getrocknet.

In der *Brauerei* schrotet man die Malzkörner zunächst und vermischt und erhitzt sie dann in der *Maischpfanne* mit Wasser. Dabei wird die Stärke zu Malzzucker abgebaut. Im *Läuterbottich* trennt man die festen Bestandteile der Maische, den *Treber*, von der *Würze*. Sie enthält alle wasserlöslichen Bestandteile, vor allem den Zucker. Den Treber verwertet man a s Viehfutter. Die Würze wird zusammen mit *Hopfen* in der *Würzepfanne* zum Sieden gebracht. Dabei treten Bestandteile des Hopfens, vor allem Aromastoffe, in die Würze über. Im *Whirlpool* werden Trübstoffe entfernt.

Nach Abkühlung im *Würzekühler* gelangt die Würze in den *Gärtank*. Nun gibt mar *Hefe* hinzu, die den Zucker in Alkchol und Kohlenstoffdioxid umwandelt. Im *Lagertank* reift das „Jungbier“ noch einige Wochen. Wenn dann im *Bierfilter* die letzten Reste von Hefe entfernt wurden, kann das Bier in Fässer oder Flaschen abgefüllt werden.

Pinnwand

HEFEPILZE SIND VIELSEITIG

Was sind Hefepilze?

Hefen sind mikroskopisch kleine, meist einzellige Schlauchpilze. Es gibt etwa 40 verschiedene Gattungen mit über 500 Arten. Sie besiedeln in der Natur alle Standorte, an denen vergärbare, zuckerreiche Säfte frei werden. Einige Hefepilze leben als Parasiten. Hefen vermehren sich meist ungeschlechtlich durch *Zellsprossung*. Dabei können aus einer Hefezelle bis zu 20 Tochterzellen entstehen. So dauert bei der Bierhefe eine Verdopplung durch Sprossung nur 90 Minuten.

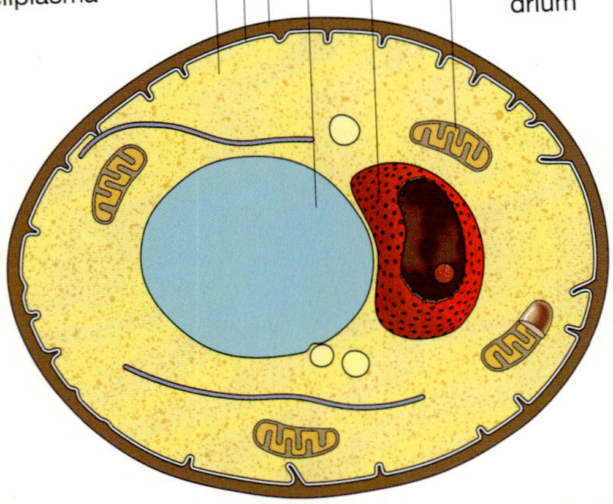

1 Beschreibe den Bau einer Hefezelle.

Hefepilze als Krankheitserreger

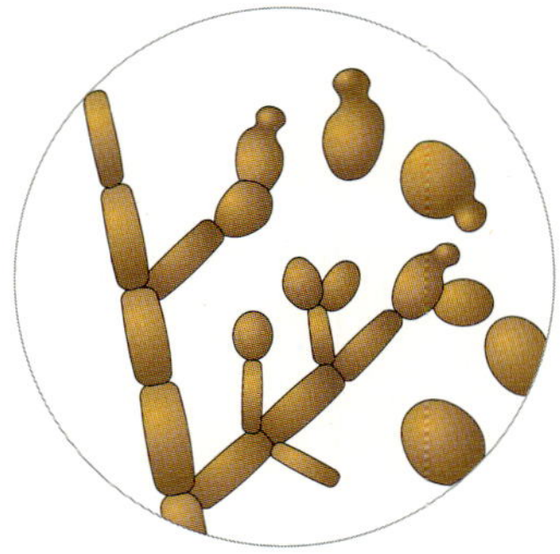

Die Hefe Candida albicans

Candida ist eine spezielle Gattung der Hefepilze. Einige Arten dieser Hefe leben ständig auf unserer Haut. Dabei schädigen sie uns normalerweise nicht. Sie ernähren sich von Ausscheidungen des menschlichen Körpers, indem sie Traubenzucker und andere Zucker verwerten.

Die Art **Candida albicans** kann bei geschwächten Menschen wie Tumorpatienten, AIDS-Kranken oder Mangelernährten die Krankheit **Soor** hervorrufen. Typisch für diese Krankheit sind nicht abstreifbare, schmerzhafte Belege auf der Mundschleimhaut. Die Erreger können auch die Speiseröhre und innere Organe befallen.

Bei Frauen ist derselbe Erreger für **Scheideninfektionen** verantwortlich. Die Krankheit macht sich durch Rötung, Juckreiz, Brennen und weißen Ausfluss bemerkbar. Mangelnde Intimhygiene, die Einnahme von Antibiotika, Zuckerkrankheit oder eine Hormonumstellung, z. B. während einer Schwangerschaft, begünstigen das Auftreten dieser Erkrankung.

Gegen den Befall durch Hefen hilft eine Therapie mit Anti-Pilz-Medikamenten, den Antimykotika.

Verwendung ausgewählter Hefen

Einige Hefen werden in der Lebensmittelindustrie verwendet. Sie dienen zum Beispiel als Backhefe, Bierhefe, Weinhefe, Reisweinhefe oder zur Herstellung von Sojasoße. Andere Hefepilze nutzt der Mensch für die Produktion von Hormonen, Enzymen und Medikamenten. Allerdings sind die Pilze erst durch eine gentechnische Veränderung in der Lage, die gewünschten Bestandteile dieser Produkte in ihrem Stoffwechsel aufzubauen.

Destruenten

Übung

V1 Zelluloseabbau

Hinweis: Die Salzzugaben erhöhen die Stoffwechselleistung bestimmter Bodenbakterien.

Material: 3 Petrischalen; Filter- oder Löschpapier (z. B. 4 kleine Rundfilter); Sand- und Humusboden; Wasser; Salze wie Magnesiumammoniumphosphat ($MgNH_4PO_4$, fest) und Dikaliumhydrogenphosphat (K_2HPO_4, Lösung); Folienstift, Klebeband

Durchführung: Lege ein Filterpapier auf den Boden der ersten Petrischale. Bedecke es mit einer etwa fünf Millimeter dicken Schicht des Humusbodens. Feuchte ihn mit Wasser gut an. Danach beschriftest du die Petrischale und verschließt sie am Rand mit dem Klebeband. Wiederhole nun den Versuch mit gut durchfeuchtetem Sand. Lege dann ein Filterpapier in die dritte Petrischale. Krümele etwas Humusboden darauf. Streue anschließend einige Kristalle Magnesiumammoniumphosphat dazu. Decke die Mischung mit einem zweiten Filterpapier ab. Feuchte nun alles mit der verdünnten Dikaliumhydrogenphosphatlösung an. Beschrifte auch die dritte Petrischale und klebe sie zu.

Aufgabe: Notiere den Zustand der Filterpapiere nach 5, 10 und 20 Tagen. Erkläre.

A2 Lebensraum Boden

Das Kreisdiagramm zeigt dir, welchen Gruppen die Bodenorganismen angehören.

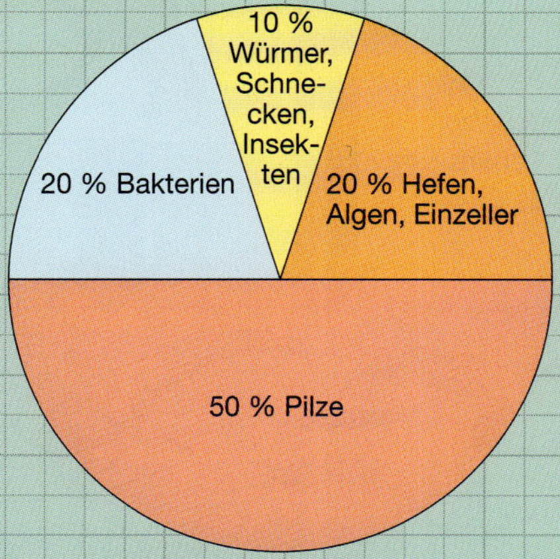

Aufgaben: a) Erläutere das Diagramm.
b) Nenne zu jeder Gruppe zwei Beispiele. Nutze dazu die Seiten 48/49.

V3 Atmung bei Bodenorganismen

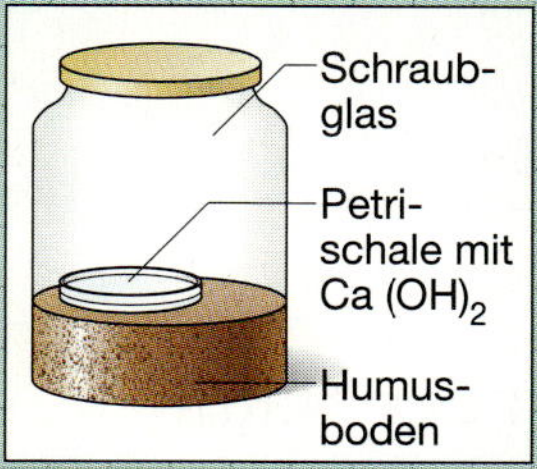

Material: 1 Schraubglas; Humusboden; Petrischale; Pipette; klares Kalkwasser (Vorsicht ätzend!)

Durchführung: Baue den Versuch wie in der Abbildung auf. Fülle das Kalkwasser vorsichtig erst ganz zuletzt mit der Pipette ein. Verschließe dann das Glas sofort.

Aufgaben: a) Notiere deine Beobachtungen sofort nach Versuchsbeginn und nach zwei bis drei Tagen.
b) Erläutere das Versuchsergebnis.

V4 Zersetzung in der Streuschicht

Material: Plastiktüten; Zeitungspapier; dicke Bücher o. ä. zum Beschweren; durchsichtige Selbstklebefolie; Zeichenkarton

Durchführung: *Im Wald:* Trage auf einer Fläche von 20×20 cm schichtweise die Laubstreu ab, bis die obere Bodenschicht erreicht ist. Entnimm aus jeder Schicht Blätter und verpacke sie in den Plastiktüten. *In der Klasse:* Suche Blätter mit verschiedenen Fraßspuren wie in der Abbildung heraus. Presse sie zwischen Zeitungspapier.

Aufgaben: a) Lege die gepressten Fraßbilder auf den Zeichenkarton und beschrifte sie. Klebe die Blätter mit der Folie fest.
b) Nenne mögliche Verursacher der Fraßbilder.

6 Stoffkreisläufe in der Natur

Innerhalb einer Nahrungskette werden Stoffe und Energie weitergegeben. Die Energie nimmt dabei von Stufe zu Stufe ab. „Verschwinden“ dabei auch die Stoffe in der Nahrungskette? Verfolgen wir den Weg der Stoffe.

Pflanzen bauen bei der Fotosynthese Körpermasse auf. Einige Pflanzen werden von Tieren gefressen, die wiederum Raubtierbeute werden. Ein Teil der Pflanzenmasse stirbt ab und fällt zu Boden. Dazu zählen Blätter und tote Äste. Sie werden – ebenso wie tote Tiere – von Bodenorganismen abgebaut. Bei diesem Abbau bleiben Mineralsalze übrig, die die Pflanzen wieder aufnehmen. Damit hat sich ein **Stoffkreislauf** geschlossen.

Mit diesem Kreislauf sind auch die Kreisläufe der Elemente Kohlenstoff und Sauerstoff verbunden. *Kohlenstoff* ist Bestandteil des Gases Kohlenstoffdioxid. Bei der Fotosynthese gelangt der Kohlenstoff aus der Luft in die Pflanze. Er ist hier in Nährstoffen wie z. B. Traubenzucker gespeichert. Ein Teil der Nährstoffe wird von der Pflanze selbst verbraucht. Dabei entsteht Kohlenstoffdioxid, das die Pflanze in die Luft abgibt. Der übrige Teil der Nährstoffe wird von Tieren aufgenommen, die ihrerseits den darin gebundenen Kohlenstoff als Kohlenstoffdioxid freisetzen. Das Gleiche geschieht, wenn Pflanzenreste, tote Tiere oder tierische Ausscheidungen von Destruenten zersetzt werden. Auch dabei wird Kohlenstoffdioxid frei.

Kohlenstoffdioxid wird von den Pflanzen wieder aufgenommen. Der **Kohlenstoffkreislauf** hat sich auf diese Weise geschlossen.

Eng mit dem Kohlenstoffkreislauf verbunden ist der Kreislauf des *Sauerstoffs.* Dieses Gas entsteht bei der Fotosynthese. Es ist Lebensgrundlage für alle Tiere und viele

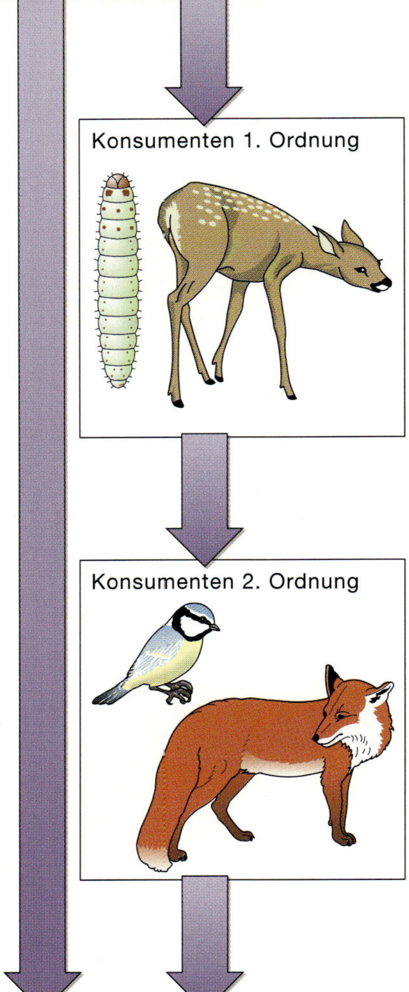

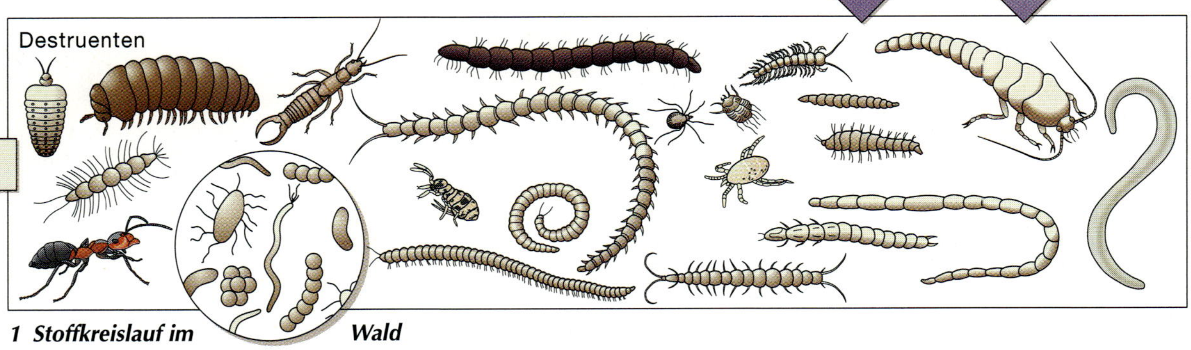

1 ***Stoffkreislauf im Wald***

2 Kreislauf des Kohlenstoffs und Sauerstoffs

Bodenorganismen, denn ohne Sauerstoff können sie nicht atmen. Bei der Atmung wird Sauerstoff aufgenommen. Er ist am Abbau von Traubenzucker beteiligt. Bei diesem Abbau entsteht unter anderem das Gas Kohlenstoffdioxid. Es wird wieder ausgeatmet und gelangt zurück in die Atmosphäre, wo es den Pflanzen erneut für die Fotosynthese zur Verfügung steht. Der **Sauerstoffkreislauf** ist damit geschlossen.

Neben Kohlenstoff und Sauerstoff durchlaufen in der Natur noch andere Elemente Stoffkreisläufe. Dazu gehören zum Beispiel Phosphor, Schwefel und Stickstoff. Das Element **Stickstoff** ist ein wichtiger Bestandteil von Eiweißstoffen. Alle Lebewesen brauchen Eiweißstoffe für ihre Lebensvorgänge. Woher bekommen die Pflanzen den notwendigen Stickstoff? Stickstoff ist als Gas Hauptbestandteil der Luft. Die Pflanzen können diesen Stickstoff jedoch nicht nutzen.
Die Fähigkeit Luftstickstoff zu binden und zu verarbeiten haben nur einige Bakterienarten. Zu ihnen gehören die *Knöllchenbakterien,* die zum Beispiel in den Wurzeln von Erle, Weißdorn und verschiedenen Schmetterlingsblütengewächsen leben. Knöllchenbakterien binden Luftstickstoff und wandeln ihn in *Ammoniumsalze* um. Diese können in gelöster Form direkt aus dem Boden in die Pflanze aufgenommen werden.
Der größte Teil der Ammoniumsalze wird jedoch von anderen Bodenbakterien chemisch weiter umgewandelt. Dabei entstehen *Nitrate,* die wichtigsten Stickstoffquellen für Pflanzen. Die Pflanzen bauen damit Eiweißstoffe auf. Tiere nutzen die Eiweißstoffe von Pflanzen oder anderen Tieren, um eigenes Körpereiweiß aufzubauen. Wenn Pflanzen und Tiere sterben, werden ihre Eiweißstoffe von den Destruenten abgebaut. Dabei entstehen wieder Ammoniumsalze. Der **Stickstoffkreislauf** ist nun geschlossen.
Auch ein Teil des Luftstickstoffs wird in diesem Kreislauf wieder ergänzt. Bestimmte Bakterien bauen Nitrat im Boden ab. Der dabei frei werdende Stickstoff gelangt zurück in die Atmosphäre.

Die Stoffe im Lebensraum Wald gehen also nicht verloren, sondern bleiben ihm in Kreisläufen erhalten.

> Pflanzen, Tiere und abbauende Mikroorganismen bewirken Stoffkreisläufe im Wald. Dazu gehören der Kreislauf des Kohlenstoffs, des Sauerstoffs und des Stickstoffs. In einem Lebensraum bleiben die Stoffe also weitgehend erhalten.

1 Beschreibe den Stoffkreislauf im Wald mithilfe der Abbildung 1.
2 Umweltgifte können auch in den Waldboden gelangen. Daraufhin sterben viele Bodenorganismen oder verlassen dieses Gebiet. Welche Auswirkungen hat dieser Prozess für den Stoffkreislauf im Wald? Begründe.
3 Erkläre die Abbildung 2.
4 Bei starkem Regen werden aus dem Boden viele Nitrate ausgewaschen. Welche Folgen ergeben sich für die Pflanzen im Wald?

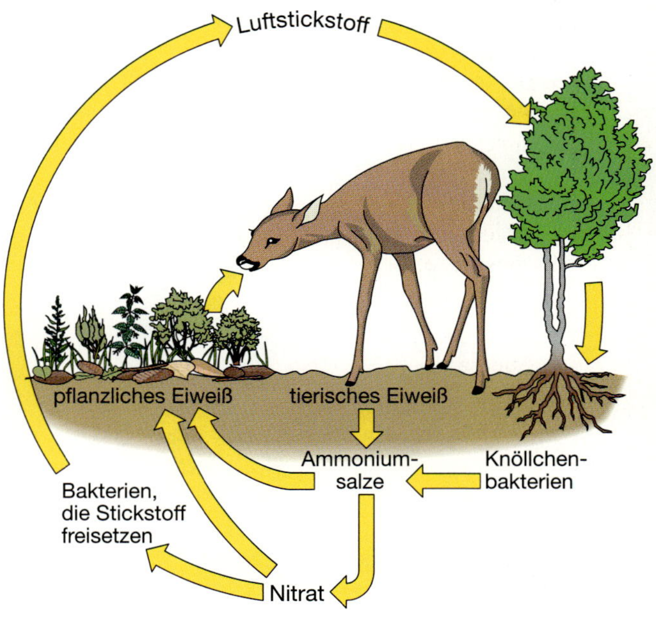

3 Kreislauf des Stickstoffs

Prüfe dein Wissen

Lebensprozesse von Produzenten und Destruenten

A1

a) Benenne die abgebildeten Pflanzen und Pilze.
b) Ordne ihnen die Begriffe Produzent oder Destruent zu.
c) Ordne den Pflanzen in Abbildung A, C, D und E die entsprechende Pflanzenabteilung zu.

A2 Die schematische Zeichnung zeigt den Bau einer Pflanzenzelle unter dem Elektronenmikroskop.

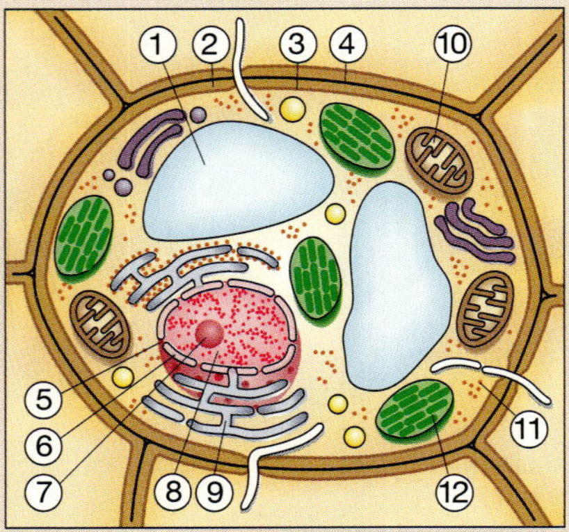

a) Benenne alle gekennzeichneten Teile.
b) Gib für die Teile ③, ④, ⑧, ⑩ und ⑫ die entsprechenden Funktionen an.

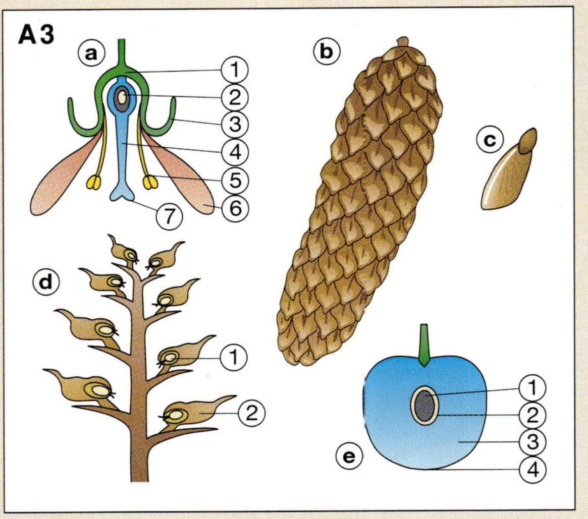

a) Bezeichne die abgebildeten Pflanzenteile.
b) Ordne die Pflanzenteile ⓐ bis ⓔ den Bedeckt- bzw. den Nacktsamern zu.
c) Ordne den Ziffern in ⓐ, ⓓ und ⓔ die entsprechenden Begriffe zu.

A4 Nenne sechs unterschiedliche Faktoren, die das Wachstum einer grünen Samenpflanze beeinflussen.

A5 Die Abbildung zeigt in einer mikroskopischen Aufnahme den Querschnitt von einem Pflanzenteil.
a) Um welchen Pflanzenteil handelt es sich?
b) Benenne die einzelnen Teile im Querschnitt.
c) Nenne jeweils ein Merkmal im Bau für die Teile ②, ⑤ und ⑥.
d) Gib die Funktionen der Teile ③, ④ und ⑤ an.

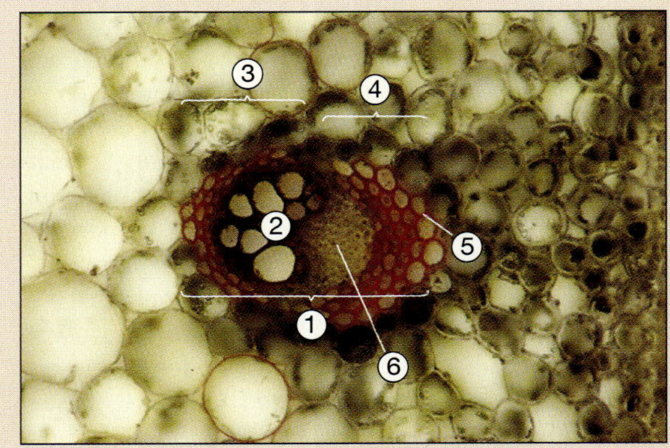

A6 Die Abbildung zeigt den Querschnitt eines Rotbuchenblattes.

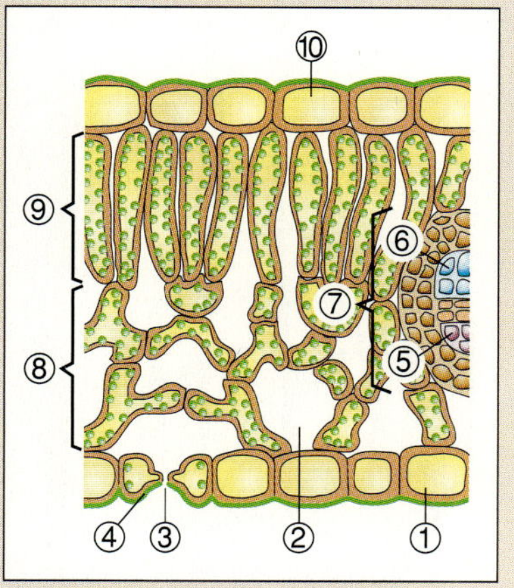

a) Benenne die einzelnen Teile.
b) Nenne Blattzellen, die Chloroplasten enthalten.

A11 In dem Blockbild, das den Ausschnitt aus einem Baumstamm zeigt, kannst du den Aufbau des Holzes erkennen.

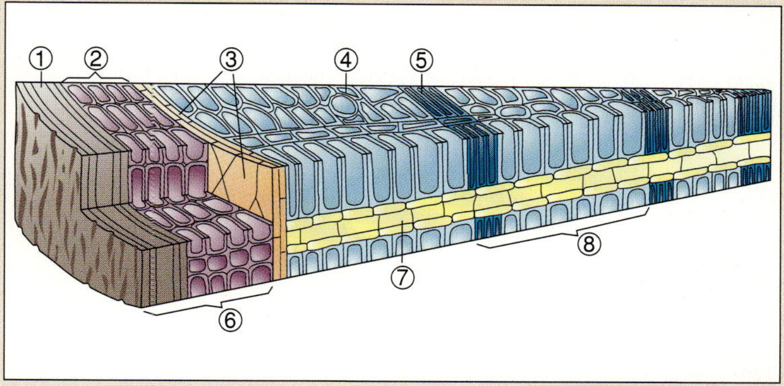

a) Benenne die einzelnen Teile mit folgenden Begriffen: Bast, Borke, Jahresring, Kambium, Rinde, Markstrahl, Gefäß im Frühjahrsholz, Gefäß im Sommerholz.
b) Erkläre die unterschiedliche Weite der Gefäße im Frühholz bzw. im Spätholz.

A7 Schreibe den Vorgang der Fotosynthese als Wortgleichung.

A8 Schreibe den Vorgang der Zellatmung als Wortgleichung.

A9 Vergleiche Zellatmung und Gärung miteinander. Stelle dazu Gemeinsamkeiten und Unterschiede in einer Tabelle zusammen. Berücksichtige Organismen, Ausgangsstoffe, Reaktionsprodukte und gewinnbare Energie.

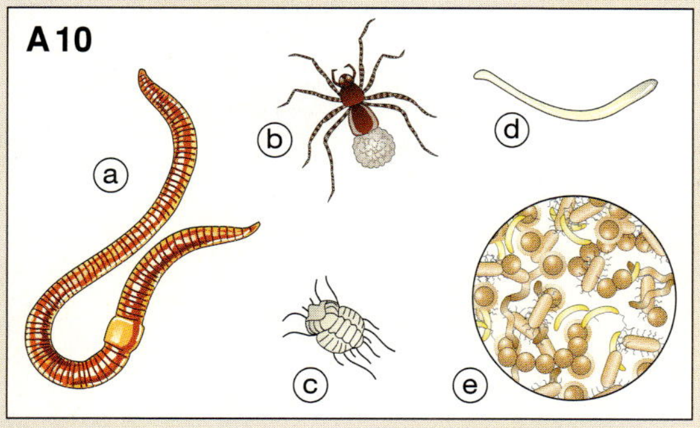

a) Benenne die abgebildeten Bodenorganismen.
b) Welches Lebewesen ist kein Destruent?

A12 Eine Großgärtnerei möchte in einem Gewächshaus möglichst hohe Erträge erzielen. Nenne drei Beispiele, wodurch sie diese erreichen kann.

A13 Was ist richtig? Pflanzen brauchen zur Atmung
a) Kohlenstoffdioxid;
b) Sauerstoff;
c) Kohlenstoffdioxid und Sauerstoff;
d) Traubenzucker;
e) Traubenzucker und Wasser.

A14 Welche Aussagen zur Fotosynthese sind richtig?
a) Bindung von Sonnenergie in organischen Stoffen;
b) Synthese von Mineralstoffen zu organischen Stoffen in Chloroplasten;
c) Aufbau von Kohlenhydraten aus Kohlenstoffdioxid und Wasser mithilfe von Chlorophyll und Licht;
d) Verwandlung von organischen Stoffen in anorganische Stoffe.
e) Umwandlung von Lichtenergie in Energie chemischer Stoffe.
f) Chemische Reaktion, bei der Traubenzucker und Sauerstoff entstehen.

Organismen in ihrer Umwelt

1 Die Erde aus dem Weltall.
***A** Ökosystem Wüste; **B** Ökosystem Laubwald*

1 Nicht alle Lebensräume sind gleich

Eine Satellitenaufnahme der Erde zeigt ganz unterschiedliche Regionen. So lassen sich zum Beispiel Wüsten, Waldflächen, Meere und Hochgebirge erahnen. Alle diese belebten Gebiete der Erde gehören zur **Biosphäre.** Hier leben verschiedene Pflanzen und Tiere, die mit ihrer Umgebung in Beziehung stehen. Die Wechselbeziehungen zwischen Organismen und ihrer Umwelt untersucht die **Ökologie.** Sie erforscht auch die Umweltbedingungen, Nahrungsbeziehungen und Stoffkreisläufe in Lebensräumen.

In unserer Biosphäre finden sich die unterschiedlichsten Formen von Beziehungen zwischen Lebewesen. Die kleinste Einheit ist das **Individuum.** Hinter diesem Begriff verbirgt sich zum Beispiel ein Bakterium, eine Pflanze, ein Pilz oder eine Waldmaus. Eine Gruppe von Individuen derselben Art bildet eine **Population.** Sie kommt in einem abgegrenzten Gebiet, dem Lebensraum, vor. Ein Lebensraum, auch *Biotop* genannt, ist durch charakteristische Umweltfaktoren gekennzeichnet. Manche Standorte sind zum Beispiel ständig feucht, andere meist trocken. Einen Trockenrasen prägt ein sonniges und warmes Klima. Andere Lebensräume, wie ein Buchenwald, sind kühl und schattig. Solche Umwelteinflüsse, zu denen außer Feuchtigkeit, Licht und Wärme auch Wind und Bodenbeschaffenheit gehören, nennt man **abiotische Umweltfaktoren.** Die Böden eines Biotops unterscheiden sich in Struktur, Durchlüftung, Nährsalzgehalt und pH-Wert.

Im Lebensraum Wald kommen Populationen verschiedener Tier- und Pflanzenarten vor. Nicht nur für Waldmäuse,

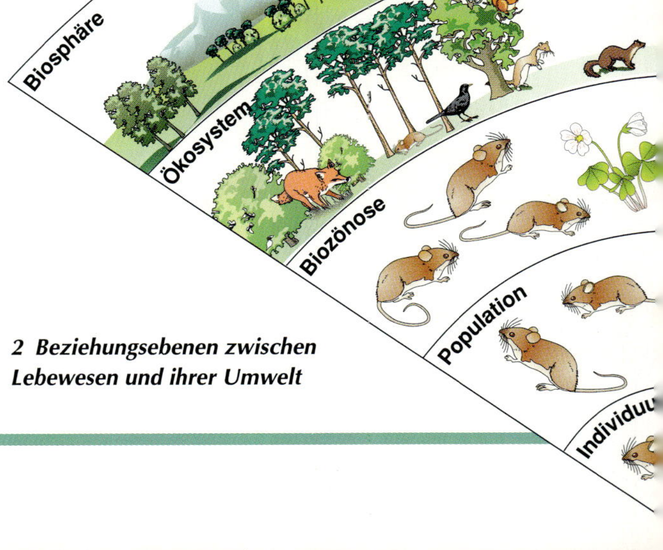

2 Beziehungsebenen zwischen Lebewesen und ihrer Umwelt

Rehe, Dachse und Füchse ist der Wald ein geeigneter Lebensraum. Auch viele Insekten- und Vogelarten leben dort. Sie bilden gemeinsam eine *Lebensgemeinschaft,* die **Biozönose.** Die Beziehungen zwischen den Mitgliedern einer Biozönose sind vielfältig. Eine Waldmaus ernährt sich unter anderem von Wurzeln und Beeren. Sie wird ihrerseits vom Fuchs oder Sperber gefressen. Es ergeben sich also verschiedene Nahrungsbeziehungen. Die Mitglieder einer Population konkurrieren in ihrem Lebensraum um Nahrung und Wohnplätze. Solche Beziehungen der Mitglieder einer Biozönose bezeichnet man als **biotische Umweltfaktoren.** Zu ihnen zählen neben Nahrungsbeziehungen und Konkurrenz auch Krankheitserreger, Parasiten und bei Blütenpflanzen deren Bestäuber.

Die Biozönose bildet zusammen mit den unbelebten Elementen, dem Biotop, ein **Ökosystem.** In unserem Beispiel ist das entsprechende Ökosystem der Laubmischwald. Ökosysteme unterscheiden sich in ihrer Größe und Artenvielfalt. Der tropische Regenwald ist ein sehr großes und artenreiches Ökosystem, ein Feld dagegen ein sehr kleines. In Feldern kommen relativ wenig verschiedene Tier- und Pflanzenarten vor.

Ökosysteme lassen sich auch in Landökosysteme und Wasserökosysteme einteilen. Zu den *Landökosystemen* zählen tropische Regenwälder, Nadel- und Laubwälder, Wiesen und Wüsten. *Wasserökosysteme* sind Ozeane, Seen, Teiche und Flüsse. Hier spielen andere abiotische Faktoren wie der Salzgehalt, die Wassertemperatur und vorhandene Strömungen eine Rolle.

Manche Ökosysteme wurden erst durch den Menschen geschaffen. Zu ihnen gehören Städte, Dörfer, Felder und die meisten Wiesen.

3 Biotop und Biozönose bilden ein Ökosystem

In einem Lebensraum wirken unterschiedliche abiotische Faktoren wie Licht, Temperatur, Feuchtigkeit und Bodenbeschaffenheit. Ein Ökosystem ist eine Einheit, in der Biotop und Biozönose in Wechselbeziehung zueinander stehen. Man unterscheidet Land- und Wasserökosysteme.

1 Erkläre mithilfe der Abbildungen 2 und 3 die Begriffe Population, Biotop, Biozönose, Ökosystem und Biosphäre.

2 Nenne biotische und abiotische Umweltfaktoren, die auf eine Waldmaus wirken.

3 Nenne jeweils drei Beispiele für artenarme und artenreiche Ökosysteme.

1 ***Nadelwald mit Fichten (D).*** *Im Unterwuchs Heidekrautgewächse wie* ***A*** *Heidelbeere;* ***B*** *Heidekraut;* ***C*** *Krähenbeere*

2 Ökosystem Wald

2.1 Wald ist nicht gleich Wald

Bei einem Besuch in einer Tropenhalle staunen wir über die vielen fremdartigen Pflanzen und Tiere. Sie können bei uns nur überleben, weil wir ihnen Lebensbedingungen geschaffen haben, wie sie sonst nur in den Tropen vorkommen.

Die unterschiedlichen klimatischen Bedingungen auf unserer Erde wirken als abiotische Umweltfaktoren. Sie haben einen entscheidenden Einfluss auf das Vorkommen bestimmter Waldarten. Die Wälder unserer Erde können entsprechend ihrer vorherrschenden Vegetation in vier wichtige Waldtypen unterschieden werden.

Das größte zusammenhängende Waldgebiet der Erde ist die **nördliche Nadelwaldzone.** Sie erstreckt sich von Sibirien über das nördliche Eurasien bis nach Nordamerika. Dort gibt es lange, kalte, schneereiche Winter. Nur vier bis sechs Monate taut der Boden im kühlen, feuchten Sommer auf. Solchen Bedingungen sind vor allem immergrüne Nadelbäume wie Fichten und Kiefern, aber auch Birken angepasst. Auf den nährsalzarmen Böden gedeihen ebenfalls Heidelbeere, Heidekraut und Krähenbeere.

In unseren Breiten ist das Klima durch warme, feuchte Sommer und mildere Winter gekennzeichnet. Die Vegetationsperiode der meisten Pflanzen dauert mehr als sechs Monate. Vorherrschende Laubbäume sind Eiche, Rot- oder Hainbuche. Sie bilden zusammen mit Eschen, Linden, bestimmten Ahornarten, Ulmen, Erlen, Birken und Weiden die **Laubwaldzone.** Beeinflusst wird die Artenzusammensetzung durch die unterschiedlichen Standortverhältnisse. So können beispielsweise *Eichen-Hainbuchenwälder* oder *Buchen-Eichenwälder* in unseren Breiten vorkommen. Da im Frühjahr die Bäume noch unbelaubt sind und viel Licht auf den Boden lassen, entwickeln sich in der Krautschicht zahlreiche Frühblüher wie Buschwindröschen und Waldschlüsselblume. Im Sommer herrschen dann Sauerklee und Bingelkraut vor.

3 ***Verbreitung wichtiger Waldformen***

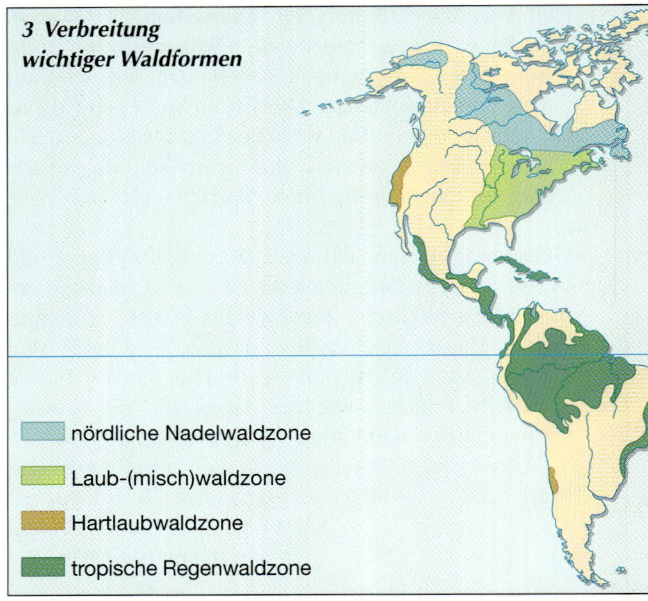

2 ***Laubwald mit Rotbuchen (D).*** *In der Krautschicht Frühblüher wie* ***A*** *Waldschlüsselblume;* ***B*** *Buschwindröschen;* ***C*** *Bingelkraut*

*4 **Hartlaubwald mit Zypressen und anderen Sträuchern (A).***
***B** Cistrosen; **C** Ginster; **D** Stechwinde im Unterwuchs*

Weiter südlich finden wir die **Hartlaubwaldzone**. Heiße und trockene Sommer mit Dürrezeiten begünstigen in diesem Waldtyp Hartlaubgewächse wie Steineichen, Korkeichen und Olivenbäume. Hinzu gesellen sich Zypressen, Zedern und Kiefern. Die Baumkronen schließen zum Teil dicht und lassen nur wenig Licht durch. In der lockeren Strauchschicht kommen immergrüne Arten vor. Stachelige Lianen, allen voran die Stechwinde, bilden mitunter dichte Vorhänge. Ihre eiförmigen Blätter sind klein, hart und glänzend. Immergrüne Arten überstehen längere Trockenheit und Hitze, aber auch kurzzeitige Fröste in den sonst milden, feuchten Wintern.

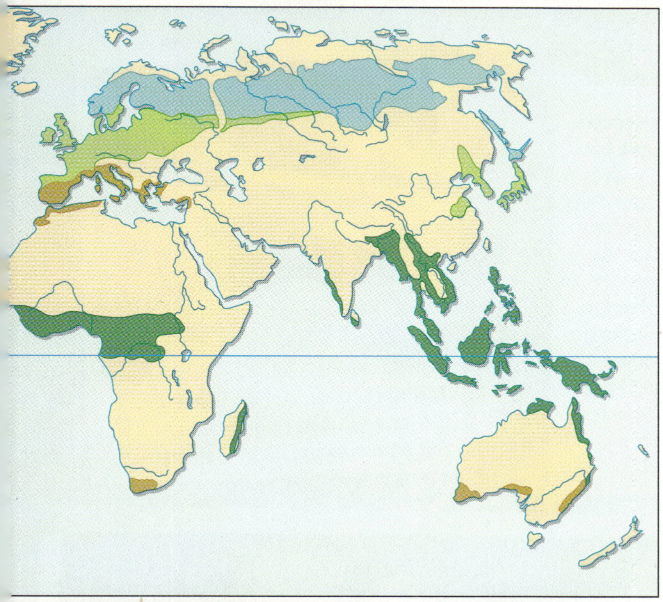

Im Bereich beiderseits des Äquators zwischen den Wendekreisen ist der **tropische Regenwald** verbreitet. Dort gibt es keine ausgeprägten Jahreszeiten. Tageszeitliche Temperaturschwankungen sind größer als jahreszeitliche. Ganzjährig ist es sehr feucht und warm. Es gibt keinen Stillstand der Vegetation. Die klimatischen Bedingungen ermöglichen ein üppiges Pflanzenwachstum. Mehr als die Hälfte aller Tier- und Pflanzenarten der Erde sind Bewohner des Regenwaldes. Auf einem Quadratkilometer kommen rund 100 verschiedene Baumarten vor, in unseren Wäldern sind es nur 10 bis 12. Lianen, Farne, Orchideen oder Bromelien bestimmen in den verschiedenen Stockwerken der 40 und mehr Meter hohen Bäume das Bild der Regenwaldvegetation. Viele dieser Pflanzen kann man nur vom Kronendach aus erkennen. Es sind „Aufsitzerpflanzen" oder *Epiphyten*, die sich vorwiegend in den Laubkronen der Bäume ansiedeln und so an das Sonnenlicht gelangen.

In Anpassung an das Klima gibt es auf der Erde vier wichtige Waldtypen: Nadelwald, Laubwald, Hartlaubwald und tropischer Regenwald.

1 Stelle verschiedene Vorkommen und Merkmale eines Waldtyps vor. Nutze dazu die Abbildungen 1 bis 5.
2 Gib für jeden Waldtyp vier typische Pflanzenarten an.

*5 **Tropischer Regenwald mit stockwerkartigen Baumschichten (A). B** artenreiche Pflanzenwelt mit Lianen;*
***C** „Aufsitzerpflanzen" wie Bromelien; **D** Orchidee*

Pinnwand

DER TROPISCHE REGENWALD

Mit 23 Zentimetern hat der **Riesentukan** einen der größten Vogelschnäbel. Er frisst damit Früchte, Insekten und Eier.

Was ist ein Tropischer Regenwald?

Tropische Regenwälder bilden den Kern des Tropenwaldgürtels entlang des Äquators. Durchschnittlich fallen hier bis zu 2 000 mm Regen im Jahr. Die Temperatur liegt im Tiefland das ganze Jahr über zwischen 23 und 28 °C.

Regenwälder zählen zu den artenreichsten Ökosystemen der Erde. Hier leben mehr als die Hälfte aller bekannten Tier- und Pflanzenarten, obwohl der Tropische Regenwald nur 7 % der Erde bedeckt. Trotz der Artenfülle findet man häufig nur wenige Lebewesen einer Art pro Fläche. Regenwälder sind störanfällige Ökosysteme. Bei der Aufforstung einer Fläche, auf der früher Regenwald gestanden hat, kann man nie wieder den artenreichen ursprünglichen Zustand herstellen.

Im Regenwald findet man viele **Orchideen.** Sie sind Aufsitzerpflanzen (Epiphyten), das heißt, sie leben auf den Ästen von Bäumen. Ihre Wurzeln bilden ein dichtes Geflecht und verankern die Pflanzen in der Baumrinde. Auf jedem Regenwaldbaum leben bis zu 100 weitere Pflanzen. Außer von Orchideen werden die Bäume häufig von Moosen, Farnen und Bromelien besiedelt.

Tapire gehören zu den Huftieren. Sie leben in den Regenwäldern Südamerikas und Süd-Ostasiens.

Der **Jaguar** ist das größte Raubtier des südamerikanischen Regenwaldes. Die Raubkatze braucht ein Jagdrevier von etwa 100 km^2.

Schätzungen gehen davon aus, dass heute etwa 150 bis 300 Millionen Menschen im oder vom Tropenwald leben. Davon sind aber nur zwei Millionen **Ureinwohner,** die in viele kleine Völkerschaften aufgeteilt sind. Allein im Amazonasbecken Brasiliens gibt es über 200 verschiedene Völker mit eigener Sprache, Kultur und Wirtschaftsform. Eins davon sind die Yanomami. Sie sind vor allem Jäger und Sammler und betreiben Wanderfeldbau. Dazu legen sie Gärten im Regenwald an, die sie einige Jahre bewirtschaften und dann wieder dem Wald überlassen.

Löcher im Grünen Gürtel

Die Vernichtung der Regenwälder schreitet in hohem Tempo voran. Durch die Abholzung verschwinden viele Tier- und Pflanzenarten. Wird der Raubbau am Regenwald nicht gestoppt, gibt es im Jahr 2050 keinen Quadratmeter Regenwald mehr und es verschwinden dann etwa 50 % aller Tier- und Pflanzenarten auf der Welt.

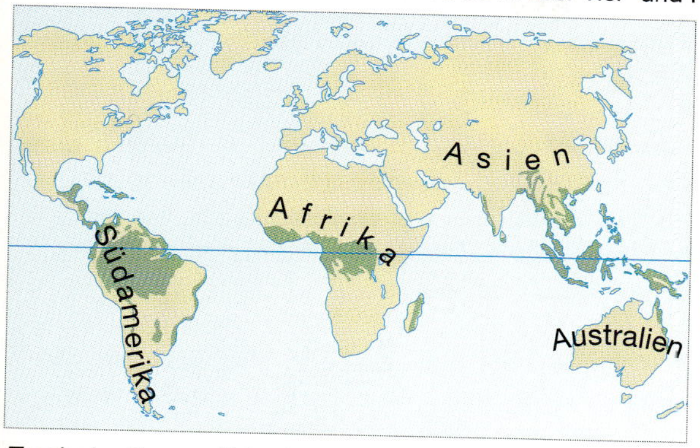

Tropische Regenwälder früher

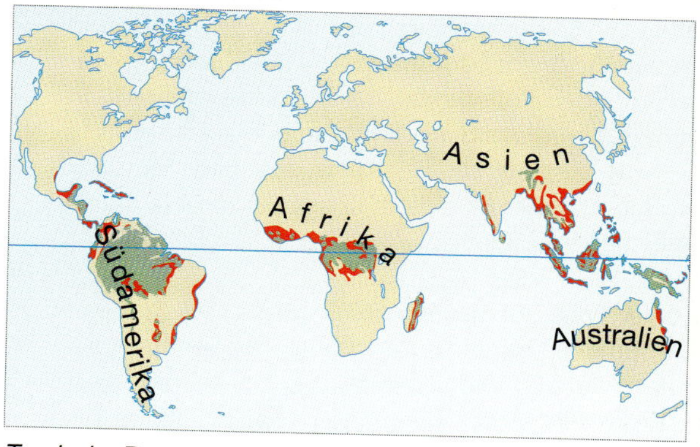

Tropische Regenwälder heute

Formen der Zerstörung

Der Regenwald wird durch natürliche Brände und Brandrodungen bedroht. Holzeinschlag und Verkauf von Tropenhölzern führen ebenfalls zu weiteren Abholzungen.
Siedler roden riesige Flächen, um für wenige Jahre Plantagen anzulegen oder Viehweiden zu gewinnen. Der Bergbau, das Anlegen von Staudämmen und Straßen zerstören ebenfalls große Regenwaldgebiete.

Regenwald in Zahlen

- In einem Regenwaldgebiet von 6 x 6 km fand man 750 Baumarten und 1 500 weitere Arten von Samenpflanzen, 400 Vogelarten, 150 Schmetterlingsarten, 160 Amphibien- und Reptilienarten.
- Auf einem einzigen Baum zählte man 54 Ameisenarten.
- In einem einzigen Fluss im Amazonasbecken leben über 700 Fischarten.
- Etwa 100 Pflanzenarten aus dem Regenwald werden gegenwärtig in der Medizin genutzt, z. B. das Tropische Immergrün gegen Blutkrebs. Man vermutet noch viele weitere Pflanzen mit Heilwirkungen. Schätzungen gehen von 500 000 Arten aus.
- Ein Kubikmeter Tropenholz wird in Ghana für 2,50 € verkauft und bringt auf dem europäischen Markt 1 700 €.
- Bereits 1980 war die Hälfte aller Tropenwälder weltweit abgeholzt. Jährlich werden 142 000 Quadratkilometer Tropenwald vernichtet.

1 Beschreibe die Umweltbedingungen in einem Tropischen Regenwald.

2 Auf dem Boden eines Regenwalds ist es sehr schattig. Wie gelingt es z. B. Orchideen, sich ausreichend Licht zu verschaffen?

3 Der Tropische Regenwald ist stark gefährdet.
a) Nenne Ursachen und Auswirkungen.
b) Nenne Gründe, warum wir Europäer uns für den Schutz der Regenwälder einsetzen müssen.

2.2 Waldformen in Mitteleuropa

Betrachte die Fotos auf diesen beiden Seiten. Sie zeigen ganz unterschiedliche Waldtypen.
Im *Buchenwald* ist es im Sommer angenehm kühl und schattig, im *Kiefernwald* dagegen heller, wärmer und trockener. Vielleicht findest du hier Heidelbeeren, Preiselbeeren oder Pfifferlinge. Ganz anders sieht es in einem *Erlenbruchwald* aus. In diesem Wald ist es kühl und etwas sumpfig, es riecht modrig und Mückenschwärme tanzen. Wie kommt es zu diesen unterschiedlichen Waldtypen?

Um diese Frage zu beantworten, müssen wir uns mit den Ansprüchen der einzelnen Baumarten an ihre Umwelt beschäftigen. Die schematische Darstellung zeigt uns die Verteilung der Baumarten vom Flachland bis zum Hochgebirge. Im Flachland findet man häufig *Rotbuchen*. Sie bilden ausgedehnte **Laubwälder.** Rotbuchen können auf verschiedenen **Bodenarten** wachsen, die jedoch nicht zu trocken sein dürfen. Sandige und trockene Böden werden vor allem von *Birken* und *Kiefern* besiedelt. Auf feuchten und humusreichen Böden wachsen neben Rotbuchen auch *Eichen*. Eichenwälder gehören ebenfalls zu den Laubwäldern.

Auch im Mittelgebirge wachsen häufig Buchen. Sie kamen früher meist gemeinsam mit *Tannen* vor. Von diesen **Mischwäldern** mit natürlichen Beständen an Laub- und Nadelbäumen sind nur wenige übrig geblieben. Die meisten wurden im Mittelalter gerodet. Statt der Mischwälder legte man Fichten- und Kiefernforsten als **Monokulturen** an. Neben Buchen, Tannen und Fichten wachsen auch *Bergahorn und Bergulme* im Mittelgebirge.

In der Nähe von Wasserläufen und in Gebieten mit sehr hohem Grundwasserspiegel findet man ganz andere Baumarten. Hier stehen verschiedene *Weidenarten, Pappeln und Erlen,* die ständig nassen Boden und Überflutungen vertragen.

Betrachten wir die Bäume, die in Hochgebirgen wie den Alpen vorkommen. Ab 600 m Höhe trifft man wie im Mittelgebirge artenreiche Mischwälder an. Über 900 m wird der Boden steinig, die **Temperatur** niedriger und der Wind nimmt zu. Buchen findet man hier nicht mehr. Sie sind empfindlich gegen niedrige Temperaturen. Nur noch wenige Laubbäume wie *Berg-*

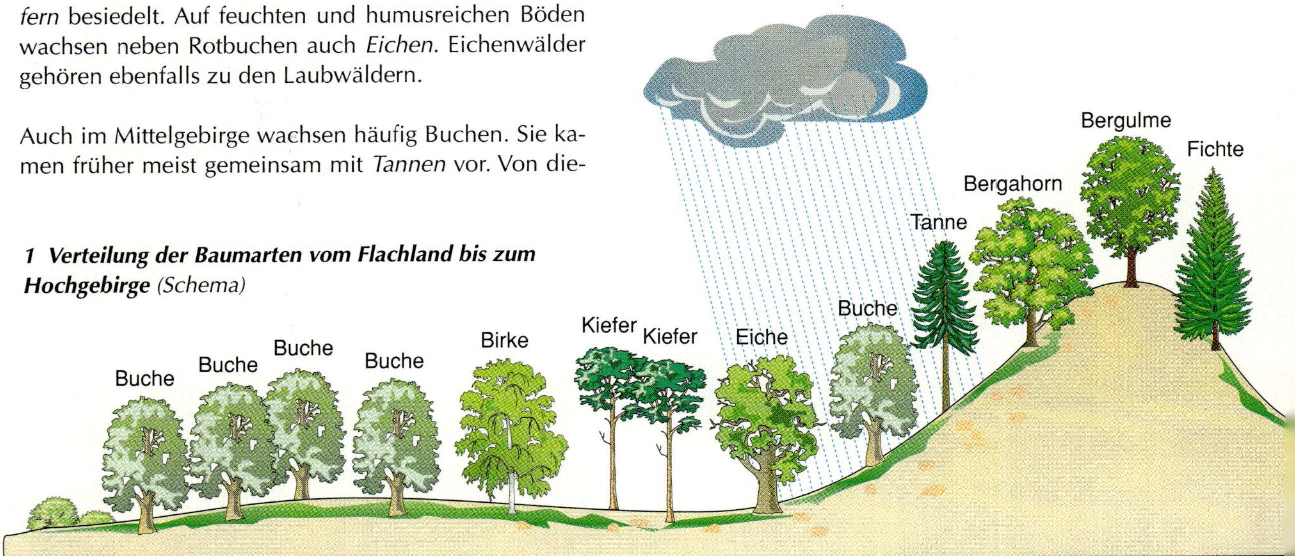

1 Verteilung der Baumarten vom Flachland bis zum Hochgebirge *(Schema)*

ahorn und *Bergulme* gedeihen in dieser Region, dafür findet man oft *Fichten,* die als Flachwurzler mit ihrem weitreichenden Wurzelsystem auf dem steinigen Boden ausreichend Halt finden.
Über 1000 m gerät man in einen dichten **Nadelwald,** der ausschließlich aus Nadelbäumen wie *Fichten* und *Lärchen* besteht.
Beim weiteren Anstieg erreicht man bei etwa 1500 m die Waldgrenze. Für fast alle Bäume wird es nun zu kalt und zu windig. Oberhalb dieser natürlichen Grenze kommen deshalb nur noch *Latschenkiefern* vor. Das ist eine besondere Kiefernart, die kriechend am Boden wächst und keine Bäume bildet. Man bezeichnet diese Vegetationszone auch als **Krummholzzone.**

Neben der Temperatur und der Bodenbeschaffenheit beeinflusst auch das **Licht** das Wachstum der Bäume. Es ist unentbehrlich für das Wachstum grüner Pflanzen, denn es liefert die Energie für die Fotosynthese.
Häufig lassen bestimmte Merkmale der einzelnen Baumarten auf ihren Bedarf an Licht schließen. Je dichter die Krone, desto besser kann der Baum das Licht ausnutzen. Fichten und Buchen sind Beispiele dafür. Bei Kiefern und Birken sind die Baumkronen weniger dicht. Sie brauchen viel Licht.

Laubwald, Mischwald und Nadelwald sind unterschiedlich zusammengesetzt. Umweltfaktoren wie Boden, Temperatur, Wasser und Licht bestimmen das Vorkommen der einzelnen Baumarten.

1 Nenne Ansprüche der Rotbuche an ihren Lebensraum.
2 Beschreibe Bedingungen, mit denen Bäume im Hochgebirge zurechtkommen müssen.
3 Gib für die folgenden Baumarten jeweils zwei typische Lebensbedingungen an: Weide, Birke, Bergulme, Fichte und Latschenkiefer.

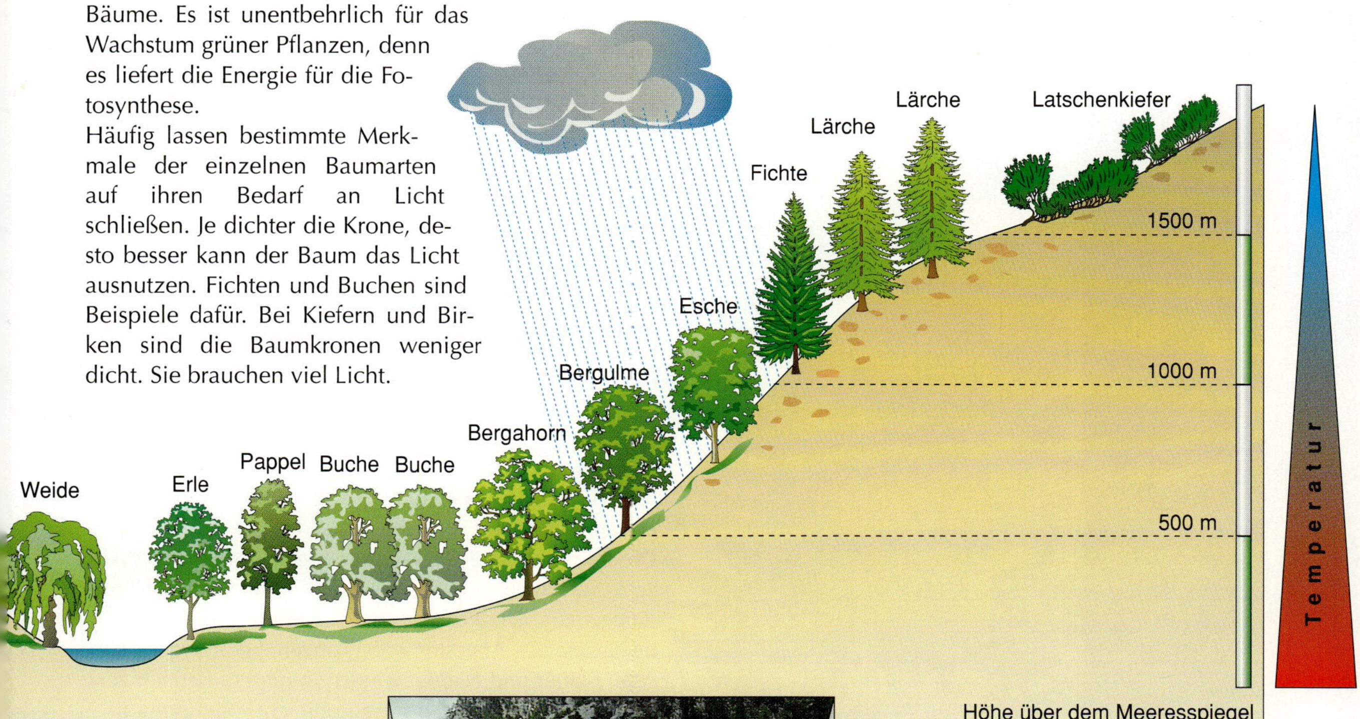

...nbruchwald

Fichtenwald

Latschenkiefern

*1 **Schichtung im Mischwald. A** Foto; **B** Schema*

2.3 Der Mischwald ist in Stockwerke gegliedert

In einem Mischwald kann man an vielen Stellen von den Baumwipfeln bis zum Boden unterschiedliche Schichten oder „Stockwerke“ erkennen.

Die Bäume in unseren Wäldern werden etwa 20 bis 30 Meter hoch. Sie bilden das obere Stockwerk, die **Baumschicht.** Zu dieser Schicht gehören zum Beispiel Stieleichen, Buchen, Fichten und Lärchen. Diese Schicht filtert das Licht und fängt starke Regengüsse ab.

Unterhalb dieser Schicht liegt die **Strauchschicht.** Die hier vorkommenden Sträucher werden meist 2 bis 6 m hoch. Zu diesem Stockwerk gehören auch Klettersträucher wie die Waldrebe, aber auch junge Bäume. Häufige Sträucher unserer Wälder sind Gemeine Hasel, Faulbaum und Holunder. Am Waldrand bildet diese Schicht einen Windschutz und schützt den Boden so vor Austrocknung.

Mischwälder weisen in der nun folgenden **Krautschicht** häufig viele Blütenpflanzen und Farne auf. Dort kann man im Frühjahr einen Blütenteppich aus verschiedenen Frühblühern wie Buschwindröschen, Leberblümchen und Maiglöckchen entdecken.

Im Sommer wachsen hier Pflanzen, die mit wenig Licht auskommen wie Sauerklee, Schattenblume und Springkraut. Auch Gräser gehören zu der bis zu einem Meter hohen Krautschicht.

Die **Moosschicht** ist je nach Waldtyp unterschiedlich stark ausgeprägt. Moose werden 10 bis 20 Zentimeter hoch. In dieser Schicht gedeihen zum Beispiel das Frauenhaarmoos und das Weißmoos. Im Herbst kann man in der Moosschicht auch die Fruchtkörper der Pilze sammeln.

Die darunter liegende **Wurzelschicht** ist von den Wurzeln verschiedener Pflanzen und den Pilzgeflechten durchzogen. Die Pflanzen nehmen hier Wasser und Mineralstoffe auf. Abgestorbene Pflanzen, heruntergefallene Äste, Blätter und Nadeln werden in diesem Bereich zersetzt. So entsteht neue mineralstoffreiche Humuserde.

Der Mischwald ist in verschiedene Stockwerke gegliedert. Dazu gehören die Baum-, Strauch-, Kraut-, Moos- und Wurzelschicht. In jeder Schicht findet man typische Pflanzen.

1 Nenne je zwei Pflanzenarten, die in der Kraut- und Baumschicht vorkommen, aber im Text nicht genannt werden. Nimm die Pinnwände zu Hilfe.

2 Am Waldrand findet man oft mehr Straucharten als im Waldesinneren. Erkläre.

Pinnwand

PFLANZEN DER KRAUTSCHICHT

Maiglöckchen

Größe: bis 25 cm hoch
Blütezeit: Mai bis Juni
Besonderheit: Giftpflanze

Springkraut

Größe: bis 80 cm hoch
Blütezeit: Juli bis September
Besonderheit: Reife Samen werden bei Berührung bis 2 m weit heraus geschleudert.

Wald-Sauerklee

Größe: bis 15 cm hoch
Blütezeit: April bis Juni
Besonderheit: Schattenpflanze; Blätter schmecken sauer; kann seine Blattstellung den Lichtverhältnissen anpassen

Wald-Schachtelhalm

Größe: bis 60 cm hoch
Besonderheit: Sporenpflanze; bildet keine Blüten aus; häufig; wächst in schattigen, feuchten Wäldern

1 Betrachte die Abbildungen vom Wald-Sauerklee. Erkläre die unterschiedlichen Blattstellungen.

Schattenblümchen

Größe: 5 bis 15 cm hoch
Blütezeit: Mai bis Juni
Besonderheit: nur 2 Stängelblätter, rote Beeren

Waldmeister

Größe: bis 30 cm hoch
Blütezeit: Mai bis Juni
Besonderheit: Nicht blühende Pflanzen werden für Waldmeisterbowle genutzt.

Türkenbund-Lilie

Größe: 30 bis 100 cm hoch
Blütezeit: Juni bis Juli
Besonderheit: geschützte Pflanze

Pinnwand

PFLANZEN DER STRAUCHSCHICHT

A Gemeine Waldrebe

Größe: bis 10 m hoher klimmender Strauch
Blüten: weiß; blüht von Juni bis August
Früchte: klein, braun, federartig behaart
Blätter: gefiedert, aus 3 bis 5 Blättchen

B Kornelkirsche

Größe: 2 bis 5 m hoher Strauch
Blüten: gelb; blüht von Februar bis März
Früchte: rote Steinfrüchte
Blätter: eiförmig

C Zweigriffliger Weißdorn

Größe: bis 8 m hoher Strauch mit bedornten Zweigen
Blüten: weiß; blüht im Mai
Früchte: rote Steinfrucht
Blätter: vielgestaltig, drei- bis fünflappig

D Brombeere

Größe: 100 bis 200 cm hoher Strauch mit bestachelten Zweigen
Blüten: weiß; blüht von Mai bis August
Früchte: dunkelblau; essbar
Blätter: meist aus drei Blättern zusammengesetzt; Blattrand gesägt

E Faulbaum

Größe: 1 bis 4 m hoher Strauch
Blüten: weiß; blüht von Mai bis Juli
Früchte: schwarz, schwach giftig
Blätter: verkehrt eiförmig, ganzrandig

F Schwarzer Holunder

Größe: 5 bis 10 m hoher Strauch
Blüten: weiß; blüht von Mai bis Juni
Früchte: schwarze essbare Beeren
Blätter: gegenständig, unpaarig gefiedert

1 Ordne den Pflanzenbeschreibungen A bis F die entsprechenden Abbildungen zu.

2 Sammle Bilder von verschiedenen Pflanzen, die in der Strauchschicht vorkommen und gestalte eine eigene Pinnwand.

Kennübung: Bäume im Wald

Übung

A 1 Die Kennkarten von Baumarten im Wald gehören zu folgenden Arten: Eibe, Esche, Fichte, Hainbuche, Lärche, Rotbuche, Schwarzerle, Stieleiche, Tanne, Waldkiefer. Ordne diese zu und begründe deine Entscheidung.

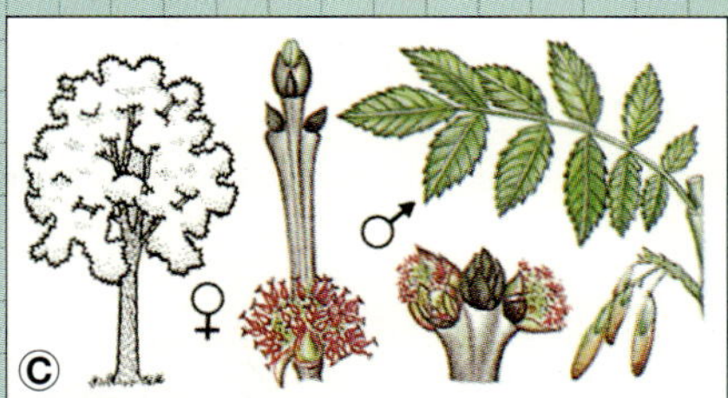

1 Laubwald im Frühjahrsaspekt

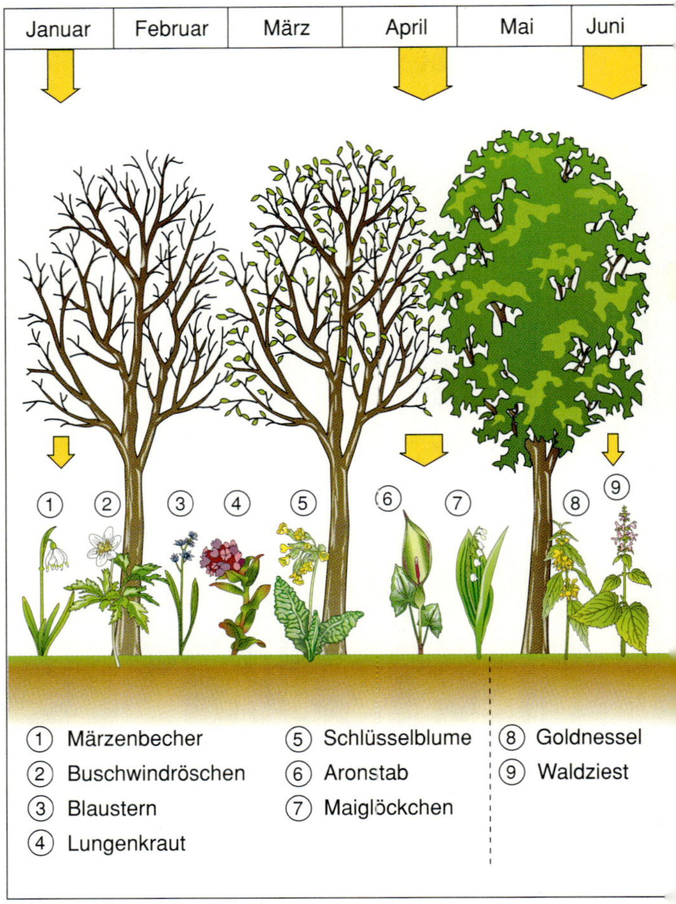

2 Lichtverhältnisse in einem Laubwald im Jahresverlauf (Schema)

2.4 Der Laubwald im Jahresverlauf

Ein Frühjahrsfoto vom Laubwald zeigt ein vielfältiges Pflanzenkleid. Bei Fichten- und Kiefernmonokulturen sieht es dagegen viel eintöniger aus. Alle diese heimischen Wälder sind vom Menschen geprägte Wirtschaftswälder. Die Lebensgemeinschaften eines Laubwaldes haben sich jedoch weitgehend natürlich erhalten. Man bezeichnet solche Wälder als **naturnahe Ökosysteme.** Hier wachsen mehrere Baum- und Straucharten verschiedener Altersstufen nebeneinander. In der Krautschicht finden über 60 verschiedene Pflanzenarten einen Lebensraum.

Besonders eindrucksvoll ist der Laubwald zu Beginn des Frühjahrs. Jetzt ist der Waldboden von einem bunten Blütenteppich überzogen. Man findet weiß blühende *Märzenbecher* und *Buschwindröschen, Gelbe Windröschen* und *Scharbockskraut.* Daneben blühen *Blaustern* und *Lungenkraut.* In sehr artenreichen Laubwäldern wachsen auch *Aronstab* und *Schlüsselblume,* die unter Naturschutz stehen.
Wie gelingt es diesen Pflanzen, so kurz nach dem Winter auszutreiben und zu blühen? Die Sonne dringt in dieser Jahreszeit bis auf den Waldboden vor und erwärmt ihn. Die notwendigen Nährstoffe erhalten die Pflanzen aus besonderen *Speicherorganen.* Das Buschwindröschen hat zum Beispiel einen Erdspross. Märzenbecher und Blaustern besitzen Zwiebeln und das Scharbockskraut Wurzelknollen. Die Nährstoffreserven haben die Pflanzen bereits im vergangenen Frühjahr angelegt. Sie haben einen Vorsprung gegenüber anderen Pflanzen und können schon ab März austreiben und blühen. Als **Frühblüher** sind sie an die günstigen Lichtverhältnisse der Laubwälder im Frühjahr angepasst. Man nennt dieses Erscheinungsbild des Waldes auch **Frühjahrsaspekt**.
Im April beginnen Bäume und Sträucher auszutreiben. Während im März noch etwa 50 Prozent des Lichtes die Krautschicht erreicht, sind es im April nur noch circa 30 Prozent. Im Mai sind die Bäume dann vollständig belaubt. Eine Lichtmessung in der Krautschicht zeigt, dass nur noch etwa fünf Prozent Licht bis zum Boden durchdringt. Das Bild der Bodenvegetation ändert sich in diesen Monaten stark. Die Frühblüher haben Früchte gebildet. Bei vielen sterben die letzten oberirdischen Pflanzenteile ab. Die Speicherorgane ruhen bis zum nächsten Frühjahr im Boden.
Jetzt wachsen und blühen Pflanzen in der Krautschicht, die an schattige Verhältnisse angepasst sind. Zu diesen **Schattenpflanzen** gehören *Goldnessel, Waldziest, Waldsauerklee* und *Schattenblume.* Auch Moose, Farne und einige Gräser kommen mit diesen Bedingungen gut zurecht. Sie erreichen schon bei rela-

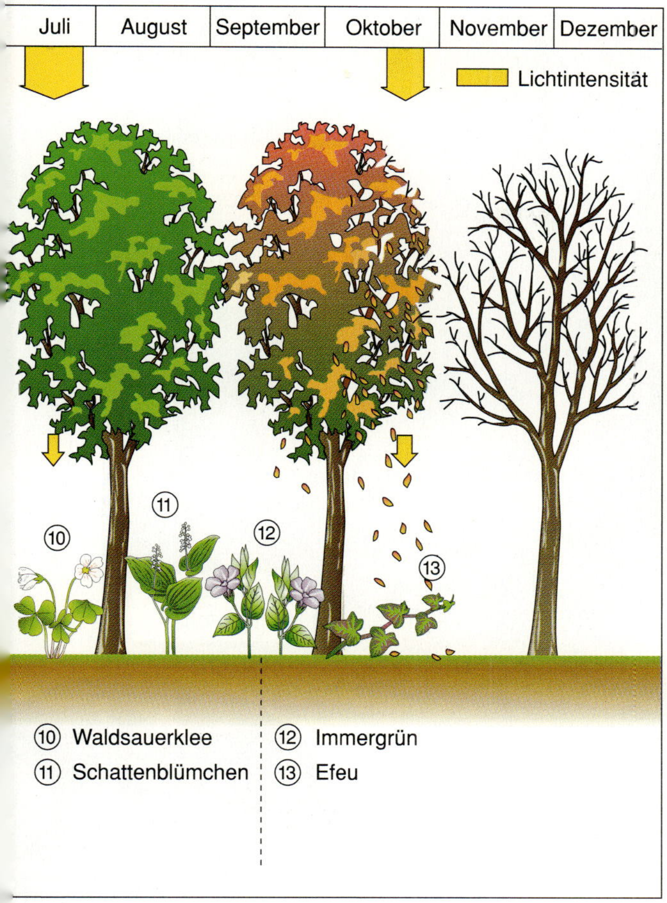

3 Laubwald im Sommeraspekt

tiv geringen Lichtmengen ihr optimales Pflanzenwachstum. Viele Schattenpflanzen haben große Blätter, damit sie viel vom Restlicht einfangen können. Außerdem sind die Blätter relativ dünn, da das Sonnenlicht sonst nicht in tiefere Schichten eindringen könnte. Die Blätter der Schattenpflanzen sind durch den hohen Chlorophyllgehalt häufig dunkelgrün gefärbt. Eine weitere Anpassung an die geringe Lichtmenge am Waldboden ist die Anordnung der Blätter. Sie bilden ein *Blattmosaik,* sodass sie sich nicht gegenseitig bedecken. Man fasst alle diese Anpassungen der Bodenvegetation an den Lichtmangel als **Sommeraspekt** zusammen.

Im Herbst verfärbt sich das Laub der Bäume und Sträucher. Bei einer Rotbuche beginnt der Laubfall im September in den äußeren Kronenbereichen. Nun dringt wieder mehr Sonnenlicht auf den Waldboden. Viele Sommerblüher fruchten jetzt.
Es gibt auch einige wenige Pflanzen, die im Herbst blühen. Zu diesen **immergrünen Gewächsen** gehört der *Efeu,* dessen Blätter das ganze Jahr über grün sind. Er blüht im Oktober und fruchtet im November. Auch *Haselwurz* und *Immergrün* sind solche Gewächse. Sie haben derbe, lederartige Blätter und können so den Winter überdauern und das Licht im Frühjahr und im Herbst voll nutzen. Bei günstigen Temperaturen blüht das Immergrün im Herbst sogar zum zweiten Mal. Die oberirdischen Sprossteile der Sommerblüher sterben dagegen im Herbst ab.

Für die Bäume gibt es auch im Winter keine vollständige Ruhephase. Ab November kommt es bei Temperaturen über 0 °C zu einem verstärkten Wurzelwachstum. Möglich wird dies durch ein Zusammenleben der Baumwurzeln mit Pilzhyphen.

In einem Laubwald herrschen je nach Jahreszeit unterschiedliche Lichtverhältnisse. Sie bestimmen Wachstum und Blütezeit von Pflanzen der Krautschicht. So tritt im Frühjahr der Frühjahrsaspekt mit vielen Frühblühern auf. Beim Sommeraspekt überwiegen dagegen die Schattenpflanzen.

1 Erkläre, wie sich die Lichtverhältnisse am Boden eines Laubwaldes im Jahresverlauf ändern.
2 Nenne Beispiele für Frühblüher im Laubwald und beschreibe ihre Anpassungen.
3 Nenne Beispiele für Schattenpflanzen. Erläutere Anpassungen an die Lichtverhältnisse.
4 Bei Fichten- und Kiefernwäldern gibt es keinen Frühjahrs- und Sommeraspekt. Erkläre.

1 Umweltfaktoren, die das Leben im Wald beeinflussen

2.5 Pflanzen wachsen nur unter bestimmten Voraussetzungen

Von unseren Zimmerpflanzen wissen wir, dass manche viel Sonne benötigen, andere dagegen nicht dem direkten Sonnenlicht ausgesetzt sein dürfen. Auch müssen einige viel gegossen werden, andere kommen mit wenig Feuchtigkeit aus. Jede Pflanze stellt arteigene Ansprüche an ihren Standort, also an ihre Umwelt.

Das Gleiche gilt auch für die Pflanzen der Wälder. So wachsen einige Pflanzen nur an dunklen Standorten. Die Fähigkeit einer Art, Schwankungen von Umweltfaktoren innerhalb eines Bereiches zu ertragen, bezeichnet man als **ökologische Potenz.** Zu den Umweltfaktoren, die das Pflanzenwachstum beeinflussen, gehören Feuchtigkeit, Licht, Temperaturverhältnisse und die Zusammensetzung der Mineralsalze im Boden.

Das *Knäuelgras* ist fast überall zu finden. Dieses 30 bis 120 Zentimeter hohe Süßgras wächst an hellen, trockenen Standorten auf einer Wiese genauso gut wie an dunklen, feuchten Standorten im Wald. Das Knäuelgras besitzt demnach eine große ökologische Potenz. Arten mit einer großen ökologischen Potenz für viele Umweltfaktoren sind meist formenreich und weit verbreitet.

Den *Waldsauerklee* findet man dagegen nur an dunklen, feuchten Stellen im Wald. Er zählt zu den Schattenpflanzen. Zum Wachsen benötigt er nur geringe Lichtmengen. Volle Lichteinstrahlung überdauert der Waldsauerklee nur kurze Zeit. Deshalb sucht man ihn an lichten Stellen vergeblich. Der Waldsauerklee besitzt daher eine geringe ökologische Potenz.

An lichten Stellen eines Laubwaldes wächst dagegen häufig ein Lippenblütler mit purpurroten Blüten und herz- bis eiförmigen Blättern, der *Waldziest.* Er verträgt ebenfalls keine volle Lichteinstrahlung. Findet man an unterschiedlichen Waldstellen gleichermaßen gut ausgebildete Pflanzen, beträgt die Lichtmenge, die dort ankommt,

***2 Pflanzen im Wald. A** Knäuelgras; **B** Waldsauerklee*

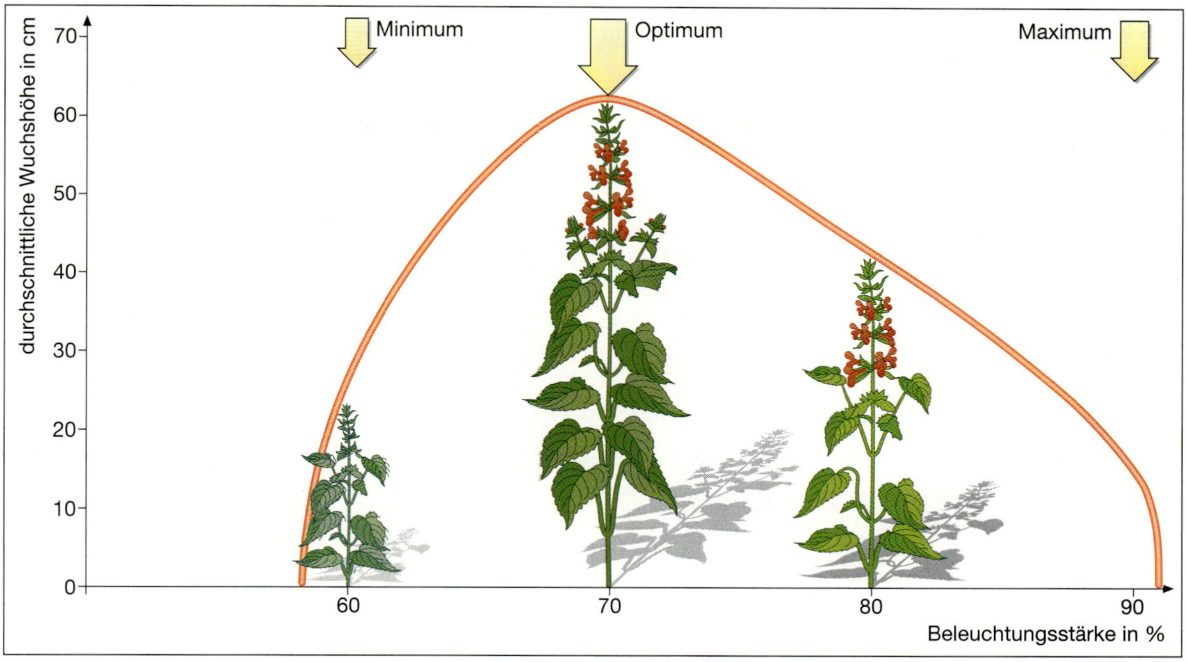

3 Wachstum von Waldziest bei unterschiedlichen Lichtstärken

etwa 70 Prozent. Der Waldziest wird dann über 60 Zentimeter groß, bildet dunkelgrüne Laubblätter und zahlreiche Blüten aus. Das Lichtangebot ist an diesen Stellen für den Waldziest optimal, das **Optimum** ist erreicht.

Bei stärkerer Lichteinstrahlung, zum Beispiel am Waldrand, bleiben die Pflanzen kleiner. Sie besitzen auch deutlich kleinere, gelbgrüne Laubblätter und weniger Blüten. Übersteigt die Lichtmenge 90 Prozent, zum Beispiel nach einem Kahlschlag des Waldes, geht der Waldziest ein. Das **Maximum** für den Umweltfaktor Licht wird in diesem Fall überschritten.

Beträgt die durchschnittliche Lichtmenge etwa 60 Prozent, werden die Pflanzen nicht groß, bilden kleine, dunkelgrüne Laubblätter und keine Blüten mehr aus. Das **Minimum** für diesen Umweltfaktor, bei dem die Pflanzen gerade noch überleben, ist erreicht.

Die Spanne zwischen dem Minimum und dem Maximum bezeichnet man als **Toleranzbereich.** Außerhalb der Grenzen des Toleranzbereiches wirkt der Umweltfaktor störend auf wichtige Lebensfunktionen wie Fortpflanzung und Stoffwechsel. An für die Pflanzen ungünstigen Standorten werden keine Blüten und Samen ausgebildet. Auch die Fotosyntheseleistung nimmt ab. Liegt der Umweltfaktor längere Zeit außerhalb des Toleranzbereiches, stirbt die Pflanze.

Toleranzbereiche und Optimumwerte von abiotischen Umweltfaktoren können sich aber verschieben, wenn sich andere Umweltfaktoren ändern. So vertragen einige Pflanzen um so mehr Schatten, je mehr Wasser und Mineralsalze zur Verfügung stehen.

Auch biotische Faktoren wie die *Konkurrenz* haben einen entscheidenden Einfluss auf das Vorkommen von Pflanzen. Diese Erscheinung können wir bei vielen Waldbäumen beobachten. Das Optimum verschiedener Bäume wie der Rotbuche, der Stieleiche, der Esche, der Kiefer und der Schwarzerle für den Umweltfaktor Bodenfeuchtigkeit liegt im mittleren Bereich. Dennoch findet man die Waldkiefer auf sehr trockenen Standorten, aber auch im Moor. Auf den für sie optimalen Böden mittlerer Feuchte wächst die Waldkiefer nicht, da sie dort mit der Rotbuche und der Stieleiche um diesen Umweltfaktor konkurriert. Weil die Kiefer verglichen mit den anderen Waldbäumen gegenüber dem Umweltfaktor Bodenfeuchtigkeit aber den größten Toleranzbereich besitzt, wird sie von ihnen aus ihrem Optimumbereich vertrieben.

Für jeden Umweltfaktor gibt es einen bestimmten Bereich, innerhalb dessen eine Art gedeihen und sich fortpflanzen kann. Die Fähigkeit, in diesem Bereich zu leben, bezeichnet man als ökologische Potenz.

1 Erläutere die Abbildung 1. Welches sind biotische, welches abiotische Umweltfaktoren?

1 ***Lichtblatt. A*** *Aussehen;*
B *mikroskopischer Querschnitt*

2 ***Schattenblatt. A*** *Aussehen;*
B *mikroskopischer Querschnitt*

2.6 Licht- und Schattenblätter

Rotbuchen gehören zu den Schattengehölzen. Sie wachsen sogar an Standorten, die nur ein bis zwei Prozent der Lichtmenge erhalten, die Bäume auf dem freien Feld bekommen. Buchen können deshalb auch in dichten Beständen gut gedeihen.

Die Buche bildet eine kräftige, stark belaubte Krone aus. Innerhalb der Baumkrone herrschen ganz unterschiedliche *Lichtverhältnisse.* An die Blätter am Rand gelangt mehr Sonnenlicht als an die Blätter im Kroneninneren. Die Anpassung an diese Lichtverhältnisse zeigt die unterschiedliche Gestalt der Blätter. Die äußeren **Lichtblätter** sind klein und dick. Der mikroskopische Blattquerschnitt verrät weitere Besonderheiten. Sie besitzen zum Beispiel eine dicke Kutikula. Ihr Palisadengewebe ist mehrschichtig. Auch das Schwammgewebe ist stark ausgebildet.

Durch die intensive Sonneneinstrahlung kann das Licht bis in die tieferen Gewebeschichten vordringen. Der Wassergehalt eines Lichtblattes liegt bei etwa 85 Prozent. Bei einer bestimmten Lichtintensität produziert die Pflanze mehr organische Stoffe als sie selbst für ihre Lebensprozessse benötigt. Sie erzielt einen Stoffgewinn. Diesen Punkt erreicht ein Lichtblatt bei etwa 1000 Lux.

Schattenblätter kommen dagegen mit viel weniger Licht aus. Sie sind größer und dünner als Lichtblätter. Das einschichtige Palisadengewebe trägt eine Epidermis mit dünner Kutikula. Der Wassergehalt beträgt über 90 Prozent. Die Fotosyntheseleistung ist geringer als bei Lichtblättern. Ein Stoffgewinn wird schon bei einer Lichteinstrahlung von 350 Lux erreicht.

Eine Buche bildet Licht- und Schattenblätter aus. Diese unterscheiden sich in ihrem äußeren und inneren Bau voneinander.

1 Vergleiche Licht- und Schattenblatt einer Buche miteinander. Lege dazu eine Tabelle an.

2.7 Zeigerpflanzen geben Hinweise auf den Standort

Im Auenwald finden wir viele für den Standort typische Pflanzen. An Gräben und Tümpeln wachsen zum Beispiel **Feuchtezeiger** wie *Schwarz-Erle, Grau-Erle* und *Flatterulme.* Auch *Sumpfsternmiere, Bitteres Schaumkraut* und *Bärlauch* zeigen einen feuchten Boden an.

Auenwälder haben einen hohen Grundwasserstand. Von Zeit zu Zeit werden sie vom Frühjahrshochwasser überschwemmt. Dabei erhält der Boden durch Schlammablagerungen neue Nährstoffe. Unter den abgelagerten Bodenschichten befinden sich kalkreiche Sedimente. Sie haben einen leicht basischen pH-Wert. Hier siedeln **Kalkzeiger** wie *Türkenbundlilie* und *Salomonssiegel.*

In Randbereichen und an Wegen sieht man in Auenwäldern häufig *Schwarzen Holunder* und *Zaungiersch.* Sie sind **Stickstoffzeiger** und weisen auf einen hohen Nitratgehalt im Boden hin.

Für Pflanzen spielen demnach die abiotischen Faktoren wie Wasser, Licht, Temperatur und Bodenbeschaffenheit eine große Rolle. Besonders die chemischen Eigenschaften des Bodens wie pH-Wert, Stickstoff- und Salzgehalt bestimmen das Bild der Vegetation. So findet man zum Beispiel auf nährsalzreichen, lehmigen Böden einen artenreichen Auenwald. Die Pflanzenarten, die hier gedeihen, besitzen unterschiedliche ökologische Potenzen. Manche Arten haben einen sehr engen *Toleranzbereich* für einen bestimmten Umweltfaktor. Ihr Vorkommen weist deshalb auf charakteristische Standortbedingungen hin. Man kann sie als **Zeigerpflanzen** nutzen.

Ganz anders als in einem Auenwald sieht es dagegen in einem lichten Kiefernwald aus. Hier findet man Zeigerpflanzen, die Licht, Trockenheit und kalkarme, saure Böden anzeigen. Hierzu gehören zum Beispiel Besenheide, Preisel- und Blaubeere.

> Zeigerpflanzen haben einen sehr engen Toleranzbereich für einen bestimmten Umweltfaktor. Ihr Vorkommen lässt auf bestimmte Umweltbedingungen wie Lichtangebot, Feuchtigkeit und Bodeneigenschaften schließen.

1 Stelle in einer Tabelle verschiedene Zeigerpflanzen zusammen. Nutze dazu auch die Pinnwand S. 76.

***1 Zeigerpflanzen im Auenwald. A** Türkenbundlilie; **B** Bitteres Schaumkraut; **C** Schwarzer Holunder*

Pinnwand

ZEIGERPFLANZEN

- N Stickstoffzeiger
- Säurezeiger
- Kalkzeiger
- Feuchtezeiger
- Trockenheitszeiger
- Lichtzeiger
- Schattenzeiger
- NaCl Salzzeiger

Große Brennnessel
N

Kuhschelle

Heidekraut

Trollblume

Kanadische Goldrute
N

Kleiner Sauerampfer

Acker-Rittersporn

Gemeiner Queller
NaCl

Karthäusernelke

Giersch
N

Wald-Sauerklee

1 Nenne Stickstoffzeiger und beschreibe ihren Standort.

Boden

Streifzug durch die Erdkunde

Böden bilden sich in langen Zeiträumen. Auch heute noch unterliegen sie einem ständigen Umwandlungsprozess. Vor allem Wasser, Frost, Hitze und Wind wirken auf die oberste Schicht der Erdrinde. Durch diese physikalischen *Verwitterungsprozesse* zersetzt sich das feste Gestein. Auch chemische und biologische Vorgänge spielen bei der Bodenbildung eine Rolle. So entsteht der organische Anteil des Bodens, der Humus, durch die Tätigkeit von Bodenorganismen.
Anfangs bilden sich *Rohböden* mit einer dünnen Humusauflage. Sie sind typisch für Hochgebirge, Steppen und die Arktis.

Ein Waldboden ist dagegen vielschichtiger aufgebaut. Schauen wir uns sein **Bodenprofil** genauer an. Unter einer Streuschicht liegt der **A-Horizont**, auch Oberboden genannt. Diese Schicht beträgt etwa 10 bis 30 Zentimeter. Sie besteht aus abgestorbenen pflanzlichen und tierischen Resten, die von Bodenorganismen unterschiedlich weit zersetzt wurden. Durch den hohen Humusanteil erscheint sie dunkel gefärbt. Diese Schicht ist gut durchlüftet und kann viel Feuchtigkeit speichern. In ihr breiten sich die meisten Wurzeln aus.
Darunter folgt der etwa 40 Zentimeter breite Unterboden. Dieser wird als **B-Horizont** bezeichnet. In ihm sind weniger Bodenorganismen und Wurzeln als im A-Horizont zu finden. Wasser wäscht hier Mineralsalze aus, die dem Boden eine typische Farbe verleihen. Zum Beispiel färben Eisenverbindungen den Boden rotbraun.
Bei einem Profil vom Nadelwald fällt die Bleicherde auf. In diesem Teil wurden die Eisenverbindungen ausgewaschen. Sie reichern sich weiter unter wieder an.
Ganz unten liegt das Muttergestein, der **C-Horizont**. Dieser besteht aus Kalk, Granit, Ton oder Lehm.

2 Bodenprofil eines Waldbodens

1 Beschreibe den Aufbau eines Waldbodens mithilfe der Abbildungen 1 und 2.

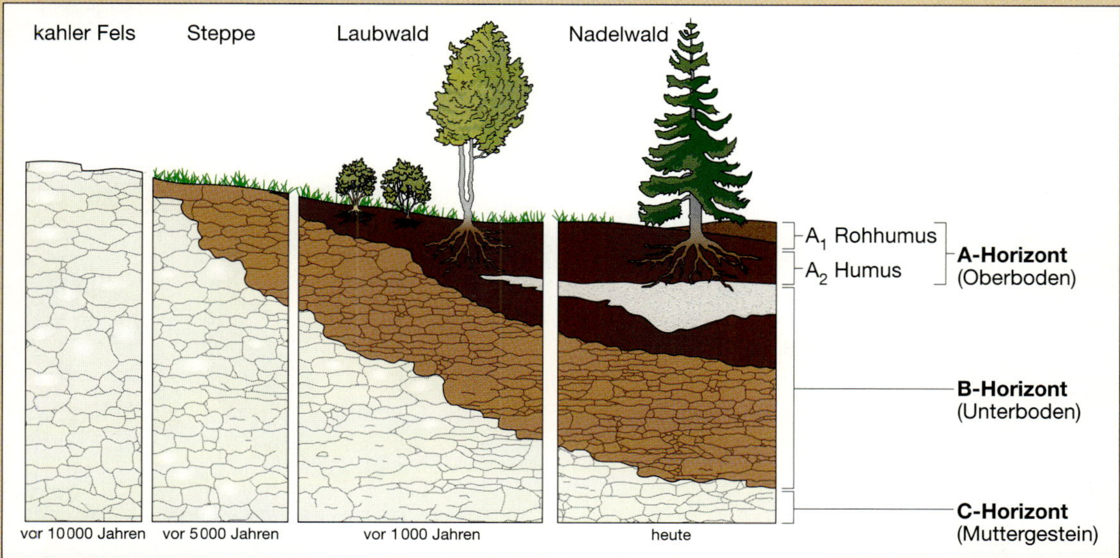

1 Bodenentwicklung

2.8 Tiere des Waldes

Die Tierwelt eines Waldes präsentiert sich dem Spaziergänger weniger auffällig als die Pflanzenwelt. Er wird es kaum glauben, aber in einem reich strukturierten Laubwald kommen über 7000 Tierarten, darunter über 5000 Insekten- und bis zu 100 Vogelarten vor. Die verschiedenen Tierarten nutzen die Lebensräume des Waldes recht unterschiedlich. Während der Brutzeit werden die Stockwerke des Waldes zum Beispiel von verschiedenen Vogelarten besiedelt.

So bauen Eichelhäher, Pirol oder Elster in den Kronen der Baumschicht ihre Nester. Sie werden deshalb als **Kronenbrüter** bezeichnet. Andere Vogelarten wie die Spechte zimmern mit ihren kräftigen Schnäbeln eine Bruthöhle in die Stämme der Bäume. Man nennt sie deshalb **Höhlenbrüter.** Die von den Spechten geschaffenen Höhlen werden später von anderen Tieren des Waldes wie Fledermäusen, Siebenschläfern oder auch Hornissen und Hummeln genutzt. Auch andere höhlenbrütende Vogelarten wie Meisen, Kleiber oder Fliegenschnäpper, die sonst in Asthöhlen der Bäume brüten, können diese Höhlen beziehen. Viele Greifvögel wie zum Beispiel der Habicht bauen meist am Stamm ihre Horste. Es sind **Stammbrüter.** Dagegen nisten Amsel und Singdrossel in Sträuchern und Büschen. Sie gehören deshalb zu den **Buschbrütern.** Nachtigall und Zilpzalp dagegen sind **Bodenbrüter.** Jede Vogelart besetzt also einen bestimmten „Wohnort" im Wald.

1 Brutplätze verschiedener Vogelarten im Wald

2 Der Wald ist Lebensraum für viele Tiere.
A *Eichelhäher;* ***B*** *Buntspecht;* ***C*** *Hornissen;* ***D*** *Waldmaus;*

E Nacktschnecke; F Baummarder; G Kleiber; H Dachs

Auch bei der Nahrungssuche gehen sich die verschiedenen Arten aus dem Weg. Der Buntspecht sucht Insekten vorwiegend unter der Borke von Bäumen, der Kleiber am Stamm und die Blaumeise an den Zweigen. So vermeiden sie direkte **Konkurrenz** und können gemeinsam in einem Lebensraum existieren. Man bezeichnet diese Spezialisierung in den Umweltansprüchen als **ökologische Nische.**

Neben den Vögeln leben auch viele Säugetiere in den Schichten des Waldes. Der Baummarder z. B. bewohnt Baumhöhlen und jagt in der Baumschicht nach Beute. Größere Säugetiere leben am *Waldboden.* Sie sind häufig **dämmerungs-** oder **nachtaktiv.** Tagsüber halten sie sich versteckt und ruhen. Dazu gehören z. B. Fuchs, Dachs und Wildschwein. Der Fuchs jagt nach Mäusen, Kleintieren und Vögeln. Auch Aas und kranke Tiere werden gefressen. Das Jagdrevier eines Fuchses kann sich bis zu 8 km von seinem Bau entfernt erstrecken. Nur in der näheren Umgebung seines Baues wird nicht gejagt. Während der Fuchs schon bei Dämmerungsbeginn auf die Jagd geht, wartet der Dachs meist bis zur völligen Dunkelheit. Dann verlässt er seinen geräumigen Erdbau und sucht nach Insekten, Würmern, Schnecken und Mäusen. Auch Früchte und Pilze werden gefressen.
Das Wildschwein ist ein Allesfresser. Es ernährt sich von Wurzeln, Früchten, Kleintieren und Aas. Dabei wühlt es mit seinem Rüssel den Boden auf.
In der *Kraut-* und *Moosschicht* leben viele kleinere Tierarten. Hier findet man zum Beispiel verschiedene Schnecken, Spinnen, Käfer und Ameisen.

Der Wald ist Lebensraum für viele Tierarten. Diese bevorzugen häufig eine bestimmte Schicht des Waldes. Durch die Spezialisierung auf bestimmte Nahrungsansprüche und Brutplätze wird Konkurrenz der Tiere untereinander vermieden.

1 Erkläre an einem Beispiel den Begriff ökologische Nische.
2 Totholz und Baumstümpfe sind ein begehrter Lebensraum. Erkläre. Siehe auch Seite 48/49.
3 Viele Tiere sind gut an die Lebensweise in einer bestimmten Waldschicht angepasst. Erkläre solche Anpassungen an einem selbst gewählten Beispiel.
4 Erläutere die biologische Bedeutung der ökologischen Einnischung von Lebewesen am Beispiel von Tag- und Nachtaktivität.
5 Nadel-, Buchen- und Mischwald bieten unterschiedliche Einnischungsmöglichkeiten. Begründe und bewerte.

2.9 Ameisen helfen dem Wald

Wenn man im Wald auf eine Ameise stößt, ist sie meist nicht allein. Dicht hintereinander laufen die Ameisen auf ganz bestimmten Bahnen, den *Ameisenstraßen.*

Folgen wir einer dicht bevölkerten Ameisenstraße. Sie führt uns zum *Hügelnest* der **Roten Waldameise.** Es wurde über einem Baumstumpf errichtet und ist fast einen Meter hoch. Der Bau führt mindestens ebenso tief in die Erde hinein. Baumaterial sind Nadeln, Ästchen, Halme und Rindenstücke. Diese werden aufeinander geschichtet. Das Innere ist von zahlreichen Gängen und Kammern durchzogen. Hier lebt das Ameisenvolk in einem **Tierstaat,** der bis zu 500 000 Einzeltiere zählen kann.

Im Ameisenstaat gibt es eine ausgeprägte Arbeitsteilung. Man findet unterschiedliche Formen von Ameisen, die an ihre jeweilige Aufgabe angepasst sind. Am zahlreichsten sind unfruchtbare Weibchen ohne Flügel, die **Arbeiterinnen.** Ein Ameisenvolk hat auch einige hundert fruchtbare Weibchen – die **Königinnen.** Im Juni kann man geflügelte Königinnen und ebenfalls geflügelte **Männchen** sehen. Sie paaren sich auf einem „Hochzeitsflug". Bei der Begattung erhält die Königin einen Spermienvorrat, der für ihre etwa 20-jährige Lebenszeit reicht. Nach der Paarung sterben die Männchen. Die Königinnen beißen sich die Flügel ab und kehren in ihr Nest zurück. Wird ein Volk zu groß, bilden sich Tochterkolonien, für die ein Teil der Arbeiterinnen ein neues Nest baut.

Die Arbeiterinnen übernehmen auch alle anderen Arbeiten im Ameisenstaat. Dabei hat jede eine bestimmte Aufgabe, die sie ein Leben lang durchführt. *Pflegerinnen* zum Beispiel versorgen Eier, Larven und Puppen. Ständig tragen sie die Ameisenbrut an Plätze mit günstigen Feuchtigkeits- und Temperaturverhältnissen. Junge Larven füttern sie mit ausgewürgten Drüsensekreten. *Sammlerinnen* erkunden die Umgebung, informieren sich gegenseitig über Nahrungsquellen und schleppen Beute heran. Dabei können sie Tiere ergreifen, töten und abtransportieren, die ein Vielfaches ihres Körpers wiegen. Am häufigsten werden Blätter fressende Raupen und Larven erbeutet. An einem Tag können viele Tausend Raupen im Nest verschwinden.

Beim Beuteerwerb arbeiten oft mehrere Sammlerinnen zusammen. Dazu verständigen sie sich mit der *Fühlersprache,* indem sie sich gegenseitig mit den Fühlern betasten. Neben den Sammlerinnen gibt es auch *Bauarbeiterinnen* im Ameisenstaat. Sie schleppen Baumaterial, reparieren Löcher, erweitern den Bau und sorgen auch für die Umschichtung des Nestmaterials. Innere Baustoffe werden an die Oberfläche zum Trocknen gebracht, wodurch ein schnelles Verrotten verhindert wird.

Wächterinnen verteidigen die Ein- und Ausgänge des Nestes. Sie haben besonders starke Kiefer-

1 Ameisennest. A *Hochzeitsflug;* ***B*** *Arbeiterin mit Beute;* ***C*** *Arbeiterinnen umsorgen Larven und Puppen;* ***D*** *Honigtauernte in der Blattlauskolonie*

zangen. Naht ein größerer Angreifer, spritzen sie gleichzeitig mit dem Einsatz der Zangen aus ihren Hinterleibsdrüsen eine ätzende Flüssigkeit, die *Ameisensäure.* Trotz sehr guter Verteidigung haben auch Ameisen Fressfeinde wie Zaunkönig und Igel. Der Grünspecht zerstört dabei häufig einen Teil des Nestes. Auch der Mensch zerstört durch Unwissenheit manchmal Ameisennester, daher werden diese oft durch Drahtkörbe geschützt.
Ameisen spielen im Wald eine wichtige Rolle als **Schädlingsbekämpfer** und Verbreiter von Pflanzen. In einem Umkreis von 30 Metern um ein Ameisennest findet man kaum Schadinsekten. Darüber hinaus sammeln Ameisen bestimmte Früchte und Samen, die ein eiweißhaltiges Anhängsel besitzen, das den Ameisen als Nahrung dient. Sie transportieren die Pflanzenteile und tragen so zu ihrer Verbreitung bei. Im Buchenwald kennt man etwa 45 Kräuter, die auf die Verbreitung durch Ameisen angewiesen sind. Aufgrund dieser wichtigen Aufgaben stehen die Roten Waldameisen unter Naturschutz.

Eine weitere Nahrungsquelle der Ameisen bilden die Ausscheidungen der Blattläuse. Blattläuse sind Pflanzensaft saugende Insekten, die einen zuckerhaltigen flüssigen Kot ausscheiden. Sie leben zum Beispiel in den Baumkronen der Kiefer. Hierher führen stark belaufene Ameisenstraßen. Die Ameise nähert sich einer Blattlaus und betastet ihr Hinterende, das daraufhin einen Tropfen „Honigtau" abgibt. Als Gegenleistung verteidigen die Ameisen ihre Futterlieferanten gegen Feinde.

Ameisen leben in einem Tierstaat mit streng geregelter Arbeitsteilung. Sie vernichten Schadinsekten, verbreiten Früchte und Samen und dienen anderen Tieren als Nahrung.

1 Beschreibe einen Ameisenhaufen. Berichte über Form, Größe, Baumaterial und Bauort. Nutze dazu auch die Abbildung 1.
2 Erläutere die Bedeutung der Roten Waldameise im Ökosystem Wald.
3 Fertige eine Übersicht über die Mitglieder des Ameisenstaates an. Gib ihre Aufgaben an.
4 Begründe, warum Ameisen zur Gründung einer Tochterkolonie keine Männchen brauchen.

2.10 Nahrungsbeziehungen im Wald

An den jungen Blättern einer Eiche fressen hellgrüne Raupen. Man kann sogar das leise Rieseln herunterfallender Reste und Ausscheidungen hören. Es sind die Raupen des Eichenwicklers, eines Schmetterlings.

In diesem Augenblick landet eine Kohlmeise auf der Eiche. Sie hüpft den Ast entlang und sucht nach Beute. Sie erspäht die Raupen und frisst sie. Kohlmeisen selbst werden wiederum vom Waldkauz erbeutet und gefressen. Ordnet man die verschiedenen Lebewesen nach den Nahrungsbeziehungen, ergibt sich folgendes Bild: Eichenblatt → Raupe des Eichenwicklers → Kohlmeise → Waldkauz. Der Pfeil bedeutet dabei: „wird gefressen von". Diese Reihenfolge bezeichnet man als **Nahrungskette.**

Kohlmeisen fressen nicht nur Eichenwicklerraupen, sondern auch andere Insekten und Spinnen. Sie selbst werden von Greifvögeln wie Sperber und Habicht gejagt. Auch der Baummarder ernährt sich von verschiedenen Singvögeln. Jede Nahrungskette ist also an den einzelnen Gliedern mit weiteren Nahrungsketten verbunden. Es entsteht ein vielfältiges **Nahrungsnetz.** In ihm sind alle Tiere und Pflanzen des Ökosystems Wald direkt oder indirekt verknüpft.

Am Beginn jeder Nahrungskette steht immer eine grüne Pflanze. Pflanzen bauen mithilfe des Sonnenlichtes Traubenzucker auf, sie betreiben *Fotosynthese.* Dabei geben sie Sauerstoff ab, den die Tiere zum Atmen benötigen. Da sie Stoffe produzieren, bezeichnet man grüne Pflanzen auch als *Erzeuger* oder **Produzenten.** Sie bilden die Nahrungsgrundlage für alle Tiere. Tiere, die sich unmittelbar von Pflanzen ernähren, heißen *Verbraucher* oder **Konsumenten erster Ordnung.**

Von ihnen ernähren sich andere Waldbewohner. Kohlmeise und Laubsänger jagen zum Beispiel nach den Raupen. Tiere, die von den Konsumenten erster Ordnung leben, bezeichnet man als **Konsumenten zweiter Ordnung.** Sie selbst können wiederum von größeren Raubtieren und Greifvögeln gefressen werden. Diese **Endkonsumenten** bilden das Ende einer Nahrungskette.

Die Zuordnung der Tierarten zu den einzelnen Konsumentenordnungen ist nicht immer eindeutig. Sie kann mit dem Alter des Tieres und mit der Jahreszeit wechseln. Während die Kohlmeise zum Beispiel im Sommer nach Insekten jagt, ernährt sie sich im Winter bevorzugt von Samen.

Von Nahrungsglied zu Nahrungsglied werden in der Nahrungskette Stoffe weitergegeben. Dabei kann jedoch nur etwa ein Zehntel der aufgenommenen Nahrung zum Aufbau des eigenen Körpers verwendet werden. Der Rest wird für die Erzeugung von *Energie* für Wachstum, Bewegungen und Wärme gebraucht. Eine große Menge Pflanzen bilden deshalb die Nahrungsgrundlage für verhältnismäßig wenige Pflanzenfresser. Diese dienen noch weniger Fleischfressern als Nahrung. Auf einer bestimmten Waldfläche nimmt also die Anzahl der Konsumenten von Stufe zu Stufe ab. Diese Abnahme der Organismen von Stufe zu Stufe lässt sich als **Nahrungspyramide** darstellen.

Anhand einer Nahrungspyramide kann man auch den Weg der Energie verfolgen. Die Pflanzen wandeln die Lichtenergie in chemische Energie der von ihnen gebildeten Stoffe um. Etwa 90 Prozent dieser chemischen Energie verwenden sie für sich selbst. Diese Energie steht für die nächste Stufe nicht mehr zur Verfügung. An die Konsumenten 1. Ordnung werden nur die restlichen 10 Prozent weitergegeben. Bei jeder weiteren Stufe gehen wieder etwa 10 Prozent der jeweiligen Energiemenge in die höhere Stufe über. Diese Weitergabe von Energie bezeichnet man als **Energiefluss.** Zum Schluss steht keine Energie mehr zur Verfügung. Der Energiefluss ist eine Art „Einbahnstraße".

Nahrungsbeziehungen lassen sich als Nahrungsketten darstellen, die miteinander verknüpft ein Nahrungsnetz bilden. In einer Nahrungskette nimmt die Anzahl der Lebewesen von Glied zu Glied ab. Dies wird als Nahrungspyramide dargestellt.

1 Stelle mit folgenden Pflanzen und Tieren ein Nahrungsnetz auf: Eichel, Sperber, Eichhörnchen, Baummarder, Buntspecht, Borkenkäfer, Fichte, Waldkauz, Kohlmeise, Fichtenspanner, Eichenblatt, Eichenwicklerraupe.

2 Ordne den in Aufgabe 1 genannten Pflanzen und Tieren die Begriffe Produzent, Konsument erster Ordnung, Konsument zweiter Ordnung und Endkonsument zu.

3 Erläutere die Nahrungspyramide in der Abbildung 1.

4 Beschreibe den Energiefluss im Wald mithilfe der Abbildung 2.

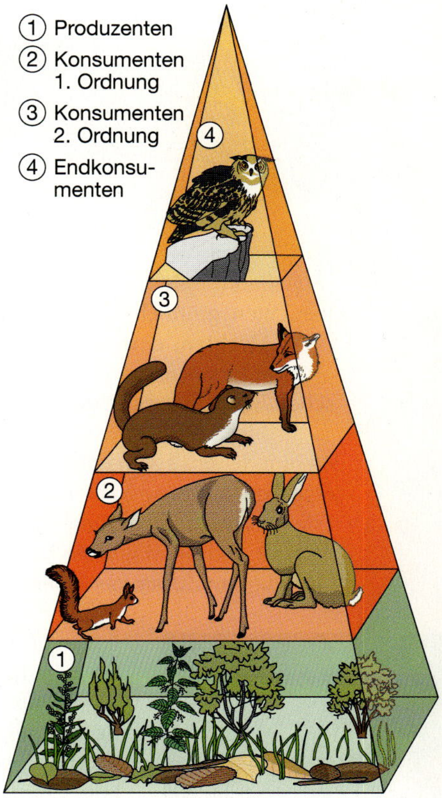

1 Nahrungspyramide

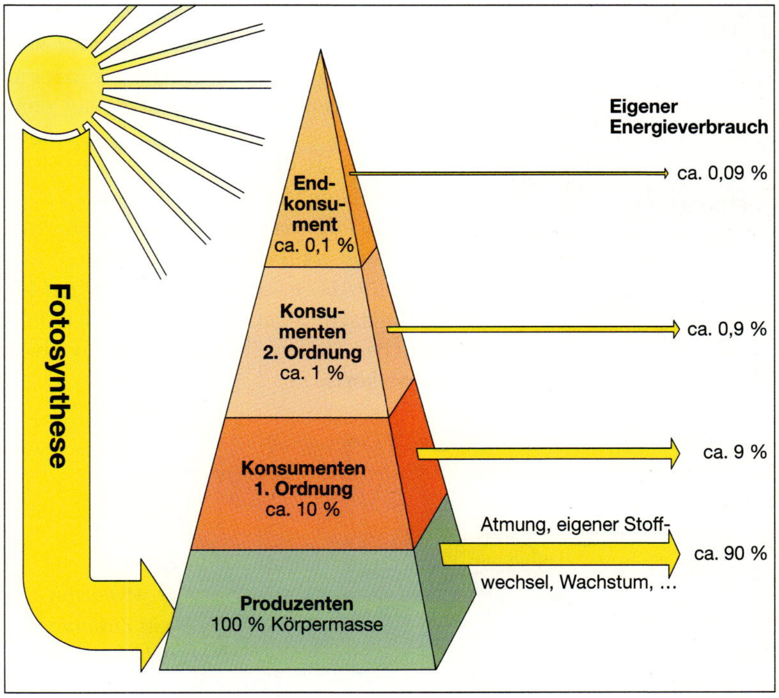

2 Energiefluss im Ökosystem Wald

2.11 Leben zu gegenseitigem Nutzen

Auf Baumrinden, Mauern und Felsen fallen einem bei genauem Betrachten grünlichgraue oder gelblich-braune, flächige Gebilde auf. Es sind **Flechten,** eine gemeinsame Lebensform aus *Grünalgen* und *Pilzen.* Die Hyphen des Pilzes bilden das Gerüst dieser Flechten. Dazwischen liegen die meist einzelligen, kugel- oder fadenförmigen Algen.

Warum leben zwei unterschiedliche Arten so eng zusammen? Die Algen produzieren während der Fotosynthese organische Stoffe, die der Pilz für seine Ernährung nutzt. Der Pilz dagegen liefert den Algen Wasser und darin gelöste Mineralsalze. Es profitieren also beide Arten von diesem Zusammenleben. Pilz und Alge leben in einer **Symbiose.**

***1 Flechte. A** auf dem Baumstamm; **B** Längsschnitt:*
① Pilzhyphen; ② Grünalgen; ③ Rindenschicht aus Hyphen

Ein weiteres Beispiel für solch ein Zusammenleben zu gegenseitigem Nutzen finden wir bei einigen *Sprosspflanzen* und *Pilzen.* Die Wurzelenden von Buchen, Eichen, Birken, Lärchen oder Kiefern sind oft mit einem engen Geflecht von Pilzfäden umgeben. Einige dieser Pilze haben sich sogar spezialisiert. So findet man den Goldröhrling ausschließlich unter Lärchen und Birkenpilze stets in der Nähe von Birken.
Die Hyphen der Pilze dringen in die Baumwurzel ein. Die betroffenen Wurzeln können zwar keine Wurzelhaare mehr ausbilden, die Bäume ziehen aber dennoch einen Nutzen aus dem Zusammenleben. Die Pilzfäden vergrößern die Wurzeloberfläche und sorgen dafür, dass der Baum Wasser und Mineralsalze erhält. Der Pilz macht außerdem relativ fest im Boden gebundene Mineralsalze wie Phospat für die Pflanze leicht verfügbar. Im Gegenzug dazu versorgt der Baum den Pilz mit organischen Stoffen. Diese Form der Symbiose nennt man **Mykorrhiza.**

2 Mykorrhiza, ein Zusammenleben von Pilz und Baum

3 Ameisen betreuen eine Blattlauskolonie

Auch Tiere können zu gegenseitigem Vorteil zusammen leben. An Blättern und Stängeln von manchen Bäumen und Sträuchern trifft man im Sommer auf Kolonien von *Blattläusen.* Diese werden von *Ameisen* besucht. Dabei betasten die Ameisen mit ihren Fühlern das Hinterende der Blattläuse, das einem Ameisenkopf täuschend ähnlich ist. Die Blattläuse geben daraufhin einen Tropfen „Honigtau" ab. Dieser zuckerhaltige, klebrige Kot dient den Ameisen als Nahrung. Als „Gegenleistung" verteidigen die Ameisen die Blattläuse gegenüber Fressfeinden. Manche Ameisenarten lassen Blattläuse sogar in ihrem Bau überwintern und setzen sie im Frühjahr wieder auf jungen Trieben aus.

Das Zusammenleben von Lebewesen verschiedener Arten zu gegenseitigem Nutzen bezeichnet man als Symbiose.

1 Erläutere eine Symbiose anhand der Beispiele
a) Maronenröhrling und Kiefer,
b) Blüte und Insekt.

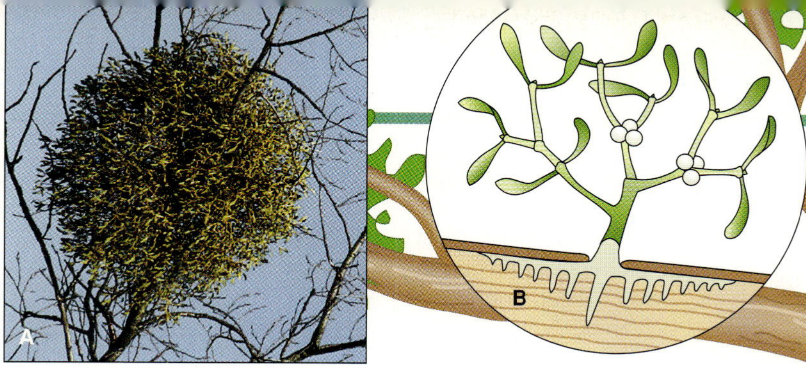

1 ***Mistel. A*** *auf einem Laubbaum;* ***B*** *Längsschnitt von einem Ast (Schema)*

2.12 Leben auf Kosten eines Wirts

Im Winter, wenn unsere Laubbäume keine Blätter mehr haben, fallen uns oft große grüne Büschel auf. Es sind *Misteln*. Sie wachsen auf Ästen und Zweigen anderer Pflanzen. Mit ihren zu Senkern umgewandelten Wurzeln dringen sie bis in die Wasserbahnen des Baumes oder Strauches vor und nehmen dort Wasser und Mineralsalze auf. Damit schädigen Misteln die Pflanzen, auf denen sie wachsen.
Lebewesen, die sich von einem anderen Lebewesen, ihrem **Wirt,** ernähren und ihn dabei schädigen, nennt man **Parasiten.** Da die Mistel aber grüne Laubblätter besitzt, kann sie durch Fotosynthese ihre organischen Stoffe selbst herstellen. Sie ist also ein **Halbparasit,** d. h. sie lebt nur teilweise auf Kosten ihres Wirts.

Vollparasiten wie die *Schuppenwurz* leben dagegen ausschließlich auf Kosten anderer. Mit ihren chlorophyllfreien Schuppenblättern betreibt das Braunwurzgewächs keine eigene Fotosynthese. Mit Saugwurzeln entzieht die Schuppenwurz ihren Wirten organische Stoffe. Die Pflanze schmarotzt auf den Wurzeln von Laubbäumen.

Doch nicht nur unter den Pflanzen gibt es Parasiten. Auch Tiere wie der *Fuchsbandwurm* schädigen ihre Wirte. Der Fuchsbandwurm ist ein **Innenparasit.** Er lebt im Darm von Füchsen und seine Eier können über Waldbeeren und Pilze auch in den Darm von Menschen gelangen. Geschlüpfte Larven bilden in der Leber große Blasen, die *Finnen*. Der Fuchsbandwurm kann für den Menschen lebensgefährlich werden.

Ein anderer Parasit ist die *Schlupfwespe*, ein Hautflügler. Sie legt ihre Eier meist in oder an die Puppen und Raupen anderer Insekten. Einige Schlupfwespen können sogar tiefer im Holz sitzende Puppen aufspüren und mit ihrem langen Legebohrer dort Eier ablegen. Dabei sondern sie ein Gifttröpfchen ab, das ihren Wirt lähmt. Das verhindert eine Abwehrreaktion des Wirtes. Schlupfwespen können sogar feststellen, ob eine Puppe „schon besetzt" ist, d. h. ob schon Eier abgelegt wurden. Während ihrer Entwicklung ernähren sich Schlupfwespenlarven von ihrem Wirt und töten ihn dabei. Oft bleibt nur die leere Chitinhülle der Wirtslarve zurück. Solche Parasiten heißen **Raubparasiten.**

Parasiten sind Lebewesen, die zum einseitigen Vorteil des Einen und zum Nachteil des Anderen zusammen leben.

1 Erläutere den Begriff Parasit an einem Beispiel.

2 Suche weitere Beispiele für Parasitismus unter Nutzung anderer Informationsquellen, z. B. dem Internet.

2 ***Schlupfwespe***

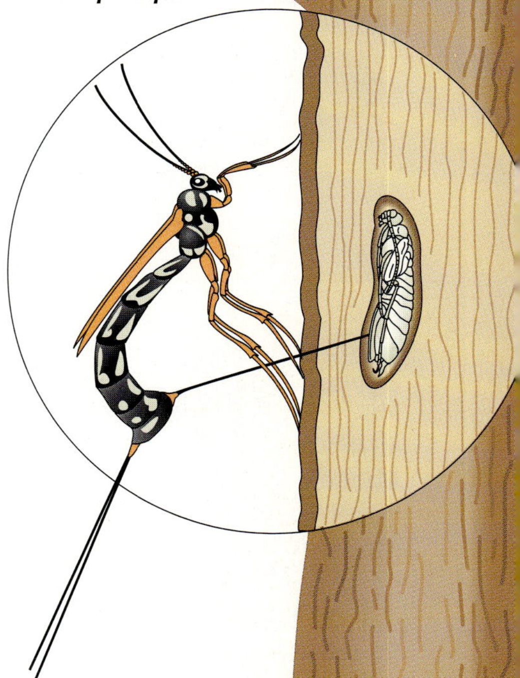

3 ***Schuppenwurz***

1 Leistungen des Waldes

2.13 Leistungen des Waldes

Beim Wandern in Wäldern atmet man frische saubere Luft, begegnet verschiedenen Pflanzen und Tieren und freut sich an der Schönheit der Natur. Der Wald hat einen hohen **Erholungswert.** Holzstapel am Wegrand verraten eine weitere Funktion des Waldes. Er ist **Rohstofflieferant.** Aus Holz werden Bauholz, Fußböden, Treppen, Möbel, Papier und viele andere Produkte hergestellt.

Andere Leistungen des Waldes sind nicht so leicht zu erkennen. Wälder halten zum Beispiel den Boden fest. Bergwälder schützen so die Siedlungen vor Schlamm-, Geröll- oder Schneelawinen. Wälder an Steilhängen bezeichnet man deshalb als **Schutzwälder.**

Besonders wichtig ist die Bedeutung der Wälder für den Wasserhaushalt. Kronendach und Krautschicht eines Waldes fangen zum Beispiel 40% der Niederschläge ab. Das Wasser verdunstet langsam wieder und befeuchtet die Luft.
Der Waldboden wirkt als **Wasserspeicher.** Durch die Schwammwirkung der Moosschicht versickert das Wasser langsam und wird dabei gefiltert. Es sammelt sich im Grundwasser. Im Frühjahr speichert der Waldboden viel Schmelzwasser und gibt es dann langsam wieder ab. Der Wald dient so dem **Hochwasserschutz.**

Waldflächen dienen auch der **Klimaverbesserung.** So steigt in Städten die warme, mit Schadstoffen verunreinigte Luft auf. Sie kühlt sich auf ihrem Weg über die Erde ab und sinkt in den Wald. Dabei filtern die Blätter der Bäume Staub und Schadstoffe aus der Luft. Kühle, angefeuchtete und gereinigte Luft fließt in die Stadt zurück.
Wälder sind ebenfalls ein guter **Wind-** und **Lärmschutz.**

Wälder dienen der Erholung, liefern Holz und schützen vor Lawinen. Darüber hinaus verbessern sie das Klima und speichern und filtern Wasser.

1 Beschreibe mithilfe der Abbildung 1 verschiedene Leistungen des Waldes.
2 Erläutere mithilfe der Abbildung 2 die Funktion der Wälder im Wasserhaushalt.
3 Erläutere die Abbildung 3.
4 Notiere, was in eurem Haushalt alles aus Holz ist.

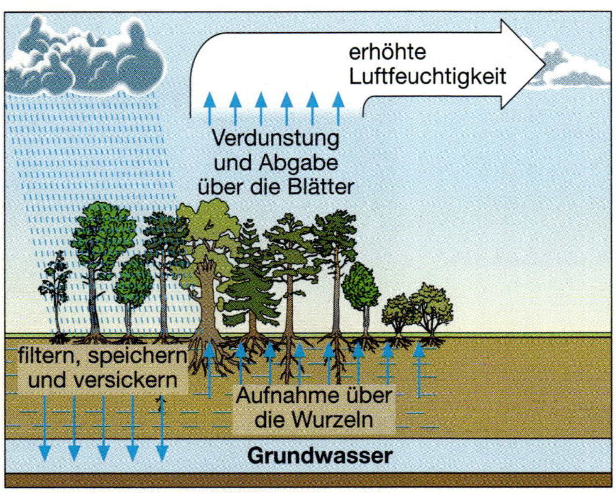

2 Der Wald im Wasserhaushalt

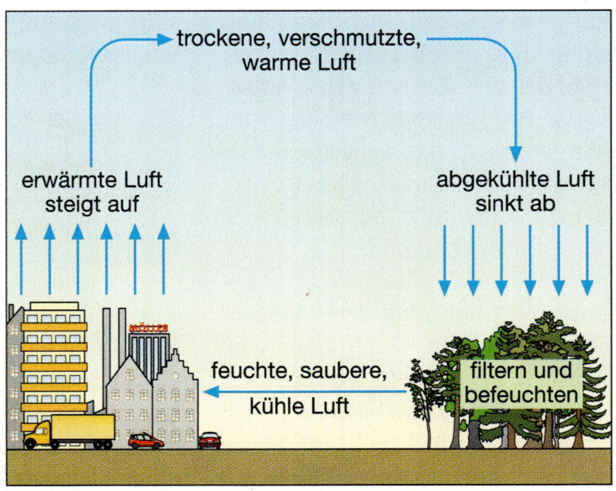

3 Der Wald als „Luftverbesserer"

Pinnwand

MENSCH UND WALD

Holz und seine Verwendung

Eiche

Holz: sehr hell; hart
Verwendung: Möbel, Parkett, Vertäfelungen, Schiffsbau, Fässer

Rotbuche

Holz: hell; wird beim Trocknen rötlich; hart
Verwendung: Möbel, Parkett; früher zur Holzkohlegewinnung

Kiefer

Holz: hellgelb mit dunkleren Anteilen; weich
Verwendung: Möbel, Papierherstellung; Harz für die chemische Industrie

Fichte

Holz: noch heller als Kiefer; sehr weich
Verwendung: Bauholz, Holzwolle, Papierherstellung, Holzkisten

Leistungen des Waldes auf einen Blick

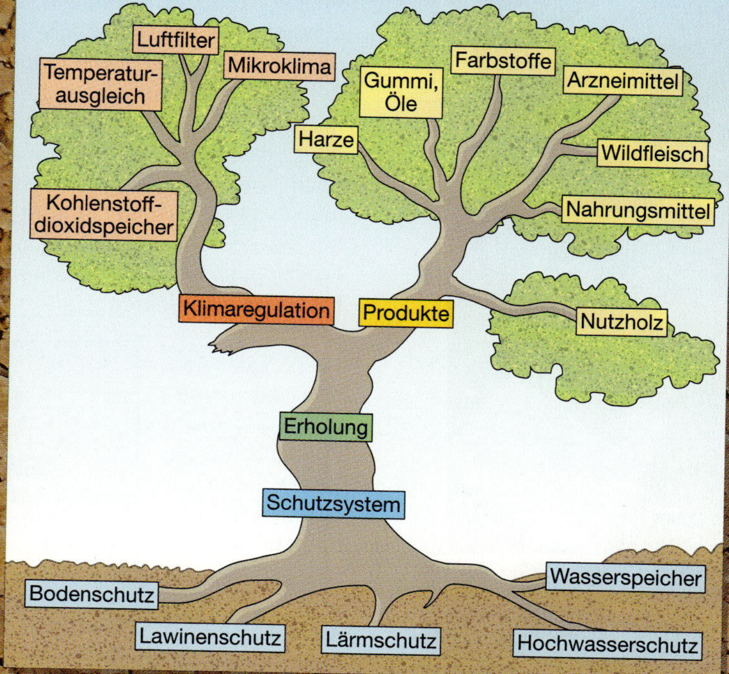

1. Beschreibe die Leistungen eines gesunden Waldes.
2. Schlage mindestens eine geeignete Holzart vor, um folgende Produkte herzustellen: 1. Bücher; 2. Fässer; 3. Parkettfußböden.
3. Stell dir vor, du bist Förster. Welche Regeln für richtiges Verhalten im Wald würdest du aufstellen? Begründe.

Die Jagd heute

Jäger haben heute die Aufgabe, die Erhaltung eines artenreichen Wildbestandes zu sichern und dessen Lebensraum zu erhalten. Naturschützer kritisieren, dass die Jäger den Lebensraum nur unzureichend berücksichtigen. Sie werfen ihnen vor, im Wald zu viele Rehe und Hirsche zu erhalten. Diese können ihrem Lebensraum empfindlichen Schaden zufügen.

***1 Arbeiten im Gelände. A** Betrachten; **B** Beobachten und Bestimmen; **C** Sammeln; **D** Bestimmen*

2.14 Exkursion in einen Wald

Die Klasse 9b hat in Biologie einen Erkundungsgang im Schulgelände durchgeführt. Dabei erhielten die Schülerinnen und Schüler eine erste Übersicht über die verschiedenen Lebensräume. Bei der Nachbesprechung in der nächsten Stunde sind sich aber alle einig, dass man die Lebensräume noch viel genauer untersuchen müsste. Die Biologielehrerin ist damit einverstanden. In der nächsten Woche will sie eine ökologische **Exkursion** durchführen.

> Stichwort
>
> **Exkursion**
>
> Das Wort Exkursion kommt aus dem Lateinischen und bedeutet Ausflug oder Streifzug. In der Biologie und in anderen Naturwissenschaften versteht man darunter Gänge oder Fahrten in die Natur. Auf Exkursionen führt man meist Beobachtungen und Messungen durch. Außerdem werden z.B. Pflanzen und Tiere bestimmt.

Eine Exkursion muss gut vorbereitet werden. Zunächst ist zu klären, welcher Lebensraum untersucht werden soll. Danach richtet sich die Auswahl an Geräten, Sammelbehältern und Bestimmungsbüchern, die mitgenommen werden müssen. Auch die Kleidung muss zweckmäßig gewählt werden. Dabei kann ein Blick auf den Wetterbericht eine Entscheidungshilfe geben. Geht die Exkursion in sumpfiges Gelände oder an ein Gewässer, sollten Gummistiefel mitgenommen werden. An solchen Exkursionszielen ist auch mit Stechmücken zu rechnen. Lange Hosen und Hemden oder Pullis mit langen Ärmeln helfen Stiche zu vermeiden.

Wenn keine Karte zum Exkursionsgelände vorliegt, muss man zuerst eine Kartenskizze anfertigen, damit Eintragungen über die Lage von Geländeeigenschaften und die Fundorte von Pflanzen und Tieren gemacht werden können.

Zu Beginn der eigentlichen ökologischen Arbeit steht das **Betrachten** des Exkursionsgebietes. Dabei bespricht man in der Arbeitsgruppe, welche Untersuchungen an welcher Stelle durchgeführt werden sollen und wer aus der Gruppe welche Aufgabe übernimmt. Diese Planung der Arbeit kostet zwar anfangs etwas Zeit, ist aber die Voraussetzung für ein gutes Gelingen der Gruppenarbeit.

Wichtige Tätigkeiten im Exkursionsgebiet sind das **Messen,** das **Beobachten** und das **Sammeln.** Messen kann man beispielsweise Temperatur, Luftfeuchtigkeit und Helligkeit, wenn entsprechende Messgeräte zur Verfügung stehen. Sehr wichtig ist dabei das genaue **Protokollieren** der Messergebnisse, damit auch später noch eine Auswertung der Daten möglich ist. Oft kann man auch Tiere in ihrem natürlichen Lebensraum beobachten. Diese Beobachtungen sollten ebenfalls protokolliert werden. Es ist auch sinnvoll, Fotos im Exkursionsgebiet zu machen.

Bei der Arbeit im Gelände müssen die **Naturschutzbestimmungen** beachtet werden. So dürfen beispielsweise Blätter und Blüten für ein Herbar nur von nicht geschützten Pflanzen gepflückt werden. Seltene Arten dürfen dagegen nur an Ort und Stelle bestimmt werden. Nicht geschützte Tiere sollte man nach der Bestimmung in der Regel sofort wieder freilassen. Geschützte Tiere dürfen nicht gefangen werden. In Zweifelsfällen muss die begleitende Lehrkraft gefragt werden.

Nach der Exkursion beginnt die **Auswertung.** Dazu kann man Karten zeichnen, die das Vorkommen

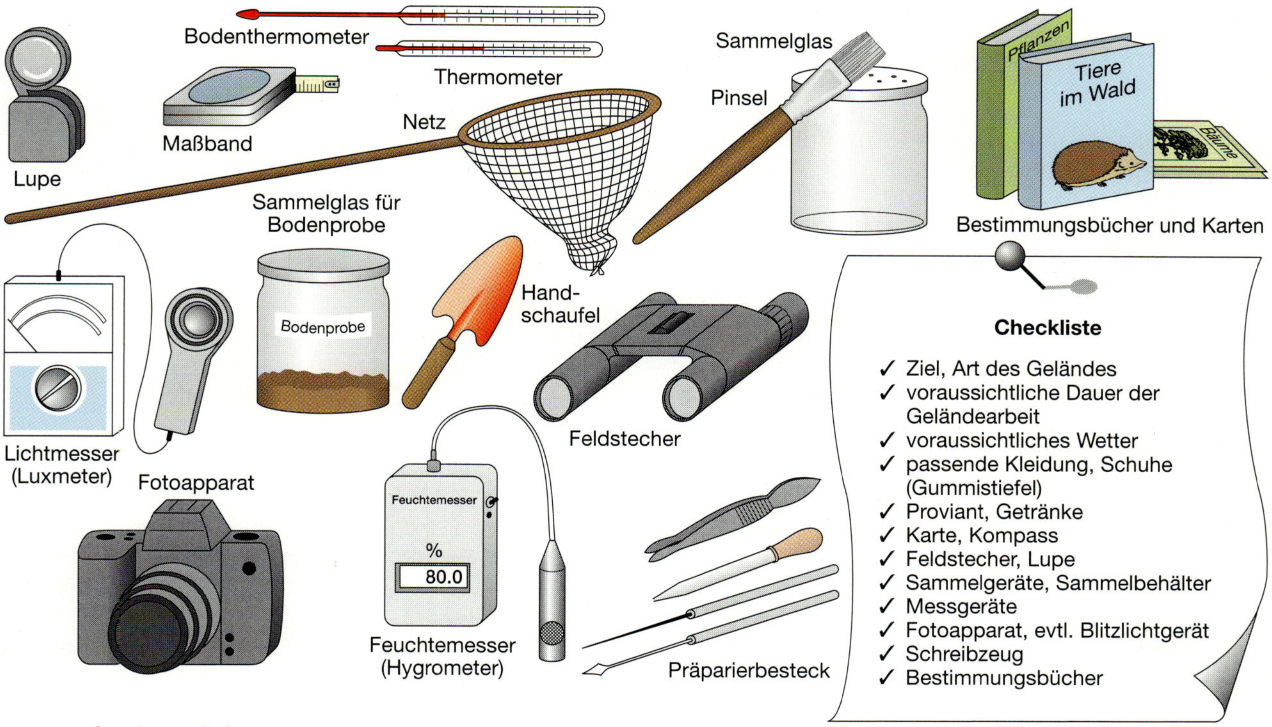

2 Exkursionszubehör

bestimmter Pflanzenarten im Exkursionsgebiet zeigen. Es lassen sich auch die mitgebrachten Pflanzen ausstellen und Listen mit Abbildungen der gefundenen Tiere vorbereiten.
Manche Fragestellungen sind nur durch **Experimente** lösbar. So lässt sich zum Beispiel untersuchen, ob ein Regenwurm helles Licht meidet oder aufsucht. In einem Terrarium können vorübergehend Schmetterlingsraupen oder Schnecken leben. So ist es einfach herauszufinden, welche Nahrungspflanzen diese bevorzugen.
Auch Bodeneigenschaften wie Struktur, pH-Wert, Wasserhaltevermögen und Kalkgehalt können experimentell bestimmt werden. Dazu dienen verschiedene Bodenproben aus dem Ökosystem. Diese werden in Gläser oder Tüten verpackt, beschriftet und in der Schule ausgewertet. Auch kleine Bodenorganismen eignen sich für Untersuchungen. Dafür arbeitet man mit Stereolupe oder Mikroskop.
Bei einer Waldexkursion lassen sich noch weitere ökologische Fragen beantworten. Nicht alle Wälder zeigen zum Beispiel die typische Schichtung. Es ist deshalb günstig, ein Waldprofil zu zeichnen. Die Untersuchungsfläche sollte etwa 10 Meter breit sein. Im Profil werden die vorhandenen Schichten eingetragen. Dann zeichnet man die Umrisse der vorkommenden Bäume und Sträucher ein. In einer Legende können auch die Artnamen der Pflanzen ergänzt werden. Zum **Bestimmen** dienen verschiedene Bestimmungsbücher und Karten.
Relativ einfach lassen sich abiotische Umweltfaktoren im Wald ermitteln. Zu den Standarduntersuchungen gehören das Messen der Luft- und Bodentemperatur, der Luftfeuchtigkeit und der Helligkeit. Um die Messergebnisse später genau auszuwerten, notiert man auch die Uhrzeit und besondere Bedingungen wie Nebel oder Nieselregen. Die Ergebnisse werden in ein vorbereitetes **Protokoll** eingetragen. Besonders interessant sind Messreihen, die über einen längeren Zeitraum hinweg oder zu verschiedenen Jahreszeiten aufgenommen werden.

Bei einer ökologischen Exkursion untersucht man die Lebensbedingungen in Ökosystemen. Dabei werden die abiotischen Umweltfaktoren im Gelände und die vorkommenden Pflanzen- und Tierarten bestimmt.

1 Erläutere die Verwendungsmöglichkeiten des abgebildeten Exkursionszubehörs aus Abbildung 2.
2 Plane eine Exkursion in den Wald. Erstelle eine Liste der Ausrüstungsgegenstände, die dafür nötig sind. Arbeite mit der Checkliste in Abbildung 2 und den Versuchsbeschreibungen der Seiten 90 bis 93.

Übung

Umweltfaktoren im Wald

A1 Untersuchung von Temperatur und Luftfeuchte

Uhrzeit	Temperatur Wiese	Temperatur Wald	relative Luftfeuchte Wiese	relative Luftfeuchte Wald
6 h	10 °C	12 °C	94 %	85 %
10 h	21 °C	18 °C	53 %	70 %
14 h	27 °C	24 °C	50 %	63 %
18 h	24 °C	22 °C	49 %	61 %
22 h	18 °C	19 °C	70 %	69 %

Lufttemperatur und relative Luftfeuchte über einer Wiese und im Wald im Verlauf eines Sommertages

Erläutere die in der Tabelle dargestellten Ergebnisse der Messungen von Temperatur und relativer Luftfeuchte in Wiese und Wald.

A2 Untersuchung der Lichtstärke

An einem sonnigen Mittag im März und im August werden mit einem Lichtmessgerät in 1,50 m Höhe über dem Boden die Lichtstärken in einer Wiese, einem Eichenwald, einem Buchenwald und einem Fichtenwald gemessen. Die auf der Wiese gemessenen Lichtstärken werden gleich 100 Prozent gesetzt und die an den anderen Standorten gemessenen Lichtstärken in prozentuale Anteile umgerechnet.

Jahreszeit	relative Lichtstärke Wiese	Eiche	Buche	Fichte
März	100 %	20 %	20 %	2 %
August	100 %	10 %	5 %	2 %

Relative Lichtstärke in einer Wiese und in verschiedenen Wäldern im Frühjahr und im Sommer

Stelle das Ergebnis in einem Säulendiagramm dar. Erläutere.

V3 Bestimmung von Umweltfaktoren

Material: Luxmeter oder Belichtungsmesser vom Fotoapparat; Hygrometer; Thermometer; Bodenthermometer; Protokoll mit vorbereiteter Tabelle:

Standort	freie Fläche	Waldrand	im Wald
Temperatur	×	×	×
Bodentemperatur	×	×	×
Lichtwert	×	×	×
Luftfeuchtigkeit	×	×	×

Durchführung: Führe Lichtmessungen durch. Miss in etwa 1 m Höhe vom Boden bei gleicher Bedeckung des Himmels. Führe dann Temperaturmessungen durch und bestimme mit dem Hygrometer die Luftfeuchtigkeit. Stelle die Bodentemperatur in 10 und 20 cm Tiefe fest.

Aufgabe: a) Ermittle an den oben genannten Standorten die jeweiligen Messwerte. Trage diese in die Tabelle ein und werte aus.

b) Wie kommen die unterschiedlichen Messergebnisse an den drei Standorten zustande?

A4 Bärlauch

Der Bärlauch ist eine krautige Pflanze, die an schattigen Stellen frischer, nährsalzreicher Laubwälder wächst. Bereits im März schieben sich die ersten grünen Blätter durch die Bodenoberfläche. Die Blütezeit ist im Mai. Die Pflanzen verströmen jetzt einen intensiven Duft, der an die Küchenzwiebel erinnert. Betrachte die in der Abbildung dargestellten unterschiedlich alten Bärlauch-Pflanzen. Erläutere die Entwicklung der Pflanzen mithilfe der Abbildung.

Unterschiedlich alte Bärlauch-Pflanzen mit Blättern und Zwiebeln

V5 Bestimmung von Bodenarten

Material: Proben von drei verschiedenartigen Böden
Durchführung: Bodenarten können mithilfe der Fingerprobe unterschieden werden. Reibe dazu eine feuchte Bodenprobe zwischen den Fingerspitzen.

Ergebnis der Fingerprobe	Bezeichnung
klebrig, bindig und formbar, färbt	Ton
leicht körnig, formbar	Lehm
körnig, haftet nicht	Sand

Aufgabe: Ermittle für die drei Bodenproben die Bodenart. Nimm dazu die Tabelle zu Hilfe.

V6 Bestimmung der Bodenreaktion

Material: Bodenproben aus V1; destilliertes Wasser; 3 Bechergläser; Trichter; Filterpapier; 3 Glasstäbe; Waage; pH-Teststreifen mit Farbskala
Durchführung: Wiege je 25 g luftgetrockneten Boden ab. Gib dazu 50 ml Wasser und rühre die Mischung mit einem Glasstab kräftig um. Filtriere dann und halte den Teststreifen in das Wasser. Vergleiche die Farbe mit der entsprechenden Skala und ermittle den pH-Wert.

pH-Wert	Bodenreaktion
bis 4,5	stark sauer
4,6 bis 6,9	sauer
7,0	neutral
7,1 bis 8,0	schwach alkalisch
8,1 bis 9,0	alkalisch

Aufgaben: a) Vergleiche deine Ergebnisse mit der Tabelle.
b) Nenne je drei Pflanzen, die auf saurem bzw. basischem Boden wachsen. Nimm das Kapitel Zeigerpflanzen zu Hilfe.

V7 Kalkgehalt von Böden

Material: verschiedene Bodenproben; Teelöffel; Uhrgläschen oder Petrischalen; Tropfflasche mit verdünnter Salzsäure (Schutzbrille!)
Durchführung: Gib etwa einen Teelöffel Boden auf ein Uhrgläschen oder eine Petrischale. Tropfe dann vorsichtig zu jeder Probe etwa 6 Tropfen verdünnte Salzsäure und beobachte die Reaktion.

Beobachtung	Kalkgehalt	Beurteilung der Böden
kein Aufbrausen	unter 1 %	kalkfrei/kalkarm
schwaches Aufbrausen	1 % bis 3 %	schwach kalkhaltig
kurzes deutliches Aufbrausen	3 % bis 5 %	kalkhaltig
anhaltendes Aufbrausen	über 5 %	stark kalkhaltig

Aufgabe: Bestimme den Kalkgehalt verschiedener Bodenproben und beurteile die Böden mithilfe der Tabelle.

V8 Wasserhaltevermögen unterschiedlicher Böden

Material: jeweils 300 g luftgetrockneter Sand-, Lehm-, und Humusboden; Trichter; hohes Becherglas; Messzylinder; Stativ; Wasser; Watte
Durchführung: Baue die abgebildete Versuchsanordnung auf. Lege etwas Watte in den Trichter und fülle die Bodenproben ein. Gib dann mithilfe des Messzylinders 200 ml Wasser auf die Bodenprobe. Warte, bis kein Wasser mehr durchläuft. Bestimme dann die Wassermenge im Becherglas. Wiederhole den Versuch mit den anderen Bodenproben.

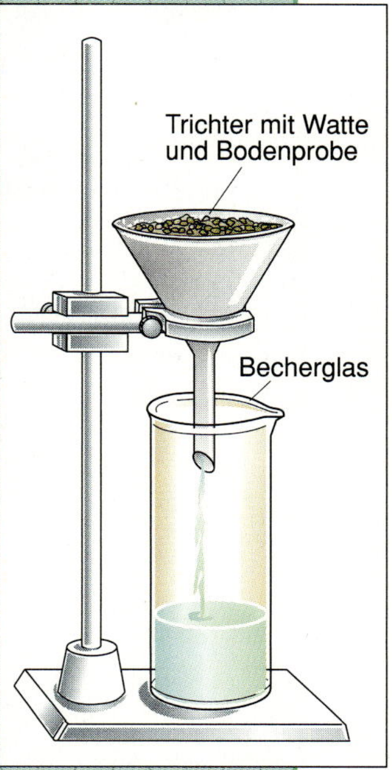

Aufgaben: a) Berechne die Wassermenge, die vom Boden festgehalten wurde.
b) Stelle die Messwerte in einer Tabelle zusammen und vergleiche die Böden im Hinblick auf ihr Wasserhaltevermögen.

Übung

Leben im Wald

V1 Spuren im Wald

Material: Gläser zum Sammeln; Zeichenmaterial oder Fotoapparat
Durchführung: Suche im Wald nach verschiedenen Spuren, die Tiere hinterlassen haben. Das können Fraßspuren, Trittspuren, Federn u.a. sein. Sammle die verschiedenen Dinge ein, zeichne oder fotografiere sie.
Aufgaben: Versuche mithilfe der Abbildungen herauszufinden, wer diese Spuren hinterlassen hat.

V2 Anlegen eines Herbars

Material: kurze Zweige von Laubbäumen und Sträuchern; krautige Pflanzen; Bestimmungsbücher; Zeitungen; Bücher zum Beschweren; Zeichenkarton; durchsichtiges Klebeband; Schere
Durchführung: Sammle im Wald verschiedene Zweige von Bäumen und Sträuchern. Auch Pflanzen aus der Krautschicht können gesammelt werden. Prüfe vor der Entnahme, ob die Pflanze unter Schutz steht, da nur ungeschützte Pflanzen herbarisiert werden dürfen. Transportiere die Pflanzen in einer Plastiktüte und arbeite gleich weiter, damit sie nicht verwelken.
Bestimme die Pflanzennamen und notiere auf einem Zettel Art, Fundort und Datum. Lege jeweils eine Pflanze ganz glatt mit dem Beschriftungszettel auf eine Lage Zeitungspapier. Decke die Pflanze nun mit einigen weiteren Zeitungsseiten ab. Wiederhole den Vorgang mit den anderen Pflanzen. Beschwere den Zeitungsstapel mit Büchern. Die Pflanzen werden so gepresst. Nach etwa zwei bis drei Tagen solltest du die einzelnen Lagen noch einmal kontrollieren. Jetzt können die Pflanzen umgelegt werden, um den Trocknungsprozess zu beschleunigen. Auch kleine Korrekturen wie das Glätten umgeschlagener Blätter sind noch möglich. Nach etwa zehn Tagen sind die Pflanzen vollständig getrocknet. Nimm sie nun heraus. Klebe jeweils eine Pflanze mit dünnen Streifen Klebeband auf ein Blatt Zeichenkarton. Beschrifte dein Herbarblatt wie im Beispiel gezeigt.
Aufgabe: Lege ein Herbar mit verschiedenen Waldpflanzen an.

V3 Vegetationsaufnahme

Protokoll Vegetationsaufnahme Datum: 15.5.2001

Ort: Kottenforst (bei Bonn) Höhe über NN: 170 m

Flächengröße: 100 m^2 Waldtyp: Stieleichen-Hainbuchen-Wald

Schichtung	Baumschicht	Strauchschicht	Krautschicht	Moosschicht
Höhe	25 m	3,5 m	max. 0,9 m	max. 0,1 m
Deckung	70 %	15 %	55 %	1 %

Liste der gefundenen Pflanzenarten:		Deckungsgrad:
Baumschicht:	Stieleiche	3
	Hainbuche	3
	Rotbuche	2
Strauchschicht:	Schwarzer Holunder	2
	Faulbaum	1
Krautschicht:	Sternmiere	2
	Wald-Flattergras	2
	Buschwindröschen	1
	Efeu	1
	Goldnessel	1
	Maiglöckchen	1
	Sauerklee	1
	Wald-Frauenfarn	1
Moosschicht:	Frauenhaarmoos	+

Beispiel für ein vollständiges Protokoll einer Vegetationsaufnahme

Material: Maßband; Paketschnur, Holzpflöcke; Schreibzeug, Bestimmungsbücher

Durchführung: Gehe in einen Wald und grenze mit den Holzpflöcken und der Paketschnur eine geeignete Aufnahmefläche von 10 m × 10 m ab. Bestimme die auf dieser Fläche vorkommenden Pflanzenarten. Schätze dann den Deckungsgrad der einzelnen Arten. Orientiere dich dabei an folgende Vorgaben:

+ – die Art kommt vereinzelt vor
1 – die Art bedeckt weniger als 5 % der Fläche
2 – die Art bedeckt 5 bis 25 % der Fläche
3 – die Art bedeckt 25 bis 50 % der Fläche
4 – die Art bedeckt 50 bis 75 % der Fläche
5 – die Art bedeckt mehr als 75 % der Fläche

Aufgaben: a) Erstelle ein Protokoll der Vegetationsaufnahme. Orientiere dich an dem oben abgebildeten Beispiel.

b) Führe Vegetationsaufnahmen in verschiedenen Waldtypen durch und vergleiche die Ergebnisse.

V4 Wer lebt in der Streuschicht?

Material: feuchte Laubstreu; große Petri- oder Fotoschale; Lupe oder Stereolupe; Fanggerät für kleine Bodentiere; Blockschälchen; Deckglas

Durchführung: Baue ein Fanggerät wie in der Abbildung. Breite einen Teil der Laubstreu in der Schale aus. Fange dann kleine Bodentiere durch Ansaugen mithilfe des Gerätes. Schütte die Tiere in ein Blockschälchen und decke es mit dem Deckglas ab.

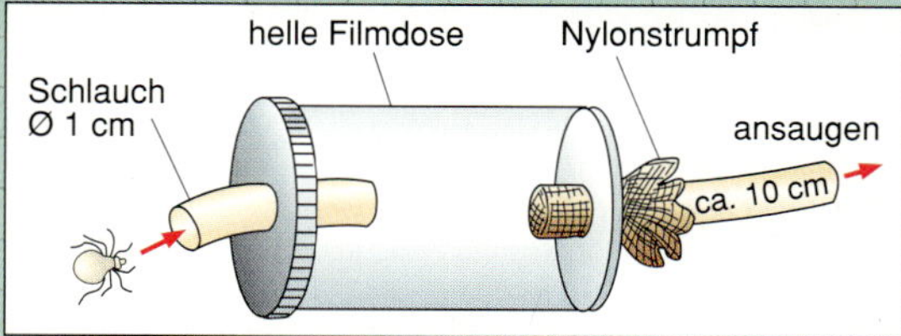

Aufgabe: Betrachte und bestimme einige Bodentiere. Verwende dazu eine Lupe oder eine Stereolupe. Nimm für die Bestimmung die Abbildungen auf dieser Seite zu Hilfe.

V5 Untersuchung von Bodentieren

Material: feuchte Laubstreu; Fangvorrichtung für Bodentiere (siehe Abbildung); Lupe

Durchführung: Baue eine Fangvorrichtung wie in der Abbildung. Fülle dann die Laub-Streu in den Trichter und beleuchte sie mit einer 100-Watt-Lampe wie dargestellt.

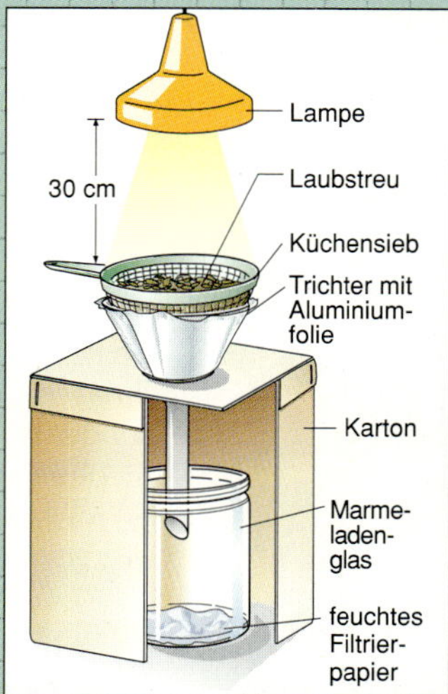

Aufgaben:

a) Kontrolliere das Fangglas nach 60 Minuten.

b) Welche Lebensbedingungen der Bodentiere ändern sich durch die Lampe? Beschreibe, wie sie darauf reagieren.

c) Betrachte und bestimme einige Bodentiere mithilfe von Lupe oder Stereolupe. Nimm die Abbildungen auf dieser Seite zu Hilfe.

Rote Waldameise 9–12 mm

Wolfsspinne 3–7 mm

Mistkäfer bis 20 mm

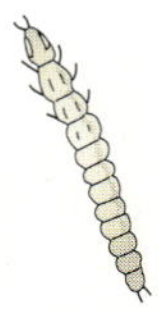
Käferlarve bis 25 mm

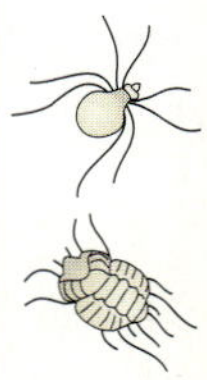
Milben bis 2 mm

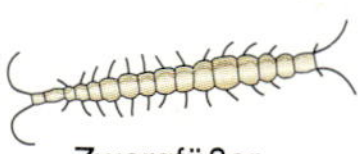
Zwergfüßer ca. 8 mm

Borstenschwanz bis 20 mm

Fadenwürmer bis 10 mm

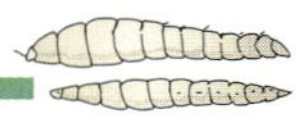
Mückenlarven ca. 3 mm

1 Agrarlandschaft in Deutschland

3 Ökosystem Feld

3.1 Kulturpflanzen bestimmen das Bild der Felder

Blickt man über eine Landschaft mit Feldern, so fällt auf, dass oftmals große Flächen mit der gleichen Pflanzenart bestellt sind. An anderer Stelle wechseln sich, unterbrochen von Wegen und Hecken, verschiedene Kulturpflanzen wie Getreide oder Hülsenfrüchte ab. Erst dort lässt sich erkennen, welche Vielzahl an Kulturpflanzen auf unseren Feldern wächst.

Bevor der Mensch sie kultivierte, wuchsen sie als *Wildpflanzen* oder *Wildkräuter.* Unsere Vorfahren lernten, die Pflanzen oder Teile von ihnen zu nutzen. Bald sammelten die Menschen sie nicht mehr an ihren natürlichen Standorten, sondern bauten sie nahe ihrer Siedlungen an. Durch ständige Auslese und Züchtung wurden die Pflanzen immer ertragreicher und entwickelten sich zu **Kulturpflanzen.**

Einige von ihnen haben ihren Ursprung in fremden Ländern. Ein zunehmender Handel und die Entdeckung ferner Länder brachte diese Kulturpflanzen zu uns. Auch sie wurden hier weiter kultiviert und genutzt.

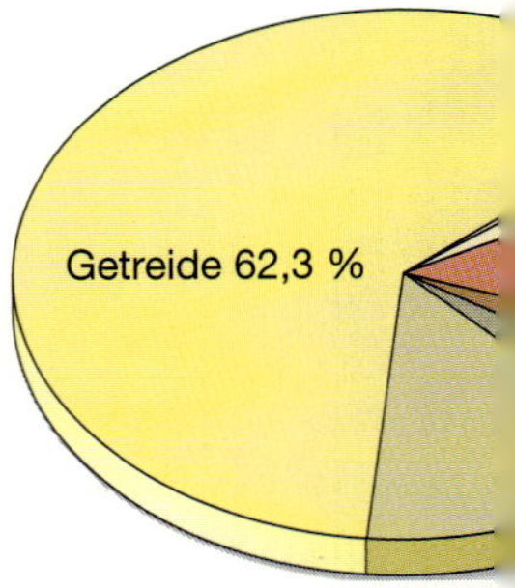

3 Ackerflächennutzung in Thüringen 1998

Betrachten wir wichtige Kulturpflanzen etwas genauer. Im 16. Jahrhundert brachten die Spanier die *Kartoffel* aus Südamerika mit nach Europa. Ihre stärkehaltige Sprossknolle ist heute in Deutschland ein Grundnahrungsmittel. So wie die Kartoffel gehört auch die *Zuckerrübe* zu den **Hackfrüchten.**

Zuckerrüben stammen aus dem Mittelmeergebiet. Sie werden mit Maschinen aus dem Boden geerntet. Früher dienten die Blätter der Rübe nur als Blattgemüse. Erst später, in der Zeit der Ackerbauentwicklung, begann man die Rübenkörper zu nutzen. Moderne Vollroder köpfen heute die Rübenkörper und roden diese in einem Arbeitsgang. In

2 A–H Kulturpflanzen

Zuckerfabriken werden die Rüben zerkleinert und ausgepresst. Aus dem stark zuckerhaltigem Saft entsteht Kristallzucker. Die Pressrückstände dienen als Viehfutter. Mit dem Feldanbau der Zuckerrübe stand dem Menschen erstmals neben dem Honig ein Süßungsmittel zur Verfügung, das nicht importiert werden musste. Bis dahin kannte man nur aus Zuckerrohr gewonnenen Zucker.

Zu den **Ölfrüchten** gehören der *Raps* und die *Sonnenblume,* die keine großen Ansprüche an den Boden stellt, jedoch zur Ausbildung der Früchte viel Wasser benötigt. Zur Gewinnung von Sonnenblumenöl werden die Sonnenblumensamen gemahlen und ausgepresst. Das Öl dient vor allem als Salat- und Speiseöl. Es lässt sich zu Margarine aushärten. Auch das aus Raps gewonnene Öl kann für Speisezwecke verwendet werden. Aus dem größten Teil des Rapsöls stellt man Bio-Diesel her. Damit steht ein Treibstoff aus *nachwachsenden Rohstoffen* zur Verfügung, eine Alternative zum aus Erdöl gewonnenen Treibstoff.

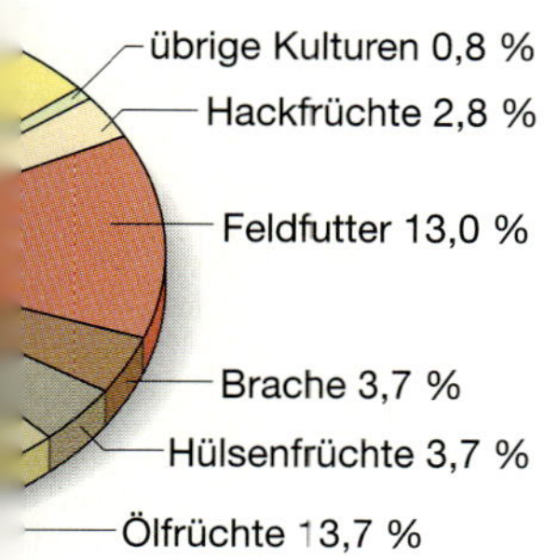

Hülsenfrüchte wie *Erbse* oder *Bohne* wachsen nicht nur in Gemüsegärten, sondern auch auf unseren Feldern. Ihre Samen sind reich an Eiweiß. Deshalb dienen sie der Ernährung von Mensch und Tier.

Mit keiner anderen Gruppe von Kulturpflanzen verbindet uns so viel wie mit **Getreide.** Wichtige Getreidearten sind *Roggen, Weizen, Gerste, Hafer* und *Mais.* Schon vor über 6000 Jahren bauten die Menschen Urformen unseres heutigen Getreides wie *Emmer* an. In Thüringen nahm der Getreideanbau 1998 über 60 Prozent der Ackerfläche in Anspruch. Vom Getreide verwendet man vor allem die Stärke enthaltenden Körner. Brot ist ein wichtiges Grundnahrungsmittel, das aus Getreidemehl auf Weizen- und Roggenbasis hergestellt wird. Hafer und Gerste werden auch als Futtergetreide genutzt. Gerste ist ebenfalls ein wichtiger Ausgangsstoff bei der Bierherstellung.

4 Vollroder im Einsatz bei der Zuckerrübenernte

Es gibt aber auch eine ganze Reihe von Pflanzen, bei denen wir einen großflächigen Anbau auf Ackerflächen nicht vermuten. Eine dieser Pflanzen ist der *Spargel.* Er benötigt ein warmes Klima und leicht sandigen Boden. Die Nachfrage nach diesem **Edelgemüse** stieg in den vergangenen Jahren immer mehr an.

Viele **Heilpflanzen** wie *Kamille, Salbei* oder *Johanniskraut* baut man mittlerweile auf Feldern an. So gibt es in der Gegend um Aschersleben große Flächen mit Heilpflanzen. Damit stehen diese Pflanzen im ausreichender Menge für Arzneimittel zur Verfügung.

Der Anbau von **Faserpflanzen** auf unseren Feldern nimmt in letzter Zeit zu. Zu ihnen gehören *Faserhanf, Lein* und *Brennnessel.* Brennnessel und Lein sind sehr alte Kulturpflanzen. Ihre Stängel besitzen lange Fasern. Die Pflanzen werden getrocknet und anschließend weiter verarbeitet. Kleidung aus Hanffasern ist sehr angenehm zu tragen. Selbst Allergiker können sie gut vertragen.

Zu den Kulturpflanzen gehören Getreide, Hack-, Öl- und Hülsenfrüchte sowie Heil- und Faserpflanzen. Sie werden meist großflächig angebaut.

1 Finde für die Pflanzen in Abbildung 2 A–H die entsprechenden Namen.

1 Weizenfeld. ***A*** *ohne Ackerwildkräuter;* ***B*** *Ackerrandstreifen*

3.2 Ackerwildkräuter erhalten?

Beim Gang entlang eines Getreidefeldes fallen die vielen blühenden Pflanzen auf, die wie Farbtupfer leuchten. Früher oft als *Ackerunkräuter* bezeichnet, verwenden wir heute den Begriff *Ackerwildkräuter.* Sie wachsen verstreut auf der Ackerfläche. Hauptsächlich kommen sie jedoch am Rand vor, da die Kulturpflanzen oft sehr dicht stehen. Dort finden die Ackerwildkräuter genügend Licht und Lebensraum.
An seinen leuchtend blauen Blüten erkennen wir den *Acker-Rittersporn.* Er liebt warmen und trockenen Boden. Auch die *Kornrade* mit ihren violetten Blütenkelchen kommt dort vor. Sie ist inzwischen selten geworden. Die *Ackerwinde* blüht weiß und windet sich an Kulturpflanzen empor. Sie wächst vor allem auf trockenwarmen, mineralsalzreichen Böden. Viele Ackerwildkräuter lassen so Rückschlüsse auf die Bodeneigenschaften zu.

2 Ackerwildkräuter. ***A*** *Acker-Rittersporn;* ***B*** *Kornrade;* ***C*** *Ackerwinde*

Zusammen mit Gräsern und Kulturpflanzen bilden die Ackerwildkräuter den **Ackerrandstreifen**. Er ist zugleich Lebensraum für viele Tiere. Hier leben zum Beispiel Nager wie Feldmaus und Hamster. Auch Insekten finden reichlich Nahrung und Lebensraum. Feldlerchen, Fasane, Rebhühner und andere Vögel legen ihre Bodennester an und brüten.

Der Einsatz von Pflanzenschutzmitteln verdrängte viele Jahre lang die Ackerwildkräuter fast ganz von unseren Feldern. Damit war auch die Lebensgrundlage für viele Tiere zerstört. Durch einen bewussteren Umgang mit Pflanzenschutzmitteln erholten sich die Ackerwildkräuterbestände in den vergangenen Jahren.

Ackerrandstreifen bieten Ackerwildkräutern einen Lebensraum und dienen so als Lebensgrundlage für eine artenreiche Tierwelt.

1 Begründe anhand von Beispielen, warum ein Ackerrandstreifen erhaltenswert ist.

Pinnwand

SOMMERBLÜHER AUF FELDERN UND ÄCKERN

Name: ***Kletten-Labkraut***
Blütezeit: Mai bis Oktober
Vorkommen: Äcker, Wegränder, Gebüsche
Besonderheit: die kleinen, weißen Blüten (A) bilden Klettfrüchte (B)

Name: ***Acker-Stiefmütterchen***
Blütezeit: Mai bis Oktober
Vorkommen: Äcker, Wegränder
Besonderheit: Verbreitung der Samen durch Ameisen

Name: ***Klatschmohn***
Blütezeit: Juni bis September
Vorkommen: Feldrand, Äcker
Besonderheit: hat eine runde Samenkapsel und ist dadurch vom Saatmohn (längliche, nicht behaarte Kapsel) und vom Sandmohn (längliche, behaarte Kapsel) gut zu unterscheiden

Name: ***Gemeine Kornblume***
Blütezeit: Mai bis September
Vorkommen: Wegrand, Acker
Besonderheit: durch den Einsatz von Pflanzenschutzmitteln selten geworden

Äcker

Äcker sind in erster Linie Standorte für Kulturpflanzen. Die Entwicklung der Wildpflanzen wird durch die regelmäßige Bearbeitung immer wieder gestört. Es überleben daher nur Arten, die dem jährlichen Bewirtschaftungsrhythmus durch Pflügen, Hacken und Ernten angepasst sind. Die meisten Ackerwildkräuter wie Klatschmohn, Acker-Stiefmütterchen, Kamille und Kornblume sind einjährige Samenpflanzen.

Name: ***Acker-Hundskamille***
Blütezeit: Juni bis August
Vorkommen: Äcker
Besonderheit: zeigt Versauerung des Bodens an

1 Fertige weitere Steckbriefe von Sommerblühern auf Äckern und Feldern an. Orientiere dich dabei an den Steckbriefen auf dieser Seite.

3.3 Nahrungsbeziehungen zwischen den Lebewesen im Feld

Noch vor etwa 50 Jahren stellte das massenhafte Vorkommen des *Feldhamsters* in den Getreidefeldern der Magdeburger Börde ein ernsthaftes Problem dar. Heute sind die Tiere selten und daher geschützt. Auch *Rebhühner,* früher recht häufig auf den Feldern anzutreffen, sind heute fast ganz verschwunden. Welche Ursachen gibt es dafür?

Dazu müssen wir zunächst die Lebensraumansprüche dieser Tiere betrachten. *Rebhühner* z. B. brüten bevorzugt am Rand der Felder. Wegränder, Hecken und Feldgehölze bieten ihnen und ihrem Nachwuchs Schutz. Dort finden sie einen Teil ihrer Nahrung.

Bei **Flurbereinigungen** wurden in der Vergangenheit oft aus kleinen Äckern und Feldern riesige zusammenhängende Flächen. Dabei verschwanden Feldränder, Wege und Gehölze – und damit die Lebensgrundlage für viele Vogelarten. Finden Rebhühner in einem solchen Lebensraum trotzdem einen geeigneten Brutplatz, sind sie auf Ackerwildkräuter und die von ihnen lebenden Insekten angewiesen. Vor allem Rebhuhnküken benötigen in den ersten Lebenswochen große Mengen an Raupen, Käfern und Wanzen. Später fressen sie auch Beeren und Sämereien. Werden auf den Feldern *Schädlingsbekämpfungsmittel* eingesetzt, fehlt den Rebhuhnküken ein abwechslungsreiches Nahrungsangebot. Dadurch sinken ihre Überlebensmöglichkeiten. Heute gehören Rebhühner deshalb zu den gefährdeten Tierarten.

Feldhamster graben ihre Baue tief in den Ackerboden. Dort verbringen die nachtaktiven Tiere den Tag und ziehen ihre Jungen auf. Ihre Nahrung besteht aus Gräsern, Insektenlarven, Getreide und Wurzeln. Als Wintervorrat sammeln die Tiere in ihrer Vorratskammer beträchtliche Mengen an Getreide. Lange Zeit waren viele Menschen irrtümlich der Meinung, dass Feldhamster durch ihr „Hamstern“ großen Schaden anrichten. Sie wurden deshalb intensiv bekämpft und ihre Baue ausgegraben.
Auch der Einsatz von schwerem Ackergerät, z. B. von Pflügen, zerstört den Lebensraum der Feldhamster. Daneben besitzen sie natürliche Feinde wie Raubtiere und Greifvögel.

1 ***Tiere des Feldes. A*** *Feldmaus;* ***B*** *Feldhamster;* ***C*** *Rebhuhn*

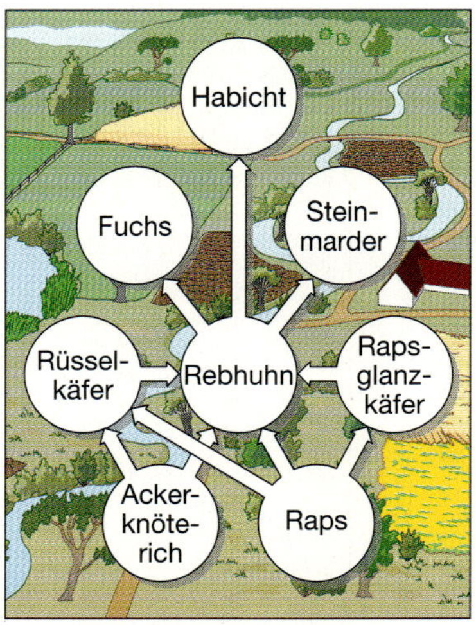

2 ***Nahrungsnetz*** *(Schema)*

Durch die intensive Bewirtschaftung der Felder geht die Zahl vieler Arten stark zurück. Dies stört das komplizierte Gefüge zwischen den Arten. Unterbrochene *Nahrungsketten* und *Nahrungsnetze* sind die Folge.
Bestimmte Tierarten können sich stark vermehren, wenn ihre natürlichen Feinde fehlen. Werden beispielsweise die Rebhuhnbestände und gleichzeitig andere Vogelbestände sehr klein, können sich Schadinsekten ausbreiten und so großen Schaden anrichten. Das **biologische Gleichgewicht** im Lebensraum Feld ist damit gestört.

Alle Lebewesen des Ökosystems Feld stehen über ein Nahrungsnetz in Beziehung. Diese Gleichgewicht wird gefährdet oder zerstört, je kleiner die Artenzahl auf dem Feld wird.

1 Erläutere die auftretenden Veränderungen im Nahrungsnetz in Abbildung 1, wenn
a) die Zahl der Rebhühner stark zurück geht,
b) die Zahl der Füchse steigt.

PFLANZEN UND TIERE DES FELDES

Pinnwand

1 Entwickle mit den abgebildeten Pflanzen und Tieren des Feldes ein Nahrungsnetz.

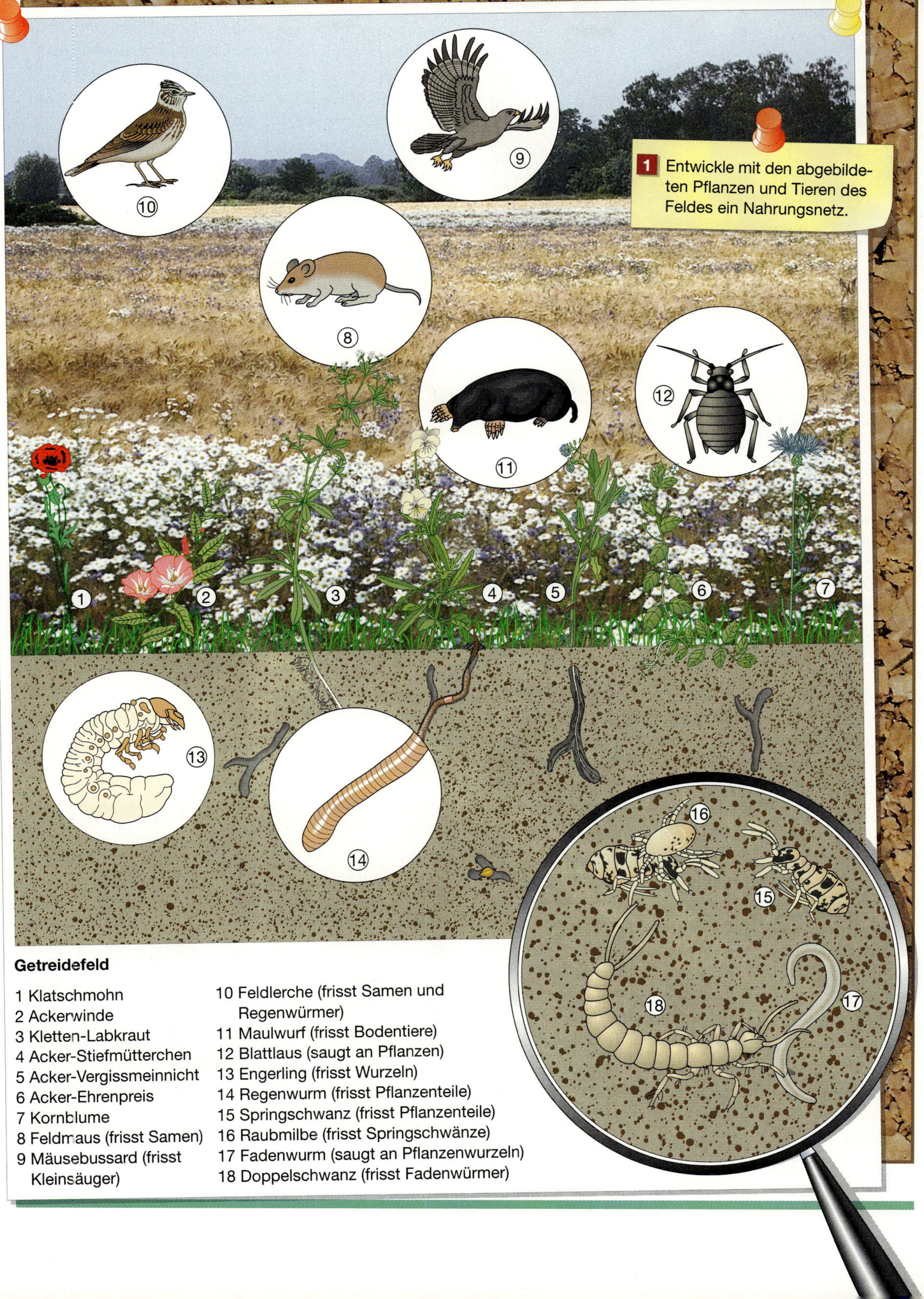

Getreidefeld

1 Klatschmohn
2 Ackerwinde
3 Kletten-Labkraut
4 Acker-Stiefmütterchen
5 Acker-Vergissmeinnicht
6 Acker-Ehrenpreis
7 Kornblume
8 Feldmaus (frisst Samen)
9 Mäusebussard (frisst Kleinsäuger)
10 Feldlerche (frisst Samen und Regenwürmer)
11 Maulwurf (frisst Bodentiere)
12 Blattlaus (saugt an Pflanzen)
13 Engerling (frisst Wurzeln)
14 Regenwurm (frisst Pflanzenteile)
15 Springschwanz (frisst Pflanzenteile)
16 Raubmilbe (frisst Springschwänze)
17 Fadenwurm (saugt an Pflanzenwurzeln)
18 Doppelschwanz (frisst Fadenwürmer)

1 Verkaufsstand für ökologisch erzeugte Produkte

3.4 Ökologisch orientierte Landwirtschaft

Heute ist Markttag. Die Händler haben ihre Stände aufgebaut und warten auf Kunden. Um einen Marktstand drängt sich besonders viel Kundschaft. Dort bekommt man Produkte aus **ökologisch orientierter Landwirtschaft**. Worauf begründet sich das steigende Interesse an ökologisch erzeugten Produkten?

Betrachten wir zunächst wichtige Prinzipien der herkömmlichen **industriellen Landwirtschaft**. Sie zeichnet sich durch eine intensive Bearbeitung großer Flächen aus. Durch den Einsatz leistungsfähiger Maschinen und kombinierter Ackergeräte lassen sich mit wenigen Arbeitskräften große Flächen bewirtschaften. Dadurch sparen die landwirtschaftlichen Betriebe Kosten. Da die Landwirte ihren Produkte immer preisgünstiger auf den Markt bringen, müssen die Flächenerträge ständig erhöht werden. Deshalb baut ein Agrarbetrieb oft nur zwei oder drei Fruchtarten intensiv an. Dieser eintönige Fruchtwechsel ist sehr mineralsalzzehrend. Um die Bodenfruchtbarkeit zu erhalten, muss regelmäßig Mineraldünger in den Boden eingebracht werden. Da die Pflanzen als Monokulturen wachsen, sind sie gegenüber Schädlingen besonders anfällig. Vorbeugend werden daher Pflanzenschutzmittel eingesetzt.
Auch bei der Viehhaltung spezialisieren sich die Betriebe auf eine oder wenige Arten. Bei der **Massentierhaltung** stehen die Tiere ganzjährig in Ställen und werden maschinell gefüttert. Diese Form der Tierhaltung ist nicht artgerecht und begünstigt das Auftreten von Krankheiten. Oft fehlen den Betrieben ausreichend große Flächen zum Futteranbau für ihre Tiere, sodass sie Futter hinzukaufen müssen. Die Verfütterung tiermehlhaltiger Nahrung ist jedoch verboten. Produkte aus industrieller Landwirtschaft sind zwar preiswert, der Anbau verursacht aber häufig Probleme wie Überproduktion, Landschaftsverarmung und Verschlechterung der Boden- und Wasserqualität.

Der **ökologische Landbau** ist eine Form der Bewirtschaftung, bei der weder der schnelle Höchstertrag noch kurzfristige Gewinne im Vordergrund stehen. Es geht dabei um den Schutz von Boden, Wasser, Luft, Pflanze, Tier und Mensch. Ziel bei dieser Landwirtschaftsform ist der dauerhafte Verzicht auf chemische Hilfsmittel. Weder gegen Wildkräuter und Schädlinge, noch gegen Mineralsalzmangel darf der Landwirt mit „Chemie" vorgehen. Er stellt daher vorbeugende Maßnahmen in den Vordergrund. Dazu wird der Boden genau geprüft. Ist er intakt, d. h. stimmen seine Zusammensetzung an Bodenorganismen, sein Mineralsalzgehalt und Wasserhaltevermögen, kann der Landwirt gute Erträge einbringen. Auf den Feldern wächst eine genau durchdachte Folge von Pflanzen. Dabei kommen fast nur solche Sorten zur Auswahl, die mit dem jeweiligen Boden und Klima gut zurechtkommen, auch wenn sie geringere Erträge liefern. Es wird ausschließlich Saatgut verwendet, das nicht gentechnisch verändert ist.

2 Bio-Siegel für Produkte des ökologischen Landbaus

3 Beispiel für artgerechte Tierhaltung

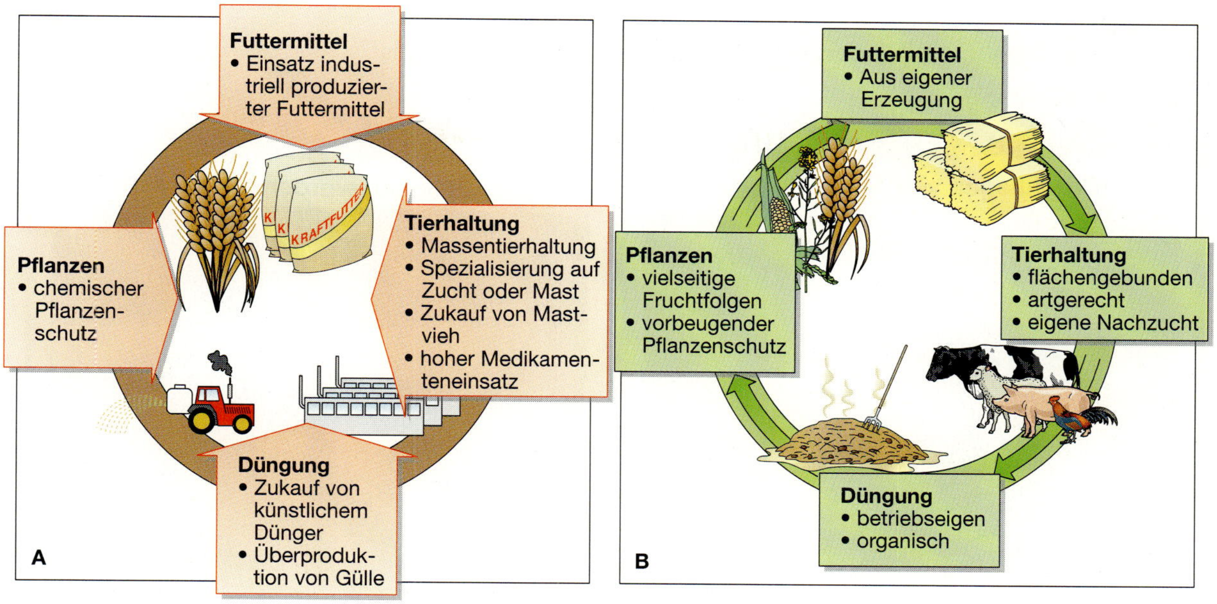

4 Landwirtschaftsarten. A *konventionell;* ***B*** *ökologisch orientiert*

Der Boden wird so weniger ausgelaugt. Durch *Gründüngung* führt der Landwirt dann die Nährelemente wie Stickstoff und Phosphor dem Boden wieder zu. Dazu baut der Betrieb Pflanzen an, die diese Nährelemente in großen Mengen speichern können. Nachdem die Pflanzen untergepflügt wurden, verrotten sie im Boden. Dabei werden die Nährelemente freigesetzt. Krankheiten und Schädlinge treten nicht gehäuft auf, da der Landwirt verschiedene Pflanzenarten anbaut. Dadurch halten sich seine Einbußen in Grenzen.

Bei der Viehzucht steht die artgerechte Haltung im Vordergrund. Die Käfighaltung von Hühnern ist verboten. In den Ställen für Rinder und Schweine muss Stroh als Einstreu vorhanden sein. Die Tiere bekommen regelmäßigen Auslauf, und in die Ställe fällt natürliches Tageslicht. Antibiotika und Hormonpräparate sind untersagt. Alle Tiere bekommen Futter von betriebseigenen Flächen oder von anderen Biohöfen. Der Mist, den die Tiere produzieren, dient als Dünger für die Felder. Es entsteht ein *geschlossener Stoffkreislauf.* Das ist möglich, da der Landwirt nur so viele Tiere hält, wie er auch von seinen eigenen Flächen ernähren kann. Pflanzen- und Tierproduktion ergänzen sich hierbei und sind aufeinander abgestimmt.

Der Verbraucher ist zunehmend bereit, Produkte zu erwerben, die durch ökologisch orientierte Landwirtschaft erzeugt wurden, auch wenn ihr Preis etwas höher ist. Obwohl die Anzahl der „Öko-Betriebe" steigt, wird in Deutschland zur Zeit nur auf etwa 3 % der Ackerfläche ökologisch orientierte Landwirtschaft betrieben.

Bei der ökologischen Landwirtschaft steht der Erhalt der natürlichen Lebensgrundlagen im Vordergrund. Pflanzen- und Tierproduktion ergänzen sich und bilden einen geschlossenen Kreislauf.

1 Vergleiche industrielle und ökologische Landwirtschaft miteinander.

Pinnwand

RENATURIERUNG

Brachliegen von Ackerflächen

Um den Überschuss an Agrarprodukten in der Europäischen Union abzubauen, legte das Landwirtschaftsministerium Stilllegungssätze für Ackerbauflächen fest. 1998 betrug dieser Satz 5 %, ein Jahr später 10 % der gesamten Ackerfläche in der Bundesrepublik Deutschland. In Thüringen wurde 1998 eine Fläche von insgesamt 49 566 Hektar stillgelegt. Heute geht man dazu über, nachwachsende Rohstoffe wie Sonnenblumen oder Raps auf den stillgelegten Ackerflächen anzubauen.

Brachflächen werden zu Wäldern

Werden Ackerflächen nicht mehr bestellt, siedeln sich dort nach kurzer Zeit wieder krautige Pflanzen an. Nach und nach breiten sich auch Bäume und Sträucher aus. Dadurch entstehen auf natürliche Art und Weise neue Waldlandschaften. Nicht genutzte Ackerflächen werden aber auch gezielt mit verschiedenen Baumarten aufgeforstet.

Randstreifenprogramm für Felder

Seit einigen Jahren gibt es in der Landwirtschaft intensive Bemühungen, einen breiten Streifen am Feldrand sich selbst zu überlassen. Dort können sich Pflanzen und Tiere wieder ansiedeln, die durch intensive Ackernutzung selten geworden sind. Oft werden am Ackerrand auch wieder Hecken gepflanzt. Sie sind ebenfalls wertvolle Lebensräume für Pflanzen und Tiere.

Stichwort

Renaturierung

Maßnahmen, die aus vom Menschen zerstörten Ökosystemen wieder eine natürliche bzw. naturnahe Landschaft entstehen lassen.

1 Erkundige dich über Renaturierungsmaßnahmen in deiner Nähe, z. B. bei Umwelt-, Naturschutz- oder Landschaftsschutzverbänden.

2 Suche in deiner Umgebung eine stillgelegte Ackerfläche und erläutere an ihr die Möglichkeiten einer Renaturierung.

Ökosystem Feld

Übung

Hinweis: Bei übermäßiger Düngung gelangen große Mengen an Nitrat-Ionen (NO_3^-) in den Boden. Sie werden teilweise in das Grundwasser ausgewaschen. Über die Nahrung gelangen sie auch in den menschlichen Körper. Durch eine chemische Reaktion werden die Nitrat-Ionen im Körper zu Nitrit-Ionen (NO_2^-) reduziert. Diese können dann weiter zu krebserregenden Stoffen, den Nitrosaminen, reagieren. Man hat festgestellt, dass sie für die Entstehung von Krebs mit verantwortlich sind.

V1 Nitrat-Ionen im Boden und im Wasser

Material: Bechergläser; Waage; Spatellöffel; Tüpfelplatte; Boden- bzw. Wasserproben; Nitratteststäbchen; Filterpapier; Trichter; Pipette; destilliertes Wasser

Durchführung: Entnimm verschiedenen Böden (z. B. Brachfläche, bestellter Acker, Ackerrand) und Gräben in Ackernähe je eine Probe und nimm sie mit in die Schule. Wiege jeweils 50 Gramm von den Bodenproben ab und verrühre sie mit 50 Gramm destilliertem Wasser. Lass die Aufschlämmung 10 Minuten stehen und filtriere dann ab. Gib von den entstandenen Lösungen mit der Pipette wenige Tropfen auf die Tüpfelplatte. Von den Wasserproben kannst du direkt wenige Tropfen auf die Tüpfelplatte auftragen. Tauche nun jeweils einen Nitratteststreifen für wenige Sekunden in die Probe und lies den Nitratgehalt nach etwa einer Minute ab.

Aufgaben: a) Fasse in einer Tabelle die Ergebnisse deiner Untersuchungen zusammen.

b) Vergleiche den Stickstoffgehalt der verschiedenen Böden miteinander.

c) Erläutere den Zusammenhang zwischen dem Stickstoffgehalt des Bodens und der Düngung.

V2 Nitrat-Ionen in Gemüse

Material: verschiedene Gemüse (z. B Kohlrabi, Möhren, Kartoffeln, Rüben, Zucchini, Tomaten); Spatel; Tüpfelplatte; Nitratteststäbchen

Durchführung: Schabe von den Feldfrüchten mithilfe des Spatels etwas Saft in die Vertiefungen der Tüpfelplatte. Tauche nun jeweils ein Nitratteststäbchen kurz in die Flüssigkeit und lies nach etwa einer Minute den Nitratgehalt der Proben ab.

Aufgaben: a) Fasse in einer Tabelle die Ergebnisse deiner Untersuchungen zusammen.

b) Finde das Gemüse mit dem höchsten Nitratgehalt.

c) Laut der Weltgesundheitsorganisation (WHO) dürfen Lebensmittel nur bestimmte Konzentrationen an Nitrat-Ionen enthalten. Der Wert für Nitrat im Trinkwasser beträgt 50 mg/l. Pro Tag darf ein erwachsener Mensch insgesamt nicht mehr als 220 mg Nitrat aufnehmen. Begründe.

V3 Pflanzen im Acker und am Ackerrand

Material: vier spitz zulaufende Hölzer, etwa 30 cm lang; Schnur; Bestimmungsliteratur; Maßband

Durchführung: Stecke zunächst mit den Hölzern nach Absprache mit dem Landwirt ein Bodenstück von 1 m^2 ab und markiere die Grenzen mit der Schnur. Wähle dazu ein Bodenstück am Ackerrand. Bestimme nun die Pflanzen auf der abgesteckten Fläche und ermittle deren Häufigkeit. Beachte dabei, dass du keine Pflanzen zerstörst. Stecke nun ein weiteres gleich großes Quadrat ab, das sich in der Ackermitte befindet. Ermittle auch hier alle Pflanzenarten und ihre Häufigkeit.

Aufgaben: a) Vergleiche Artenhäufigkeit und Artenvielfalt der Pflanzen an den beiden Standorten.

b) Finde Ursachen für bestehende Unterschiede und Gemeinsamkeiten.

4 Gefahren für unsere Lebensgrundlagen

4.1 Der Wald ist in Gefahr

Wer in den Wald geht, sucht Entspannung und Erholung. Doch nur jeder dritte Baum ist gesund. In Bergwäldern zeigen fast alle Bäume **Schadmerkmale.**

Betrachten wir die Fichte. Die Nadeln einer gesunden Fichte der *Schadstufe 0* sind dunkelgrün. An ihren Zweigen findet man die Nadeln der letzten 6 bis 7 Jahre. Die Fichte der *Schadstufe 1* trägt noch die Nadeln der letzten 4 bis 5 Jahre. Ihre Krone ist lichter. Bei *Schadstufe 2* sind nur noch die Hälfte aller Nadeln vorhanden. Eine stark geschädigte Fichte der *Stufe 3* trägt nur noch Nadeln der letzten 2 bis 3 Jahre und ähnelt einem Skelett. Ihre Nadeln sind gelb bis braun.

Neben diesen sichtbaren Schäden kommt es auch zu Veränderungen im Waldboden, zum Absterben der Wurzeln und zum Faulen des Baumkerns. Alle diese Erscheinungen bezeichnet man als **neuartige Waldschäden.** Hauptursache für das „Waldsterben" sind **Luftschadstoffe** aus Haushalten, Verkehr und Industrie. *Schwefeldioxid* und *Stickstoffoxide* bilden mit Niederschlag Säuren, die die Blätter und Nadeln angreifen und den Boden versauern. Dadurch sterben die Feinwurzeln ab und der Baum kann schlechter Wasser aufnehmen. Außerdem wandern viele Bodenorganismen ab. Die Humusbildung ist gestört.

Das Gas *Ozon* schädigt den Baum ebenfalls. Es entsteht vor allem bei starker Sonneneinstrahlung aus Autoabgasen. Ozon greift die Spaltöffnungen der Blätter an. Dadurch wird der Gasaustausch gestört.

Die geschädigten Bäume sind anfälliger für Sturm, Trockenheit, Frost, Schädlinge und Krankheiten.

1 ***Neuartige Waldschäden. A*** *Bergwald der Schadstufe 3 mit natürlichen und durch den Menschen verursachten Stressfaktoren;* ***B, C, D*** *Schadstufen 0, 1, 2 an der Fichte*

Luftschadstoffe verursachen Waldschäden. Die Bäume verlieren Blätter, zeigen Wurzelschäden und Schädlingsbefall.

1 Erläutere Ursachen für das Waldsterben.

BELASTUNGEN DES WALDES

Pinnwand

So entsteht Saurer Regen

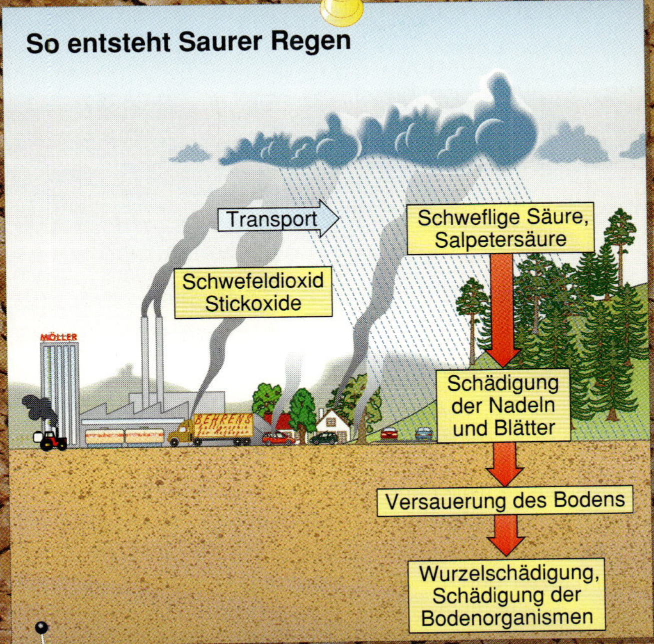

1 Erläutere Ursachen und Folgen des Sauren Regens mithilfe der Grafik.

2 Beschreibe den Zusammenhang zwischen Saurem Regen und Befall eines Nadelwaldes mit Borkenkäfern.

Schäden durch Wildverbiss

Rehe und Hirsche haben sich in den letzten 20 Jahren stark vermehrt. Dabei stieg die Zahl der Rehe in manchen Gebieten bis auf das Zehnfache. Rehe fressen besonders gern Knospen und Triebe junger Bäume. Dadurch entstehen jedes Jahr Verbissschäden in Millionenhöhe. Im Winter schälen Hirsche bei Nahrungsknappheit Baumrinde ab. An den beschädigten Stellen kann ein Pilz eindringen. Der Baum erkrankt dann an Rotfäule und wird zerstört.

Borkenkäfer: „Fressmaschinen" im Nadelwald

In jedem Wald gibt es Borkenkäfer. In den ersten warmen Apriltagen verlassen die Käfer Bodenstreu und Totholz, in denen sie überwintert haben.
Sie suchen neue Brutbäume. Dabei dringen sie vor allem in die Rinde kranker oder umgestürzter Fichten ein. Jedes Weibchen bohrt einen Brutgang, in dem Eier abgelegt werden und später die Larven aufwachsen. In einem natürlichen Mischwald nimmt die Zahl der Borkenkäfer nicht überhand. In einem reinen Fichtenforst können sie sich jedoch stark vermehren. Je mehr kranke Bäume sie vorfinden, desto stärker ist der Befall. Die Bäume sterben schließlich bei einem Massenbefall ab.

Borkenkäfer (2 - 5 mm)

Waldrodungen

Häufig werden Straßen, Schienenwege und Fernleitungen durch zusammenhängende Waldgebiete gelegt. Sie zerstückeln die Wälder. Die Vernetzung des Ökosystems wird unterbrochen. Die Restflächen sind oft zu klein, um zum Beispiel Staub und Schadstoffe zu filtern.

1 Feuchtwiese

4.2 Gefährdung von Pflanzen und Tieren

Unternimmt man an einem Frühlingstag eine Exkursion zu einer *Feuchtwiese*, leuchten schon von Weitem die gelben Blüten des *Scharfen Hahnenfußes*. Auch das weiß bis rosa blühende *Wiesenschaumkraut* gehört in dieser Zeit zu den häufigen Pflanzen.
Man braucht aber viel Glück, um das seltene *Breitblättrige Knabenkraut* oder sogar die vom Aussterben bedrohte *Schachbrettblume* zu finden. Auch manche Libellenarten wie die *Mosaikjungfer* entdeckt man kaum. Nach *Weißstörchen*, die hier noch vor einigen Jahrzehnten ihrer Nahrungssuche nachgingen, hält man meist vergeblich Ausschau. Warum sind so viele der auf der Feuchtwiese vorkommenden Arten selten geworden?

Feuchtwiesen sind an einen hohen Grundwasserstand gebunden. An vielen Orten wurde dieser durch Entwässerung abgesenkt, um eine intensivere Bewirtschaftung oder Baumaßnahmen zu ermöglichen. Arten, die an feuchte Lebensräume gebunden sind, können nicht überleben. Bei Beweidung werden empfindliche Pflanzen durch Fraß oder Viehtritt geschädigt. Düngung fördert nur wenige, schnell wachsende Pflanzenarten, die andere Arten verdrängen.
Nimmt die Zahl der Pflanzenarten ab, wird auch vielen Tierarten die Lebensgrundlage entzogen. So verschwinden mit den Feuchtwiesen auch Pflanzen- und Tierarten dieses Lebensraums.

Am Beispiel des *Weißstorchs* erkennt man deutlich die negative Entwicklung des Brutbestandes. Die Zahl der Störche nimmt bei uns seit Jahrzehnten ständig ab. Durch fehlende Feuchwiesen finden die Vögel nicht mehr genügend Nahrung. Auf Wiesen und Feldern versprühte giftige Insektizide bedeuten eine zusätzliche Gefährdung der Störche. Nur durch Wiedervernässung von ehemaligen Feuchtgebieten und Schaffung geeigneter Lebensräume kann es vielleicht gelingen, den Weißstorch bei uns vor dem Aussterben zu retten.

In Deutschland und in angrenzenden Regionen sind viele Lebensräume bereits zerstört. Die Zerstörung lässt sich vor allem auf intensive Land- und Forstwirtschaft, dichte Wohnbesiedlung und Ausweitung von Industrien zurückführen. *Auen-* und *Bruchwälder* gingen durch Grundwasserabsenkung und Flussregulierungen zurück. An die Stelle *artenreicher Laubwälder* traten eintönige *Nadelholz-Monokulturen*.

Gefährdete Pflanzen und Tiere werden daher in der **Roten Liste** aufgeführt und durch Naturschutzgesetze geschützt.

Viele Pflanzen- und Tierarten sind in ihrem Bestand durch intensive Landnutzung bedroht. Zur Erhaltung der Arten müssen deren Lebensräume geschützt werden.

1 Erläutere Abbildung 2.

Anzahl der Weißstorchpaare: 10000, 8000, 6000, 4000, 2000, 0
Jahr: 1930, 1945, 1960, 1975, 1990

2 Rückgang der Weißstorchpaare in Deutschland

Natur- und Landschaftsschutz

Streifzug durch die Politik

1 ***Luchs***

2 ***Nationalparks als Briefmarkenmotive. A*** *Bayerischer Wald;*
B *Sächsische Schweiz;*
C *Vorpommersche Boddenlandschaft*

3 ***Kraniche***

„Ein 7600 Hektar großes Gebiet in der Region des Hainich im Thüringer Becken bei Bad Langensalza ist als **Nationalpark** ausgewiesen worden. Dort gibt es ausgedehnte Laubmischwälder, die Lebensräume für seltene und gefährdete Arten wie die *Wildkatze* bieten. In Deutschland gibt es nun dreizehn Nationalparks.“ Dies war 1997 in den Tageszeitungen zu lesen. Was ist ein Nationalpark und wozu dient er?

Der erste Nationalpark der Welt wurde 1872 in den USA gegründet. Dort sollte die landschaftliche Schönheit des Yellowstone-Gebietes geschützt werden. Die Nationalparkidee wurde bald darauf von anderen Staaten aufgegriffen, so auch von Deutschland. Hier sind durch die zunehmende dichte Besiedlung naturnahe Lebensräume stark zurückgegangen. Als Folge davon sind viele Pflanzen- und Tierarten in ihrem Fortbestand gefährdet. Um sie zu schützen, reichen kleine Flächen nicht aus. Deshalb wurden bei uns Nationalparks geschaffen, die eine Fläche von mindestens 1000 Hektar umfassen. In diesen Gebieten soll die Natur sich weitgehend selbst überlassen bleiben. Land- und Forstwirtschaft, Fischerei und Tourismus müssen sich im gesamten Nationalpark dem Naturschutz unterordnen.

Der erste deutsche Nationalpark wurde 1969 im Bayerischen Wald gegründet. Hier konnte der zuvor fast ausgerottete *Luchs* wieder ausgewildert werden. Aber auch so einzigartige Landschaften wie die Sächsische Schweiz mit ihren Felsgebieten und unterschiedlichen Waldformen sowie die Berchtesgadener Alpen sind als Nationalpark ausgewiesen. Für viele Wasservögel haben die Wattenmeer-Nationalparks der Nordseeküste sowie die Nationalparks Vorpommersche Boddenlandschaft und Jasmund an der Ostseeküste besondere Bedeutung. So ist die Boddenlandschaft im Herbst Rastplatz für viele *Kraniche*.

Leider kommt es in allen Nationalparks immer wieder zu Interessenkonflikten zwischen Naturschutz, Tourismus und ansässiger Bevölkerung, die Einschränkungen in ihrer wirtschaftlichen Entfaltung hinnehmen muss.

Will man kleinere Gebiete wegen dort lebender seltener Tier- oder Pflanzenarten oder wegen ihrer Schönheit schützen, so kann man sie als **Naturschutzgebiete** ausweisen. Außer ordnungsgemäßer Land- und Forstwirtschaft und angeordneten Pflegemaßnahmen sind dort alle Eingriffe verboten, die zu einer Veränderung oder Störung des Gebiets führen. Pflanzen und Tiere dürfen nicht entfernt, beschädigt oder gestört werden.

Weniger strenge Regelungen gelten für **Landschaftsschutzgebiete.** Hier sollen Naturhaushalt und landschaftliche Schönheit erhalten werden – auch für die Erholung der Menschen.

1 Liste die hier erwähnten Nationalparks auf und suche sie auf einer Atlaskarte.

2 Informiere dich – z. B. im Internet – über einen Nationalpark und berichte.

1 ***Wintersmog. A*** *Autoabgase;* ***B*** *Entstehung von Smog (Schema)*

4.3 Belastungen der Luft

Schon morgens auf dem Weg zur Schule wehen uns die Abgaswolken aus den Auspuffrohren des Verkehrs entgegen. Die Kraftfahrzeuge zählen neben Gebäudeheizungen, Industrieanlagen und Kraftwerken zu den größten Luftverschmutzern. Die wichtigsten Schadstoffe sind Schwefeldioxid (SO_2), Stickstoffoxide (NO_x) und Kohlenwasserstoffe (CKW). Meistens findet eine Verdünnung der Luftschadstoffe durch eine Vermischung mit frischer Luft aus höheren Schichten statt.

Im Winter dagegen kann der Luftaustausch unterbrochen werden. Bei besonderen Wetterlagen und an windstillen Tagen legt sich dann eine warme Luftschicht wie eine Glocke über die schadstoffhaltige, bodennahe Kaltluft. Rauch, Staub und Abgase sammeln sich darunter an und breiten sich wie ein grauer Schleier über der Stadt aus. Dieser Dunst wird als *Smog* bezeichnet. Der Begriff ist ein Kunstwort aus den englischen Wörtern smoke (Rauch) und fog (Nebel). Beim **Wintersmog** können sich die Schadstoffgehalte in Bodennähe in bedenklichem Maße erhöhen, sodass unsere Gesundheit gefährdet ist. Die *Luftbelastungen* führen dann zu Herz- und Kreislaufbeschwerden sowie Atemwegserkrankungen. CKW können zusätzlich Krebs verursachen. In den letzten Jahren hat die Smoggefahr abgenommen. Dies ist z. B. auf schadstoffarme Autos und abgasverminderte Heizungs- und Industrieanlagen zurückzuführen.

Wenn es im Sommer so richtig heiß ist, hören wir manchmal aus dem Radio Durchsagen über Ozonwerte. Was hat das zu bedeuten? **Ozon** ist eine Sauerstoff-Form aus 3 Atomen (O_3), die in geringen Mengen als natürlicher Bestandteil der Luft vorkommt. Bei höheren Konzentrationen ist Ozon gesundheitsschädlich. Ozon wird nicht direkt aus Motoren und Heizungen ausgestoßen, sondern entsteht unter Einwirkung der Sonnenstrahlen aus Luftschadstoffen. Diese Vorläuferstoffe wie Stickstoffoxide und Kohlenwasserstoffe sind vor allem in den Autoabgasen enthalten.

Beim **Sommersmog** entsteht Ozon häufig in verkehrsreichen Ballungsgebieten und breitet sich dann über das Land aus. In Deutschland und den übrigen EU-Staaten wird die Luft an vielen Messstellen überwacht. Steigen die *Ozonwerte* in einer bestimmten Region über 180 Mikrogramm pro Kubikmeter Luft an, gibt es Ozonalarm. Autofahrer müssen mit Tempobeschränkungen rechnen. Nur so können Erkrankungen der Atemwege, Kopfschmerzen und Augenreizungen verhindert werden. Besonders gefährdet sind Jogger, Langstreckenläufer und Radfahrer. Auf jeden Fall sollten empfindliche Personen anstrengende Tätigkeiten im Freien vermeiden. Abgebaut wird das Ozon abends, wenn die Sonne nicht mehr scheint oder sich das Wetter ändert.

Winter- und Sommersmog sind Auswirkungen der Luftverschmutzung, die durch Autos, Gebäudeheizungen, Industrie- und Kraftwerke verursacht werden.

1 Beschreibe die Unterschiede zwischen Winter- und Sommersmog.

2 Wie stehst du zu dem Vorschlag, autofreie Sonntage einzuführen? Begründe.

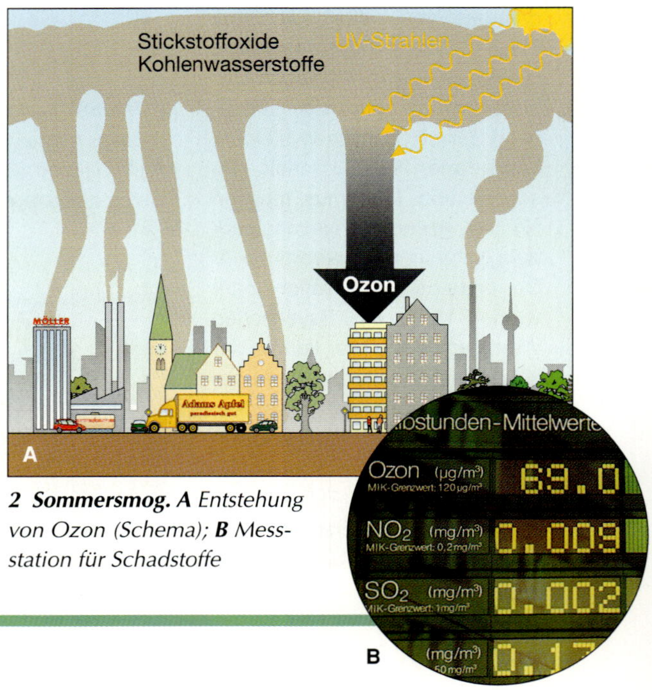

2 ***Sommersmog. A*** *Entstehung von Ozon (Schema);* ***B*** *Messstation für Schadstoffe*

Der Treibhauseffekt

Streifzug durch die Erdkunde

Man sitzt am Fenster und die Sonne scheint herein. Trotz der Scheiben fühlt man die Wärmestrahlen. Die Wärme bleibt nun im Raum und kann durch das Glas nicht wieder hinaus. Diesen Effekt nutzen wir in Gewächshäusern. Eine ähnliche Wirkung wie die Glasscheiben haben bestimmte Gase in der Lufthülle unserer Erde. Unter diesen *Treibhausgasen* hat *Kohlenstoffdioxid* (CO_2) den größten Anteil. Es lässt einerseits die wärmenden Sonnenstrahlen durch, andererseits bewirkt es, dass die Wärmestrahlen, die die erwärmte Luft abgibt, verzögert in den Weltraum zurückgelangen. Dieser natürliche Treibhauseffekt ermöglicht erst das Leben auf der Erde. Doch die Menschen verstärken die Erwärmung der Lufthülle. Ein erhöhter Energieverbrauch führt dazu, dass sich CO_2 in der Erdatmosphäre ansammelt und zur Aufheizung der Luft führt. Wissenschaftler erwarten bis zum Jahre 2100 eine schrittweise Erwärmung von bis zu 3 °C. Sie befürchten dadurch einen erheblichen Temperaturanstieg in den gemäßigten und polaren Bereichen. Wenn das zutrifft, erwärmt sich das Wasser der Meere und dehnt sich dabei aus. Die Gebirgsgletscher und Polkappen schmelzen und der Meeresspiegel erhöht sich. In den trockenen Gebieten breitet sich die Dürre aus. In den übrigen Bereichen erhöhen sich die Winterniederschläge, was zu verheerenden Überschwemmungen an den Flüssen führen könnte. Als Folge dieser **Klimaänderungen** werden Küstenstreifen und Inseln zerstört mit dramatischen Auswirkungen auf die weltweite Nahrungsmittelversorgung. Wir müssen daher den Kohlenstoffdioxidausstoß erheblich senken, wenn es nicht zu Klimakatastrophen kommen soll.

1 Beschreibe, wie du dazu beitragen kannst, dass weniger CO_2 entsteht.
2 Wie wirkt sich die Vernichtung der Tropenwälder auf den Treibhauseffekt aus?

1 Treibhauseffekt

Das Ozonloch

Streifzug durch die Chemie und Physik

Bevor australische Schüler nach draußen gehen, reiben sie sich auf Rat der Hautärzte mit einer Sonnencreme ein, die den größten Schutzfaktor hat. Der Grund ist eine erhöhte UV-Strahlung, das gefährliche ultraviolette Licht der Sonne. Es verursacht bei ungeschützter Haut schmerzhaften Sonnenbrand oder sogar Hautkrebs. Die Zunahme an UV-Strahlen ist auf die Zerstörung der **Ozonschicht** in 15 km Höhe zurückzuführen. Sie filtert nämlich wie eine Sonnenbrille die UV-Strahlen aus dem Sonnenlicht heraus. Dabei schützt uns das Ozon, indem es selbst zerstört wird. Trifft nämlich ein UV-Strahl auf ein Ozonmolekül aus drei Sauerstoffatomen, so spaltet es dieses auf in ein zweiatomiges und ein einatomiges Teilchen. Bei einem solchen Zusammenstoß wird den UV-Strahlen die zerstörerische Energie genommen. So werden etwa 90% der UV-Strahlung durch die Ozonschicht abgefangen und unschädlich gemacht. Normalerweise bildet sich Ozon immer wieder neu, wenn nicht künstliche Gase wie FCKW diesen Vorgang verhindern. Diese „Ozonkiller" sind jetzt verboten, aber Reste davon zerstören noch immer die Ozonschicht. Dabei entstehen Gebiete mit geringer Ozonkonzentration. Solche *Ozonlöcher* findet man besonders über der Antarktis, aber auch am Nordpol.

1 Ozonloch auf der Südhalbkugel

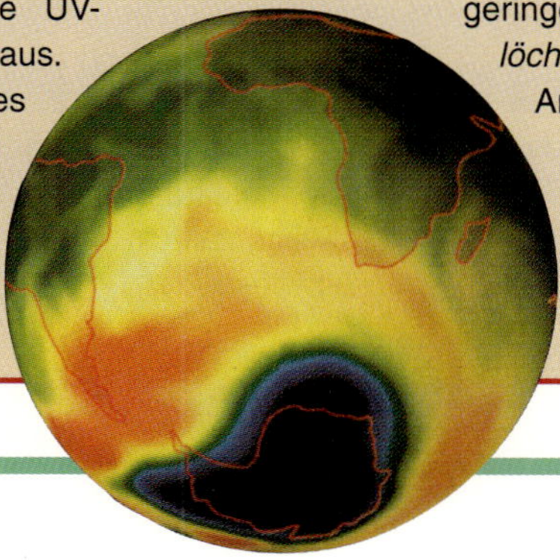

1 Begründe folgende Aussage: Oben schützt Ozon, unten gefährdet es unser Leben.

Prüfe dein Wissen

Organismen in ihrer Umwelt

A 1 Erkläre die Begriffe *Ökosystem, Biotop* und *Biozönose*. Benutze die Begriffe „Lebensraum" und „Lebensgemeinschaft".

A 2 Ökosysteme werden durch abiotische und biotische Umweltfaktoren geprägt.
a) Ordne die folgend aufgeführten Beispiele nach abiotischen und biotischen Faktoren: Sand, Wacholder, Schatten, Maikäfer, Humus, Sonnentau, Hitze, Buschwindröschen, Bodenfeuchtigkeit, Regenwurm, Klatschmohn, Blaubeere, Trockenheit, Flechte.
b) Welche Beispiele gehören zum Ökosystem Laubwald?

A 3 Nenne je zwei typische Baumarten des Laubwaldes und des Nadelwaldes.

A 4 Ein Mischwald ist in verschiedene Stockwerke gegliedert.
a) Nenne die einzelnen Schichten.
b) Ordne die folgend genannten Pflanzen den entsprechenden Schichten zu:
Lungenkraut, Holunder, Stieleiche, Wurmfarn, Mistel, Lärche, Weißmoos, Springkraut, Waldrebe, Maronenröhrling, Jungbuche, Zunderschwamm, Fichte, Aronstab, Springkraut, Frauenhaarmoos.

A 5 Nenne zwei Gründe, weshalb Frühblüher im Laubwald so früh im Jahr austreiben und blühen.

A 6 Frühblüher im Laubwald.
a) Wie heißen die mit Ziffern benannten Frühblüher?
b) Benenne die mit Buchstaben gekennzeichneten Speicherorgane. Ordne diese den entsprechenden Pflanzen zu.

A 7 Was ist eine Symbiose? Finde die richtige Erklärung heraus.
a) Ein Lebewesen hat Nutzen von dem Wirt, auf dem es lebt.
b) Nur der Wirt zieht Nutzen aus dem ihn besiedelnden Lebewesen.
c) Eine Krankheit, die Pflanzen befällt.
d) Eine Lebensgemeinschaft zu gegenseitigem Nutzen.

A 8 Bei den Pflanzen und Tieren gibt es Halbparasiten und Vollparasiten. Welche der genannten Lebewesen gehören zu den Halbparasiten, welche zu den Vollparasiten?
Aronstab, Nesselseide, Fuchsbandwurm, Mistel, Sonnentau, Rafflesia, Efeu, Venus-Fliegenfalle, Schuppenwurz, Schlupfwespe.

A 9 Ergänze die folgenden im Wald vorkommenden Nahrungsketten:
a) ? → Raupe des Eichenwicklers → ? → Waldkauz
b) Fichte → ? → Buntspecht → ?

A 10 In einem Ameisenstaat besteht Arbeitsteilung. Nenne die Mitglieder und deren Aufgaben.

A 11 Nenne mindestens fünf Leistungen des Waldes für Mensch und Umwelt.

A 12 Natürliche und durch den Menschen herbeigeführte Stressfaktoren bedrohen unsere Wälder.

Nenne drei Ursachen und deren Wirkungen.

A 13 Zeige in einem Pfeildiagramm die Ursachen und Wirkungen des sauren Regens.

A 14 Die Abbildung zeigt schematisch die Beteiligten am Kreislauf der Stoffe, z. B. im Feld. Er ist jedoch etwas durcheinander geraten.

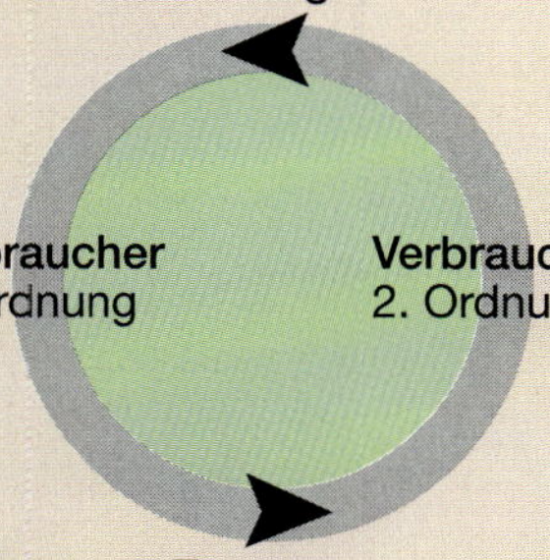

a) Zeichne ein sachlich korrektes Schema.
b) Ersetze die Begriffe des Schemas durch entsprechende biologische Fachausdrücke.
c) Nenne zu jeder Gruppe drei Arten.

A 15 Welche Aussagen treffen für Zeigerpflanzen zu?
a) Sie weisen auf ein bestimmtes Ökosystem hin.
b) Sie kennzeichnen abiotische Umweltfaktoren, die am Standort herrschen.
c) Sie weisen auf biotische Umweltfaktoren des Standortes hin.
d) Sie kennzeichnen eine bestimmte Waldform.

A 16 Zeigerpflanzen zeigen hinsichtlich einzelner abiotischer Umweltfaktoren eine enge ökologische Potenz. Worauf weisen die folgend genannten Pflanzen hin?
Sauerklee, Brennnessel, Giersch, Türkenbundlilie, Schwarz-Erle, Schwarzer Holunder, Salomonssiegel, Bärlauch, Flatterulme, Bitteres Schaumkraut.

A 17 a) In welchem Ökosystem findest du vermutlich einige der folgend dargestellten Pflanzen?
b) Wie heißen die Pflanzen?

A 18 Nenne mindestens vier Merkmale einer ökologisch orientierten Landwirtschaft.

A 19 Ordne den folgenden Beschreibungen die richtige Bezeichnung zu: Nationalpark, Landschaftsschutzgebiet, Naturschutzgebiet.
a) Hier soll die landschaftliche Eigenart mit den vorkommenden Lebensgemeinschaften von Tieren und Pflanzen erhalten bleiben.
b) Es ist eine großräumige Naturlandschaft, die in ihrem ursprünglichen, vom Menschen weitgehend unbeeinflussten Zustand erhalten bleiben soll.
c) Dort sind alle Maßnahmen untersagt, die zu einer Veränderung des gegenwärtigen Zustandes führen würden. Die in ihm lebenden Tiere und Pflanzen sollen in ihrer Gesamtheit erhalten bleiben.

A 20 Für welchen Lebensraum trifft die folgende Beschreibung zu? Mehrfachnennungen sind möglich.
„Ihn gibt es nur noch selten an Flüssen und Bächen. Das Gebiet wird zeitweise überflutet. In ihm wachsen vor allem nässevertragende Pflanzen, darunter viele seltene Arten. Bis zu 10 Baumarten, mehr als 20 Straucharten und über 500 Krautarten tragen zu einer artenreichen Tierwelt bei, darunter 135 Vogelarten."

A 21 a) Nenne fünf der 13 deutschen Nationalparks.
b) Welche Nationalparks lassen sich Mecklenburg-Vorpommern und Thüringen zuordnen?

Vererbung

1 Drei Generationen einer Familie

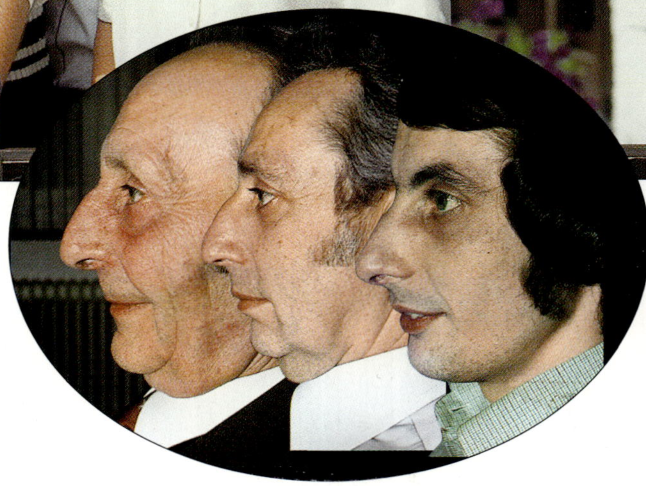

2 Familienähnlichkeit: Großvater, Vater und Sohn

1 Grundlagen des Erbgeschehens

1.1 Warum sind Nachkommen ihren Eltern ähnlich?

„Man sieht sofort, dass das deine Schwester ist." „Der Junge ist seinem Vater wie aus dem Gesicht geschnitten." „Telefoniere ich mit der Mutter oder der Tochter?" Solche oder ähnliche Äußerungen hast du bestimmt schon einmal gehört. Sie weisen auf Ähnlichkeiten zwischen Familienmitgliedern hin.

Beim Betrachten alter Fotos sind dir sicher auch zwischen deinen Verwandten Ähnlichkeiten aufgefallen. Übereinstimmungen sind zum Beispiel oft an der Statur, am Gesichtsausdruck, an den Haaren, den Lippen, der Nase und am Haaransatz festzustellen. Ähnlichkeiten können aber nicht nur zwischen Geschwistern oder zwischen Eltern und Kindern bestehen, sondern auch zwischen ihnen und den Großeltern sowie anderen nahen Verwandten.

Familienähnlichkeiten beschränken sich aber nicht nur auf körperliche Merkmale, sondern können auch bei bestimmten Verhaltensweisen, bei ausgeprägten Fähigkeiten und besonderen Veranlagungen beobachtet werden. Wenn sich bei Kindern solche unverwechselbaren Merkmale und Eigenschaften ihrer Eltern wieder finden, sagt man, sie haben sie von ihrer Mutter oder ihrem Vater *geerbt*.

Wenn also Nachkommen ihren Vorfahren in körperlichen Merkmalen und bestimmten Verhaltensweisen ähneln und diese Merkmale wiederum an ihre Nachkommen weitergeben, spricht man von **Vererbung.** Diese Weitergabe von Merkmalen kann über viele Generationen erfolgen.

Für die Erscheinungen und Vorgänge der Vererbung haben die Menschen schon immer nach Erklärungen gesucht. Aber erst im 19. Jahrhundert gelang es Forschern mithilfe von Versuchen an Pflanzen, erste Einblicke in die Gesetzmäßigkeiten der Vererbung zu gewinnen.

Bei der Vererbung werden elterliche Merkmale an die Nachkommen weitergegeben.

1 Werte die Abbildungen 1 und 2 in Hinblick auf Familienähnlichkeiten aus.

Ein Mönch entdeckt „Gesetze" des Erbgeschehens

Streifzug durch die Geschichte

Noch bis Mitte des 19. Jahrhunderts war nicht bekannt, wie sich Merkmale vererben. Erst Versuche des Augustinermönchs Johann Gregor MENDEL mit Gartenerbsen gaben erste Aufschlüsse darüber.
Johann MENDEL kam 1822 im damaligen Österreich als Sohn eines Kleinbauern zur Welt. Trotz Armut und längerer Krankheit absolvierte er das Gymnasium. Wegen seiner körperlichen Schwächen war er für die Landwirtschaft ungeeignet. So trat er 1843 in Brünn dem Augustinerorden bei und nahm den Namen Gregor an. Schon bald fiel dem Abt seine naturwissenschaftliche Begabung auf. Deshalb wurde ihm von 1851 bis 1853 ein Studium der Naturwissenschaften in Wien ermöglicht. 1857 begann MENDEL im Abteigarten seines Klosters mit Vererbungsversuchen. Er wählte die Gartenerbse als Versuchspflanze. Erbsensorten unterscheiden sich z.B. in Blütenfarbe, Samenfarbe und Samenform. Für die Versuche war es besonders wichtig, dass sich Erbsenblüten normalerweise selbst bestäuben, sodass Störungen durch fremde Pollen selten sind. Zudem sind Erbsen leicht anzubauen und haben in kurzer Zeit eine hohe Nachkommenzahl.
Zunächst züchtete er Erbsen 2 Jahre lang, um festzustellen, welche Merkmale bei den Nachkommen immer wieder auftraten. Er experimentierte mit Pflanzen, die sich nur in einem oder wenigen Merkmalen unterschieden. Bei der Kreuzung ging er wie folgt vor: Wollte er zum Beispiel eine rot blühende Pflanze mit einer weiß blühenden kreuzen, entfernte er die noch unreifen Staubblätter der rot blühenden Pflanze. So verhinderte er eine Selbstbestäubung. Dann übertrug er den Blütenstaub reifer Staubblätter der weißen Blüten mit einem Pinsel auf die gewünschte Narbe. Durch Schutzhüllen um die behandelten Blüten verhinderte er eine Fremdbestäubung. Einzelne Merkmale verfolgte er über sechs Generationen. Alle Erscheinungen und Zahlenwerte schrieb er exakt auf. Daraus leitete er dann drei Gesetzmäßigkeiten ab, die später nach ihm benannten **mendelschen Regeln.** Sie zählen seitdem zu den Grundlagen der Vererbungslehre. 1865 berichtete er erstmals über seine Ergebnisse. Doch sie stießen auf Unverständnis und gerieten in Vergessenheit. MENDEL, der 1868 Abt seines Klosters wurde, starb im Jahre 1884.
Erst um die Jahrhundertwende kamen drei andere Wissenschaftler, der Holländer DE VRIES, der Deutsche CORRENS und der Österreicher TSCHERMAK unabhängig voneinander zu den gleichen Ergebnissen wie MENDEL schon 35 Jahre zuvor.

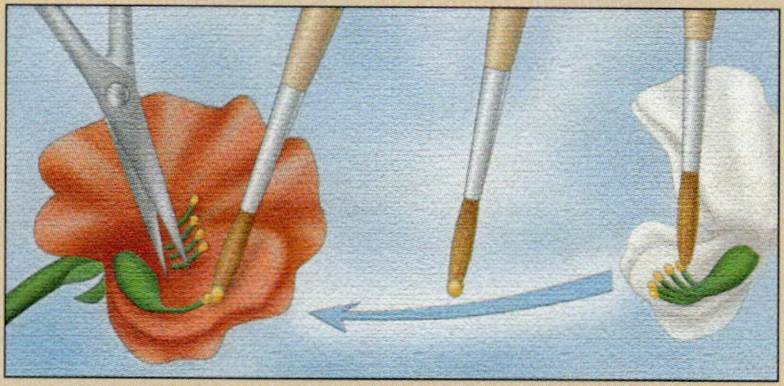

3 Künstliche Bestäubung

2 Johann Gregor MENDEL (1822–1884)

1 Klostergarten in Brünn

1 Warum wählte MENDEL Erbsen als Versuchspflanzen für seine Vererbungsversuche? Begründe.

1 ***Kreuzung von Wunderblumen. A*** *und* ***C*** *Elterngeneration (P);* ***B*** *1. Tochtergeneration (F_1)*

1.2 Kreuzungsversuche geben Hinweise auf Erbgesetzmäßigkeiten

Neben Erbsen ist die *Wunderblume* eine beliebte Versuchspflanze für Vererbungsversuche. Diese Zierpflanzen haben verschiedenfarbige Blüten. Für Erbversuche, die zeigen sollen, wie die Blütenfarbe vererbt wird, wählt man meist Exemplare mit weißen und roten Blüten. Rot blühende Pflanzen, die unter sich vermehrt werden und in den folgenden Generationen immer nur rote Blüten hervorbringen, sind **reinerbig.** Reinerbig in Bezug auf die Blütenfarbe sind auch Pflanzen, deren Nachkommen immer weiß blühen.

Werden jedoch die Narben bei rot blühenden Wunderblumen mit Pollen der weiß blühenden Sorte bestäubt und die entstandenen Samen ausgesät, so weisen die direkten Nachkommen die Blütenfarbe rosa auf. Das gleiche Ergebnis wird erzielt, wenn die Narben der weiß blühenden mit dem Pollen der rot blühenden Wunderblumen bestäubt werden.

Stichwort

Kreuzung

Körperzellen von Lebewesen besitzen pro Merkmal ein Anlagenpaar, Keimzellen enthalten für jedes Merkmal nur eine Erbanlage. Das Zusammenbringen von Erbanlagen bei der Verschmelzung von Keimzellen zweier Lebewesen nennt man Kreuzung.

Alle Nachkommen vereinigen für das Merkmal *Blütenfarbe* die Anlage „weiß" von einem Elternteil und die Anlage „rot" vom anderen Elternteil in ihren Körperzellen. Jedem Merkmal liegen 2 Erbanlagen zugrunde. Die Pflanzen sind **mischerbig,** weil sie jeweils eine Anlage für „rot" und für „weiß" haben. Mischerbige Lebewesen nennt man in der Vererbungslehre *Mischling, Bastard* oder *Hybride.* Die rosa Blütenfarbe von Mischlingen liegt zwischen rot und weiß der Eltern. Einen solchen Erbgang bezeichnet man als *zwischenelterliche* oder **intermediäre** Vererbung. MENDEL bevorzugte bei seinen Versuchen *Gartenerbsen.* Als er reinerbig weiß blühende Pflanzen mit reinerbig rot blühenden kreuzte, zeigten alle Mischlinge der 1. Tochtergeneration jedoch keine rosafarbenen Blüten, wie man jetzt vermuten könnte, sondern sie blühten rot. Wie ist das zu erklären? Bei der Gartenerbse überdeckt die Anlage für rote Blütenfarbe die Anlage für weiß. Solche überdeckenden Anlagen werden als **dominant** bezeichnet. Die zurückgetretene Anlage für weiß wird also überdeckt, sie ist **rezessiv.**

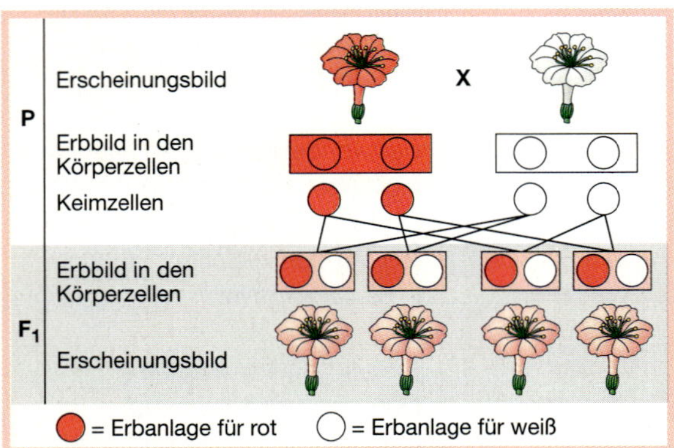

2 ***Erbgang bei reinerbigen Wunderblumen***

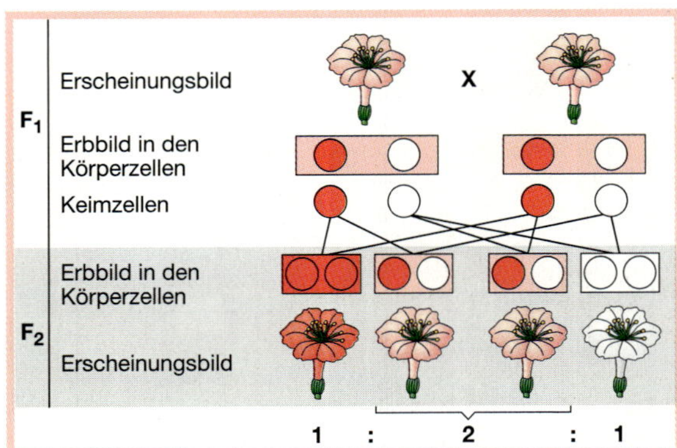

3 ***Erbgang bei mischerbigen Wunderblumen***

4 ***Kreuzung von Erbsen. A*** *und* ***C*** *Elterngeneration (P);* ***B*** *1. Tochtergeneration (F_1)*

Ob nun die Blütenfarbe der Pflanzen der 1. Tochtergeneration bei der Wunderblume rosafarben oder bei der Gartenerbse rot ist, eines gilt immer: Die Nachkommen reinerbiger Eltern sind in Bezug auf ein beobachtetes Merkmal gleich, einförmig oder uniform. Diesen Sachverhalt beschreibt die *1. mendelsche Regel,* die **Einförmigkeits-** oder **Uniformitätsregel.**

Die beiden bisherigen Erbgänge zeigen die Ergebnisse bei der Kreuzung reinerbiger Pflanzen. Was passiert aber, wenn man die Mischlinge aus der 1. Tochtergeneration untereinander kreuzt?
Bei der Wunderblume erkennt man Mischlinge sofort an ihrer rosa Blütenfarbe, ihrem **Erscheinungsbild.** Ihre Nachkommen jedoch blühen zu einem Viertel rot, zur Hälfte rosa und zu einem weiteren Viertel weiß. Es erfolgt im intermediären Erbgang also eine Aufspaltung im Verhältnis 1 : 2 : 1. Auch die ursprünglichen Blütenfarben rot und weiß erscheinen wieder.
Ein anderes Zahlenverhältnis tritt dagegen bei der Kreuzung von Mischlingen der Gartenerbse beim Merkmal Blütenfarbe auf. Bei diesem dominanten Erbgang bilden von 4 Pflanzen in der nächsten Generation 3 Erbsen rote und 1 Erbse weiße Blüten aus. Im Erscheinungsbild findet also eine Aufspaltung im Verhältnis 3 : 1 statt, wobei auch die ursprüngliche Farbe weiß in reinerbig rezessiver Form wieder zum Vorschein kommt. Die rot blühenden Pflanzen dagegen können mischerbig oder reinerbig sein. Mischerbige Erbsen kommen doppelt so häufig vor wie reinerbig rote oder reinerbig weiße.
In der Kombination der Anlagen, also im **Erbbild,** gleichen sich intermediärer und dominanter Erbgang. Die Gesetzmäßigkeiten bei der Aufspaltung werden in der *2. mendelschen Regel,* der **Spaltungsregel,** beschrieben.

Uniformitätsregel: *Kreuzt man zwei reinerbige Lebewesen einer Art miteinander, die sich in einem Merkmal unterscheiden, so sind die Mischlinge der 1. Tochtergeneration in diesem Merkmal alle gleich.*
Spaltungsregel: *Kreuzt man Mischlinge der 1. Tochtergeneration untereinander, so spalten sich die Nachkommen in einem bestimmten Zahlenverhältnis auf.*

1 Beschreibe anhand der abgebildeten Erbschemata die verschiedenen Erbgänge. Achte dabei auf den Unterschied zwischen Erscheinungsbild und Erbbild.

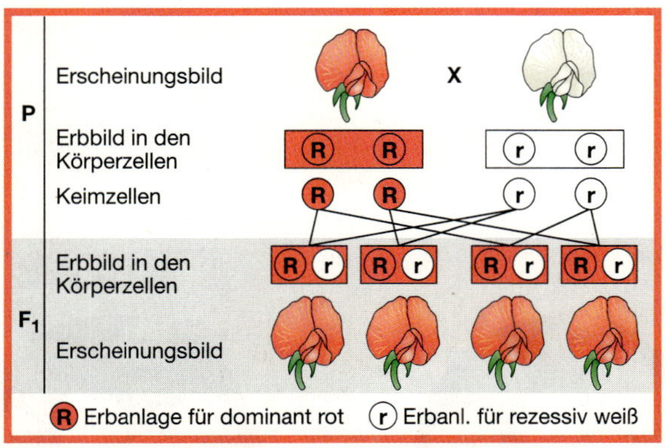

5 ***Dominanter Erbgang bei reinerbigen Erbsen***

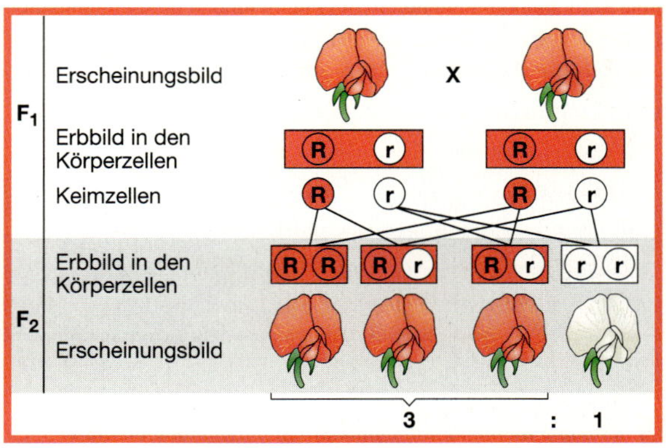

6 ***Dominanter Erbgang bei mischerbigen Erbsen***

1.3 Erbanlagen können neu kombiniert werden

Bei seinen Experimenten mit Gartenerbsen stellte sich MENDEL auch die Frage: Wie werden zwei oder mehrere unterschiedliche Merkmale gleichzeitig vererbt? Als Versuchspflanzen benutzte er wieder Erbsen, die sich diesmal in den Merkmalen *Samenfarbe* und *Samenform* unterschieden.

Er führte seine Erbversuche mit Pflanzen durch, deren Samen entweder gelb-rund oder grün-kantig waren. Nach deren Kreuzung überraschte ihn das Ergebnis nicht. Alle Samen der 1. Tochtergeneration, also der direkten Nachkommen der reinerbigen Eltern, sahen gleich aus. Es bestätigte sich die *Uniformitätsregel.* Da alle Samen gelb-rund waren, schloss er aus den Ergebnissen weiter, dass gelb gegenüber grün und rund gegenüber kantig dominant sind. Aus den Samen dieser Mischlinge zog MENDEL nun die nächste Generation heran, die 2. Tochtergeneration. Nach der *Spaltungsregel* trat eine Aufspaltung ein. Doch das Ergebnis war überraschend. Neben den Ausgangsformen gelb-rund und grün-kantig kamen neue Formen vor: gelb-kantig und grün-rund. Es waren also zwei neue Sorten entstanden, die es vorher nicht gegeben hatte. Wie war das zu erklären? Die Anlagen gelb oder grün für das Merkmal Samenfarbe und rund oder kantig für das Merkmal Samenform hatten sich neu kombiniert. Einzelne Anlagen können sich also bei jedem Merkmal unabhängig voneinander vererben. Dies beschrieb MENDEL in seiner 3. Regel, der **Unabhängigkeitsregel.**

Im Kombinationsquadrat erkennt man, dass bei 2 verschiedenen Merkmalen 16 Möglichkeiten der Anlagenkombination möglich sind. Fünf davon treten doppelt auf. Ordnet man die Samen nach ihrem Erscheinungsbild gelb-rund, gelb-kantig, grün-rund und grün-kantig und zählt sie aus, ergibt sich ein Zahlenverhältnis von 9 : 3 : 3 : 1. Von den vier reinerbigen Nachkommen der 2. Tochtergeneration gleichen zwei den Großeltern. Weitere zwei sind Neukombinationen. Die Möglichkeit, dass sich getrennt vorkommende Anlagen in einem Lebewesen reinerbig kombinieren lassen, ist für die Züchtung von großer Bedeutung. Auf diese Weise können Lebewesen mit neuen Eigenschaften gezüchtet werden.

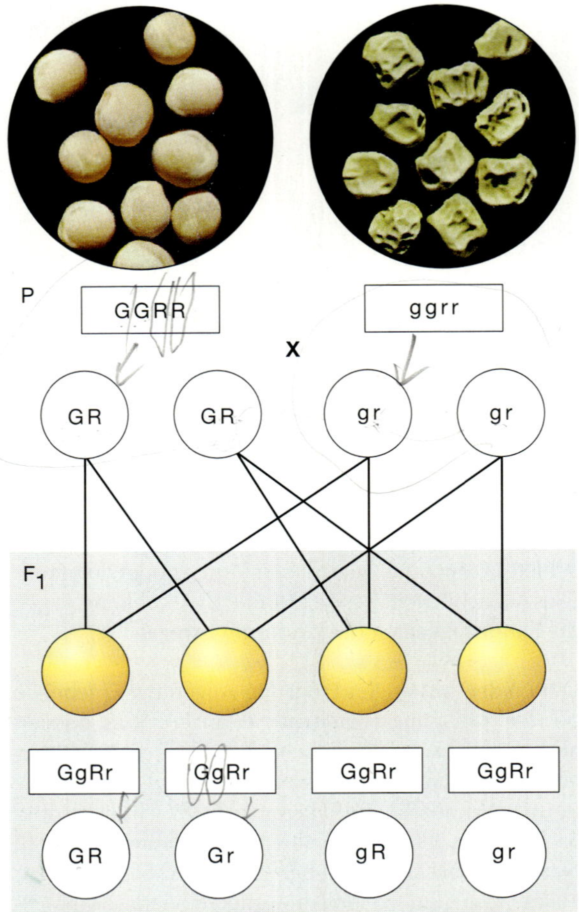

F_2 x	GR	gR	Gr	gr
GR	GGRR	GgRR	GGRr	GgRr
gR	GgRR	ggRR	GgRr	ggRr
Gr	GGRr	GgRr	GGrr	Ggrr
gr	GgRr	ggRr	Ggrr	ggrr

1 Erbgang bei Erbsen mit 2 unterschiedlichen ***Merkmalen*** *(R = rund, r = runzlig, G = gelb, g = grün)*

Unabhängigkeitsregel: Kreuzt man Lebewesen, die sich in zwei oder mehreren Merkmalen unterscheiden, so werden die Anlagen unabhängig voneinander vererbt. Dabei entstehen neue Kombinationen.

1 Erkläre anhand der Abbildung 1, wie die beiden neuen Erbsensorten entstanden sind.

2 Neue Erbsensorten

Vererbung

Übung

V1 Weitergabe von Merkmalen

Material: Zeichenkarton in den Farben weiß und rot; Schere; zwei Schalen; Schal

Durchführung: Schneide aus dem roten und weißen Zeichenkarton je 40 Spielmarken, die gleiche Form und Größe haben. Fülle die Schalen mit je 20 roten und weißen Marken. Mische gut durch. Stelle die Schalen vor dir auf. Entnimm mit verbundenen Augen jeweils mit der linken Hand der linken Schale und mit der rechten Hand der rechten Schale eine Marke. Lege sie paarweise ab, bis alle Marken verteilt sind.

Aufgaben: a) Welche verschiedenen Farbgruppierungen sind durch die Paare entstanden?

b) Stelle jeweils die Anzahl gleicher Paare fest.

c) Erkläre, welche mendelsche Regel durch diesen Versuch veranschaulicht wird.

A2 Kombination von Erbanlagen

Auf dem Kolben des Ziermais erkennt man Körner, die sich in den Merkmalen *Körnerfarbe* und *Körnerform* unterscheiden.

a) Notiere, welche Merkmalspaare auftreten.

b) Zähle die Körner zu jedem Merkmalspaar aus und stelle das Zahlenverhältnis auf.

c) Erkläre, welche mendelsche Regel den Ergebnissen deiner Auswertung zu Grunde liegt.

A3 Ein besonderer Erbgang

Das Erbschema zeigt die Kreuzung von im Erscheinungsbild und Erbbild unterschiedlichen Mäusen.

a) Übertrage die Abbildung in dein Biologieheft.

b) Vervollständige das Erbschema in deinem Heft mit Linien. Kennzeichne das Erbbild jeder Maus der Tochtergeneration mit einem Buchstabenpaar.

c) Male die Mäuse der Tochtergeneration im Heft farbig aus und kennzeichne so ihr Erscheinungsbild.

d) Welche Erbanlagen hat jede einzelne Maus im Hinblick auf das Merkmal *Fellfarbe?* Benutze die Begriffe reinerbig, mischerbig, dominant, rezessiv.

e) Vergleiche diesen Erbgang mit der 1. und 2. mendelschen Regel. Was kann man feststellen?

A4 Erbgang mit zwei Merkmalen

a) Betrachte das Erscheinungsbild. Um welche beiden Merkmale handelt es sich?

b) Wie werden die Merkmale vererbt?

c) Wie sehen die direkten Nachkommen dieser Elterntiere aus? Belege deine Antwort mit einem Erbschema in deinem Biologieheft.

d) Stelle Vermutungen darüber an, welche neuen Erscheinungsformen in der Enkelgeneration auftreten müssen. Belege deine Aussage mit einem Kombinationsquadrat wie auf S. 116.

1.4 Chromosomen – Träger der Erbanlagen

Die von MENDEL durch Kreuzungsversuche entdeckten Gesetzmäßigkeiten der Vererbung haben heute noch Gültigkeit. Durch seine Versuche konnte er nachweisen, dass Merkmale nach bestimmten Regeln vererbt werden. Er vermutete, dass dafür Erbanlagen verantwortlich sind, die über Keimzellen weitergegeben werden. Eine Erklärung, wo diese Anlagen zu finden sind, konnte MENDEL mit seinen Ergebnissen nicht liefern.

Heute weiß man, dass die Erbanlagen, auch **Gene** genannt, in bestimmter Reihenfolge auf **Chromosomen** angeordnet sind. Chromosomen sind Bestandteile im Zellkern einer Zelle. Die Entdeckung von Chromosomen und Genen ist erst durch leistungsfähige Mikroskope möglich geworden. Chromosomen sind unter dem Mikroskop nur erkennbar, wenn sich der Zellkern in einer bestimmten Phase der Zellteilung befindet. Sie verkürzen sich und werden etwa um das 50fache dicker. An einem solchen Chromosom werden zwei Längshälften sichtbar, die *Chromatiden.* Sie hängen an einer Stelle, dem *Centromer,* zusammen. Meist haben die Chromatiden jeweils einen langen und einen kurzen Arm. Jede Tier- oder Pflanzenart hat eine ganz bestimmte Anzahl von Chromosomen.

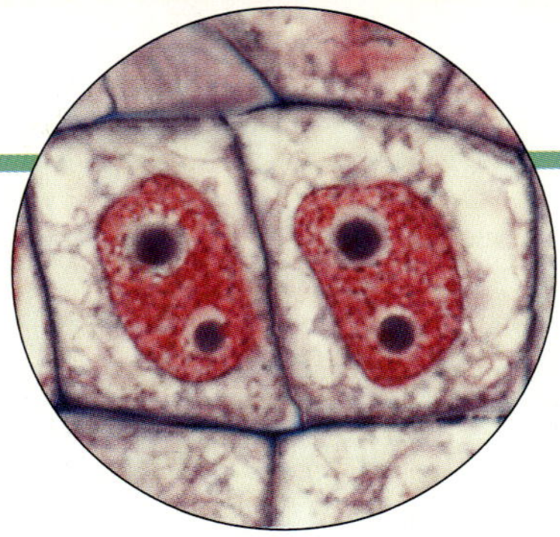

1 Zellteilungsstadien im Bildungsgewebe einer Pflanze *(angefärbt)*

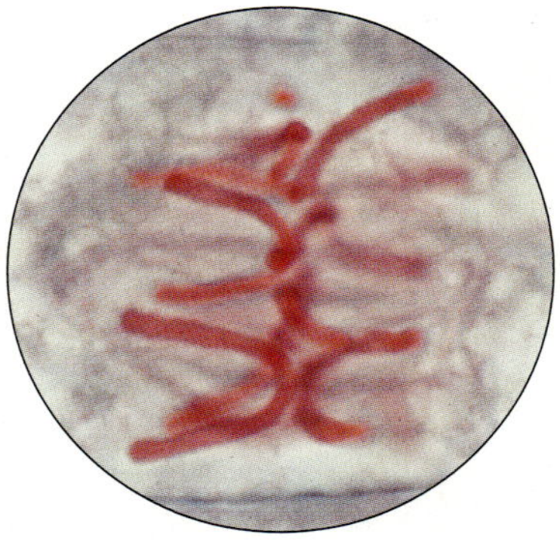

2 Pflanzliche Chromosomen einer Zellteilungsphase

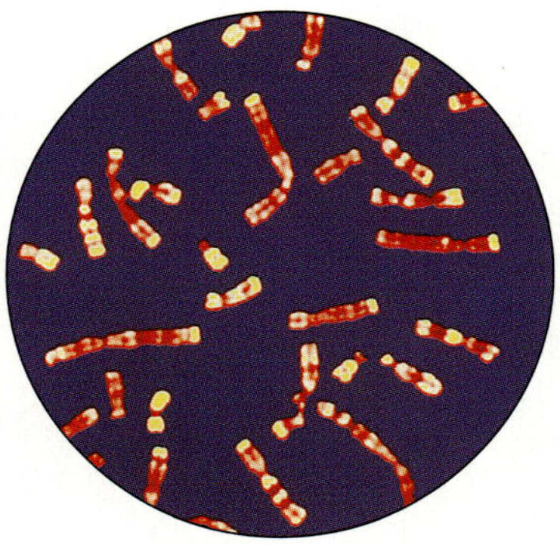

3 Ungeordneter Chromosomensatz des Menschen *(Ausschnitt)*

Seit 1956 weiß man, dass der Mensch 46 Chromosomen besitzt. Meist gleichen sich zwei Chromosomen in Form und Größe. Man sagt, sie sind **homolog.** Homologe Chromosomen bilden ein Paar. Die 46 Chromosomen des Menschen fügen sich also zu 23 Chromosomenpaaren zusammen.

Jeweils ein Paarling der homologen Chromosomen gehört zu einem **einfachen Chromosomensatz.** In jedem Zellkern einer Körperzelle befindet sich ein **doppelter Chromosomensatz.** Sämtliche Gene auf den vorhandenen Chromosomen enthalten alle Erbinformationen eines Lebewesens. Sie bilden sein **Genom.** Zur Untersuchung von Chromosomensätzen dienen Mikrofotos von Chromosomenpräparaten. Daraus schneidet man die einzelnen Chromosomen heraus und ordnet sie nach Größe und Form. So entsteht ein *Karyogramm.* Anordnung, Gruppierung und Nummerierung in einem Karyogramm sind international festgelegt.

Die Erbanlagen eines Lebewesens liegen verteilt auf den Chromosomen des Chromosomensatzes.

1 Beschreibe mithilfe von Abb. 1 bis 5 den Feinbau von Chromosomen. Achte auf Anzahl, Form, Größe, …

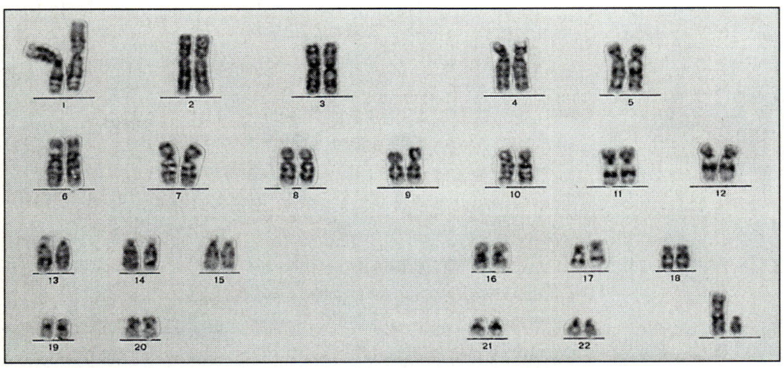

4 Geordneter, doppelter Chromosomensatz des Menschen *(Karyogramm, 700fach)*

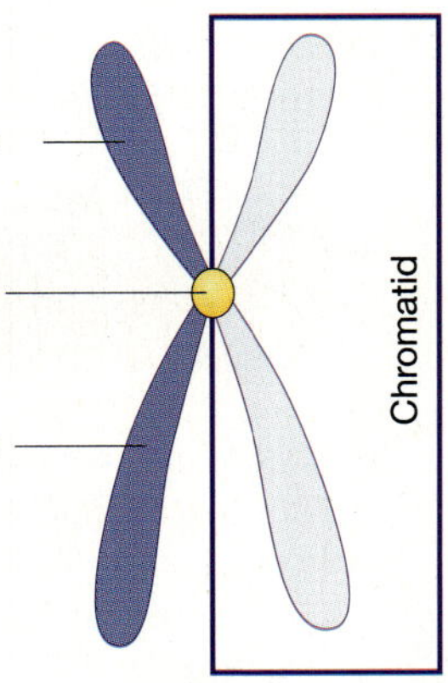

5 Einzelnes Chromosom *(Schema)*

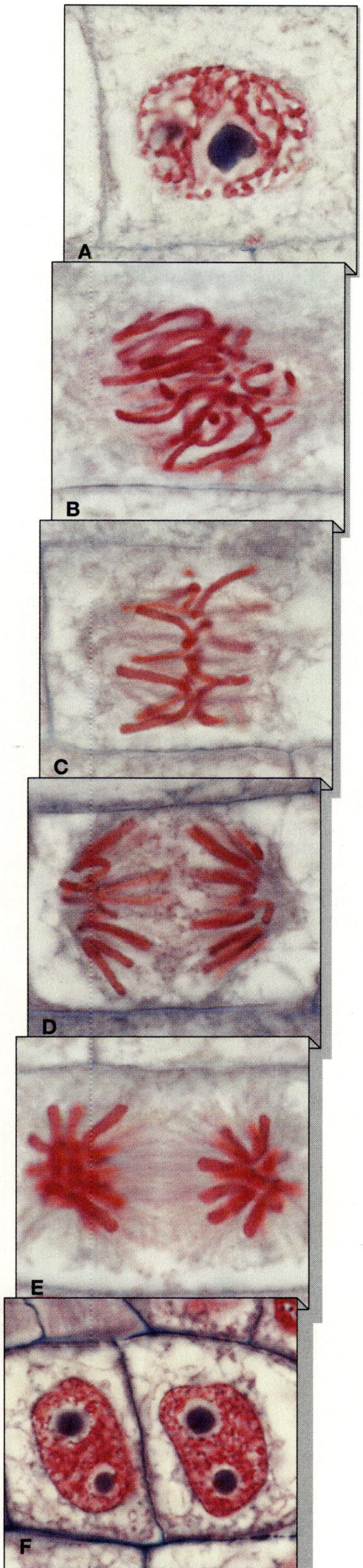

1.5 Kein Wachstum ohne Teilung

Was passiert eigentlich, wenn Lebewesen wachsen? Da ihre Zellen nicht einfach größer werden können, müssen sie sich durch Teilung und anschließendes Wachstum vermehren. Diese **Zellteilungen** laufen ununterbrochen ab. Sie beginnen mit der *Kernteilung*. Zur Veranschaulichung kann man sie in verschiedene Abschnitte einteilen, wie hier am Beispiel einer Pflanzenzelle dargestellt:

A Zu Beginn der ersten Phase ist der Zellkern noch deutlich vom Plasma abgegrenzt. Die Chromosomen bilden sich als lange, dünne Fäden heraus.

B Langsam verkürzen und verdicken sie sich. Bei stärkerer Vergrößerung kann man erkennen, das sich jedes Chromosom in zwei Längshälften, die *Chromatiden,* geteilt hat. Die Kernmembran und das Kernkörperchen lösen sich auf.

C In der zweiten Phase wandern die Chromatiden in die Mitte der Zelle. Inzwischen haben sich feine Plasmafäden ausgebildet, die die Zellpole mit den Chromatiden verbinden.

D Zu Beginn der dritten Phase werden die beiden Chromatiden getrennt und zu den entgegengesetzten Polen gezogen.

E In der vierten Phase werden die an den Zellpolen angeordneten Chromatidengruppen jeweils mit einer Kernmembran umgeben. Die Anzahl der Chromatiden entspricht der Anzahl der Chromosomen der Ausgangszelle.

F Nun strecken sich die Chromatiden wieder zu langen Fäden. Sie verdoppeln sich zu Zwei-Chromatiden-Chromosomen. Das Zellplasma teilt sich und eine neue Zellwand wird gebildet. Zwei neue Zellen sind entstanden. Die Wachstumsteilung, die **Mitose,** ist damit beendet.

Mitose ist eine Zellteilung, bei der sich aus einem Zellkern zwei Tochterkerne bilden, die die gleiche Chromosomenzahl haben.

1 Beschreibe anhand der Abbildungen die einzelnen Phasen der Mitose.

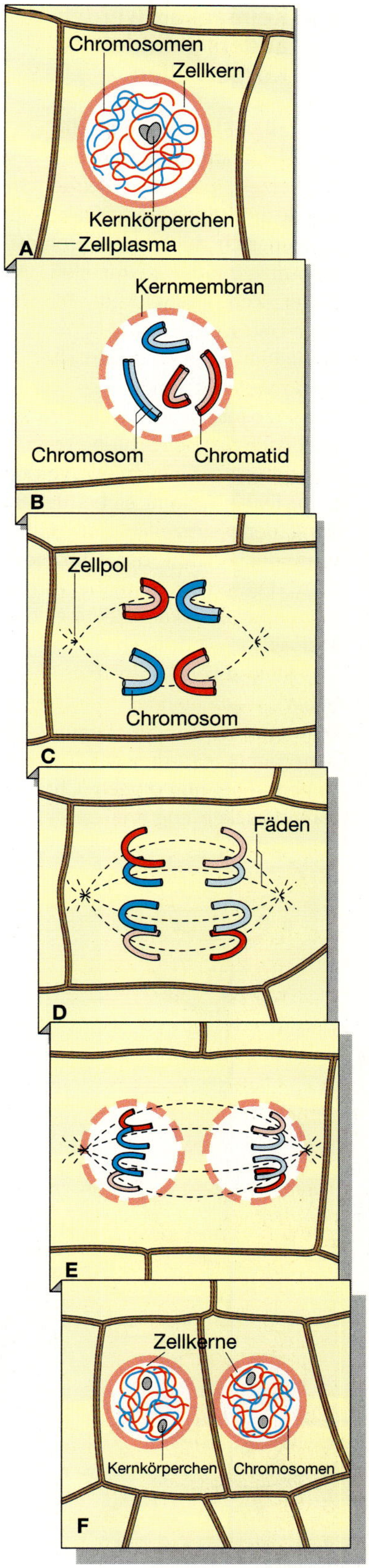

1.6 Keimzellen werden anders gebildet als Körperzellen

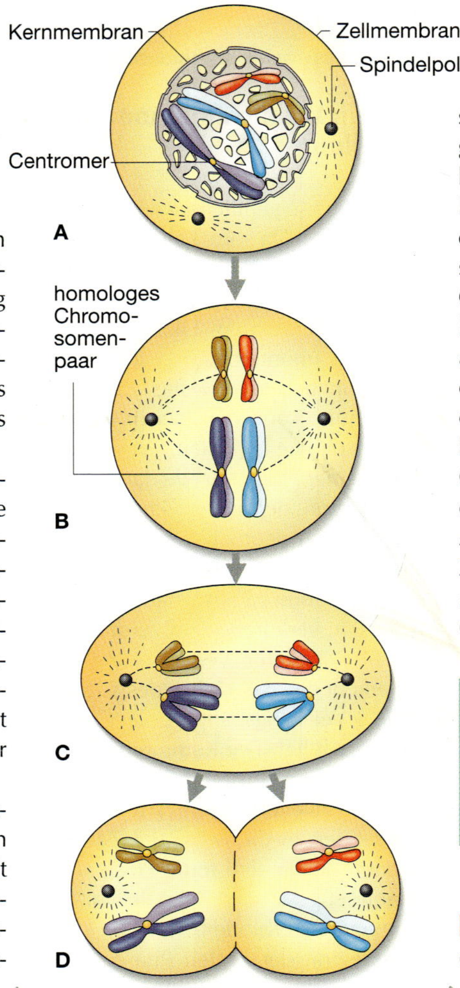

Bei allen Lebewesen, die sich geschlechtlich fortpflanzen, verschmelzen bei der Befruchtung Eizelle und Spermium. Dabei vereinigen sich auch die Chromosomensätze beider Keimzellen. Aus dieser Zelle entwickelt sich das neue Lebewesen.

Enthielten die Keimzellen aber genauso viele Chromosomen wie die Körperzellen, würde sich ihre Anzahl nach der Befruchtung von Generation zu Generation verdoppeln. Daher kommt es bei der Bildung der Keimzellen zur Halbierung der Anzahl der Chromosomen. Diesen Vorgang bezeichnet man als *Reduktionsteilung* oder **Meiose.**

Die Meiose verläuft in zwei unmittelbar aufeinander folgenden Teilungsschritten. Sie beginnt mit dem Sichtbarwerden der Chromosomen. Die homologen Chromosomen rücken eng aneinander, sodass die entsprechenden Chromosomenabschnitte nebeneinander liegen. Die beiden Chromatiden werden erkennbar, aber vom Centromer noch zusammengehalten. Danach ordnen sich die Chromosomenpaare im Mittelbereich des Zellkerns an. Inzwischen löste sich die Kernmembran auf und es bildeten sich die Spindelapparate mit feinen Fäden, die an die Centromeren anhaften. Jetzt trennen sich die homologen Chromosomen wieder. Eine Hälfte wird durch die sich verkürzenden Spindelfasern in Richtung des einen, die andere Hälfte zum entgegengesetzten Spindelpol gezogen. Dabei bleibt es dem Zufall überlassen, welcher Paarling der homologen Chromosomen an welchen der beiden Pole gelangt. Von jedem Chromosom kommt aber jeweils nur ein Paarling in die beiden neu entstehenden Zellen. Dadurch besitzen diese jetzt nur noch einen einfachen Chromosomensatz. Der erste Teilungsschritt, die **1. Reifeteilung,** ist abgeschlossen. Kurz darauf erfolgt die **2. Reifeteilung.** Sie verläuft wie eine Mitose. Es trennen sich die beiden Chromatiden der einzelnen Chromosomen und gelangen in die sich bildenden neuen Zellen.

Am Ende der Meiose sind aus einer Zelle mit doppeltem Chromosomensatz vier Zellen mit einfachem Chromosomensatz entstanden.

> Bei der Meiose wird der doppelte Chromosomensatz halbiert, sodass die Keimzellen nur noch einen einfachen Chromosomensatz besitzen.

1 Erkläre mithilfe der Abbildung 1 die Schritte der Meiose.

1. Reifeteilung

2. Reifeteilung

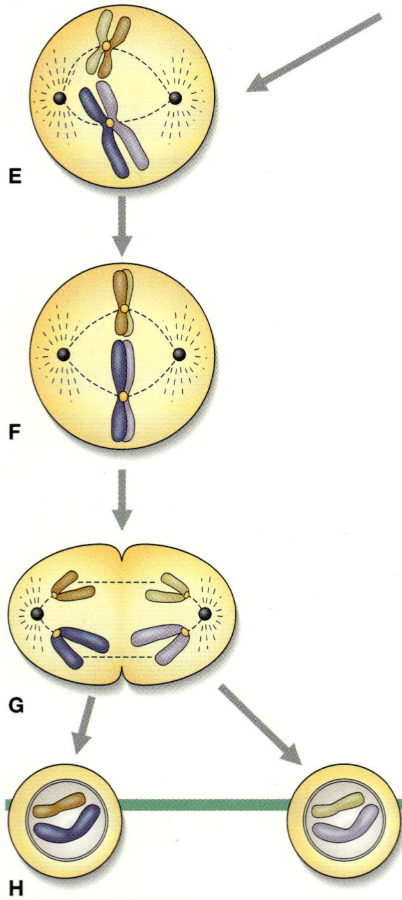

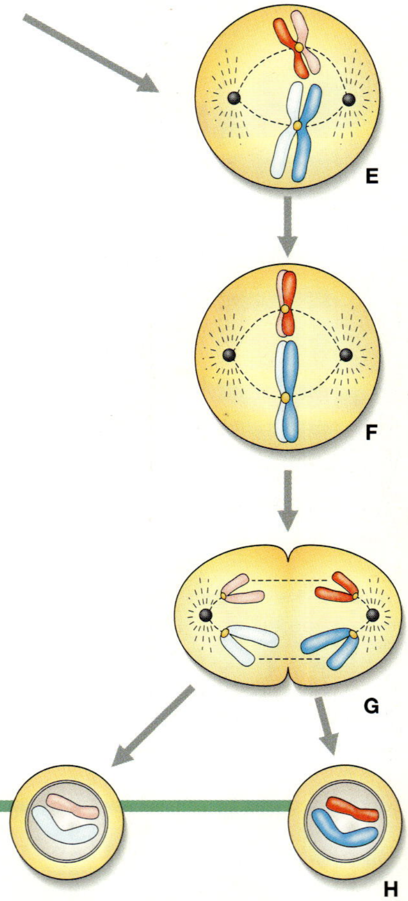

1 1. und 2. Reifeteilung bei der Entstehung von Keimzellen

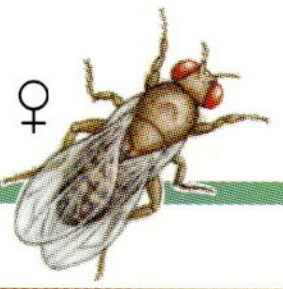
grau, langflügelig
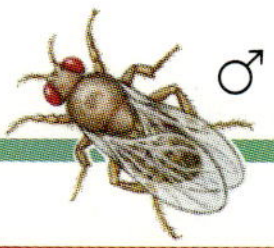

Drosophila – eine kleine Fliege wurde zum großen Forschungsobjekt

Streifzug durch die Geschichte

MENDEL, der Begründer der modernen Erbforschung oder **Genetik,** führte seine Vererbungsversuche nur mit Pflanzen durch. Er erforschte die Weitergabe der Merkmale *Blütenfarbe* sowie *Fruchtform* und *Fruchtfarbe* bei Gartenerbsen. Zu Beginn des 20. Jahrhunderts begannen Forscher Erbgänge anderer Merkmale bei Pflanzen, aber auch bei Tieren zu verfolgen.

Besonders bekannt wurde der amerikanische Biologe Thomas Hunt MORGAN. Er benutzte als Forschungsobjekt nur wenige Millimeter große Fliegen, die *Tau-, Obst-* oder *Fruchtfliege.* Man findet sie auch bei uns auf gärendem oder faulendem Obst. Am bekanntesten ist die *Kleine Essigfliege.* Wissenschaftler nennen sie *Drosophila melanogaster.* Wegen ihrer Bedeutung für die Erbforschung wird sie auch als „Haustier der Erbforscher" bezeichnet. Drosophila lässt sich leicht züchten, vermehrt sich rasch und zahlreich. So bekommen die Forscher schnell aufeinander folgende Generationen mit genügend vielen Lebewesen, an denen sie die Auswirkungen ihrer Kreuzungen feststellen können.

Männliche und weibliche Tiere lassen sich leicht an der Form und Zeichnung des Hinterleibs auseinander halten. Das ist wichtig für eine zügige Auswahl von Zuchttieren.

Von großem Vorteil für Erbversuche ist das Vorhandensein genügend vieler, schnell und deutlich unterscheidbarer Merkmale, die über Generationen verfolgt werden können. Dazu zählen Körperform und -farbe, Länge und Ausprägung des Hinterleibs, Augenfarbe und Flügelform.

1 Thomas Hunt MORGAN (1866–1945)

Von weiterem Vorteil war, dass Drosophila nur vier Chromosomen besitzt.

Um die Jahrhundertwende richtete sich das Augenmerk der Erbforscher mehr und mehr auf die Zellen der Versuchsobjekte und deren Bestandteile. Eine geringe Anzahl von Chromosomen war deshalb vorteilhaft. Hinzu kam, dass diese kleine Fliege in den Speicheldrüsen außergewöhnlich große Chromosomen besitzt. Diese *Riesenchromosomen* konnten leichter isoliert und mikroskopisch untersucht werden.

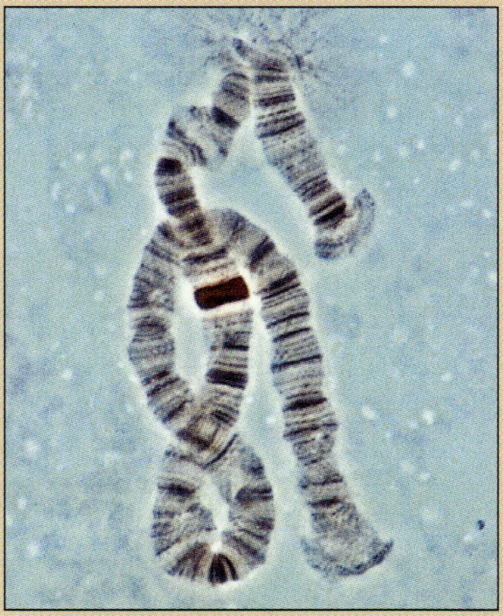
2 Riesenchromosom

Bei seinen Versuchen mit Drosophila kreuzte MORGAN eine grau-langflügelige Form mit einer schwarz-stummelflügeligen Rasse. Alle Nachkommen waren grau-langflügelig. Die Anlagen für grau und langflügelig waren also dominant über schwarz und stummelflügelig.

Diese Mischlinge kreuzte er weiter mit reinerbigen schwarz-stummelflügeligen Tieren. Nach Mendels Unabhängigkeitsregel, die die freie Kombinierbarkeit der Anlagen beschreibt, hätten in der nun folgenden Generation vier verschiedene Erscheinungsformen auftreten müssen. Tatsächlich traten aber nur schwarz-stummelflügelige und grau-langflügelige Fliegen im Verhältnis 1 : 1 auf. Wurde also die 3. mendelsche Regel durch diesen Versuch widerlegt?

Nein. MORGAN hatte aber etwas Neues herausgefunden. Wegen der geringen Anzahl von Chromosomen lagen die Merkmale Körperfarbe und Flügelform auf demselben Chromosom. Sie waren *gekoppelt.* Alle Erbanlagen eines Chromosoms bilden nämlich eine **Kopplungsgruppe.** Also konnten sie auch nur gemeinsam vererbt werden. Entsprechend war das Erscheinungsbild der gekreuzten Fliegen.

1 Erkläre, unter welchen Voraussetzungen Mendels Unabhängigkeitsregel gültig ist.

schwarz, stummelflügelig

chwarz,
ng-
ügelig

grau, stummelflügelig
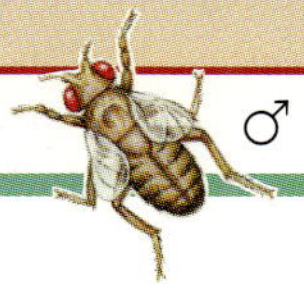

1.7 Gene enthalten den Erbcode

Das gesamte Erbgut eines Lebewesens befindet sich im Zellkern einer Körperzelle. Jede enthält einen vollständigen Chromosomensatz. Wie ist es möglich, dass die Vielzahl der körperlichen Merkmale und Eigenschaften gespeichert und bei der Zellteilung weitergegeben werden kann? Zur Beantwortung dieser Frage muss man den Feinbau der Chromosomen kennen.

Jedes Chromosom besteht aus zwei spiralig umeinander gewundenen Fäden, der **DNA.** DNA ist die Abkürzung für ***d**esoxyribo**n**ucleic **a**cid,* der englischen Bezeichnung für *Desoxyribonukleinsäure.* DNA ist ein langer, fadenförmiger Verbund aus Tausenden bis viele Millionen umfassenden Bausteinen, den **Nukleotiden.** Sie bestehen chemisch gesehen aus einem Zuckerbaustein (Desoxyribose), einem Phosphorsäurebaustein und jeweils einer der vier organischen Basen *Adenin* (A), *Guanin* (G), *Cytosin* (C) und *Thymin* (T). Nur durch die Zuordnung einer dieser Basen unterscheiden sich die Nukleotide. Sie haben ähnlich den Buchstaben des Alphabets die Funktion von Schriftzeichen, mit denen alle Erbinformationen eines Lebewesens geschrieben und weitergegeben werden können. Sie sind Grundlage des **Erbcodes.** Nukleotide findet man beim Menschen ebenso wie bei Tieren und bei Pflanzen.

Eine Vielzahl von Nukleotiden bildet einen unverzweigten Doppelstrang, der wendeltreppenartig gewunden ist. Insgesamt erinnert der DNA-Doppelstrang an eine spiralig gedrehte Strickleiter. Die beiden Seile an den Seiten bestehen abwechselnd aus Phosphorsäure- und Zuckerbausteinen. Die Sprossen werden aus den vier Basen gebildet. Zu einer Sprosse gehören immer zwei Basen, die sich gegenüberliegen. Dabei sind nur bestimmte Basenkombinationen möglich. Nur Adenin und Thymin sowie Cytosin und Guanin können jeweils ein Paar bilden. Deshalb sind in einem Doppelstrang die gegenüberliegenden Einzelstränge nicht gleich. Sie entsprechen sich aber wie Schloss und Schlüssel. Kürzere oder längere Abschnitte darauf bilden die **Gene,** Orte für ganz bestimmte Erbanlagen.

Obwohl es nur wenige Basenpaare gibt, lassen die vielfältigen Variationen in Anordnung, Reihenfolge und Länge der Abschnitte unbegrenzte Kombinationsmöglichkeiten zu. Nur so ist es möglich, dass die Fülle der Erbinformationen eindeutig festgelegt ist. Die Erbinformationen werden dabei an die Tochterzellen vollständig und unverändert weitergegeben. Dazu trennt sich der DNA-Doppelstrang an den Bindungsstellen zwischen den Basenpaaren reißverschlussartig auf. Die an den Einzelsträngen befindlichen Basen liegen jetzt frei. Diese Stellen besetzen freie Einzelnukleotide. Sie müssen jeweils zu dem Nukleotidpaarling passen. Schließlich entstehen wieder geschlossene Ketten. So bilden sich aus den zwei Einzelsträngen zwei DNA-Doppelstränge. Sie weisen die gleiche Abfolge der Basenpaare auf wie der ursprüngliche Doppelstrang. Man sagt, die DNA hat sich *identisch verdoppelt.* Dadurch werden bei jeder Zellteilung alle Erbinformationen unverändert und vollständig weitergegeben.

Die Erbinformationen enthalten auch „Rezepte" zum Aufbau von Proteinen. Sie sind für die Bildung von Zellen und Enzymen, die zur Ausbildung der Merkmale eines Lebewesen führen, notwendig.

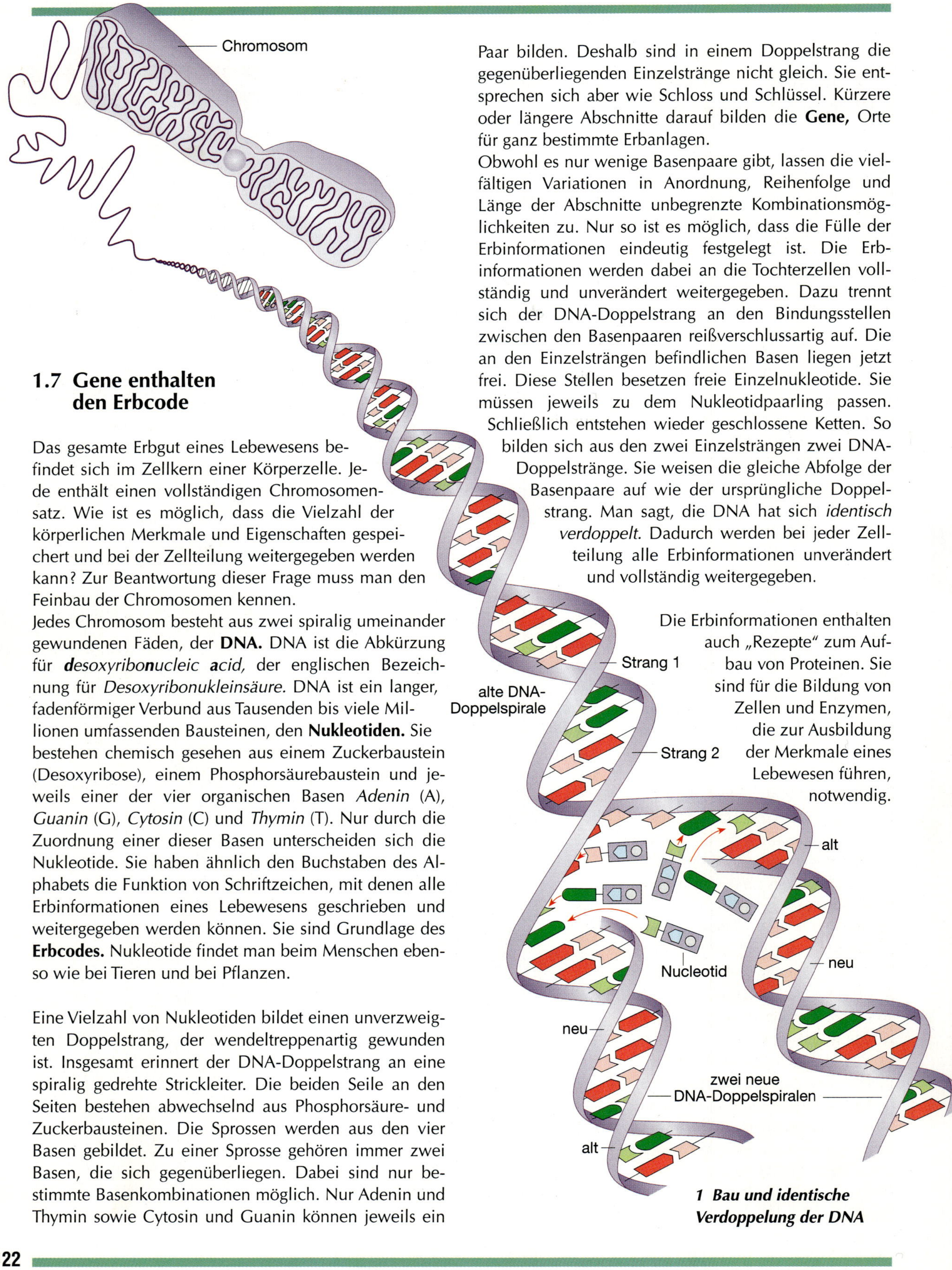

1 Bau und identische Verdoppelung der DNA

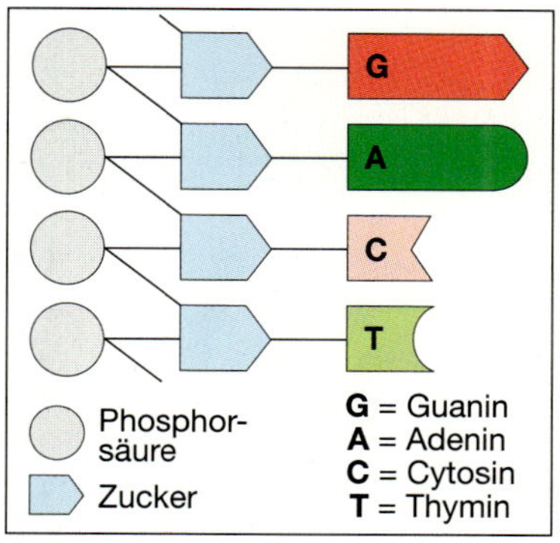

2 Bausteine der DNA

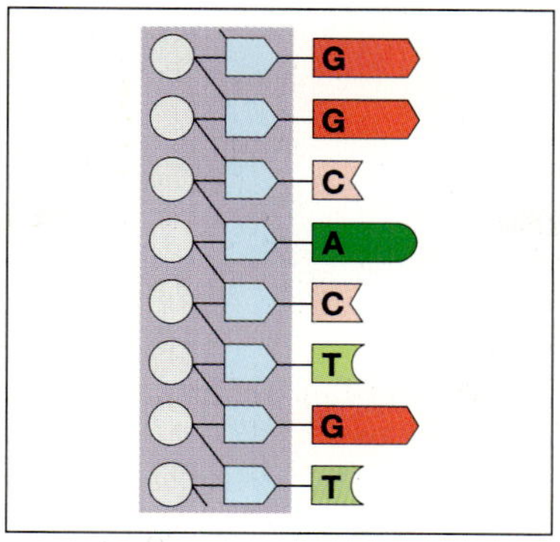

3 Einfacher DNA-Strang

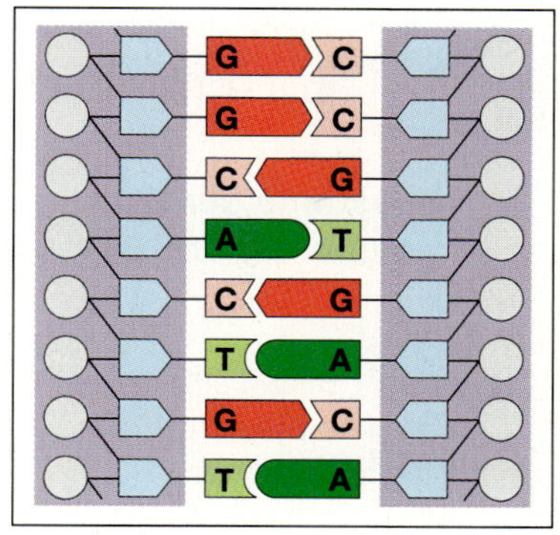

4 DNA-Doppelstrang

Die Bausteine der Proteine sind 20 verschiedene Aminosäuren. Je nach Protein werden sie unterschiedlich untereinander verknüpft. Die Abfolge der Aminosäuren ist schon in der DNA festgelegt. Bei der Proteinbildung öffnet sich der DNA-Doppelstrang an bestimmten Stellen des Chromosoms. Sie sind verdickt und werden als *Puffs* bezeichnet. An die dort getrennten Nukleotide der DNA lagern sich freie, aber dazu passende Nukleotide aus dem Zellplasma an. Sie verbinden sich zu einer Kette und bilden die **Boten-RNA** (**r**ibo**n**ucleic **a**cid). Im Unterschied zur DNA enthält die RNA als Zucker *Ribose* anstatt Desoxyribose und bei den Basen *Uracil* anstatt Thymin. Die in der DNA gespeicherte Erbinformation wird an dieser Stelle auf die Boten-RNA umkopiert.

Die Boten-RNA gelangt dann zu den *Ribosomen,* den „Produktionsstätten" für Eiweiß. Hier dient sie als „Kopiervorlage" für den Aufbau körpereigener Eiweiße. Die dazu notwendigen Aminosäuren werden von der **Träger-RNA** herantransportiert. Die Träger-RNA ist gekennzeichnet durch eine Abfolge von 3 Basen, den so genannten **Basentripletts.** Bei 3 Basen ergeben sich ausreichend viele Kombinationsmöglichkeiten, um jeder der 20 Aminosäuren ein ganz bestimmtes Basentriplett zuordnen zu können.

Die vorgegebene Reihenfolge der Basen auf der Boten-RNA wird nun in den Ribosomen von den Basentripletts der Träger-RNA abgetastet. An den entsprechenden Stellen lagert sich jeweils nur die „passende" Träger-RNA mit der entsprechenden Aminosäure an. Jede Aminosäure bekommt auf diese Weise ihren richtigen Platz. Bei der nachfolgenden Verknüpfung der Aminosäuren entstehen neue Proteinketten. Später löst sich die Träger-RNA vom Strang der Boten-RNA ab. Danach trennt sich die Träger-RNA von der Proteinkette. Die Proteinbildung, die durch das Erbgut vorgegeben wurde, ist erfolgt.

Die DNA enthält die in den Chromosomen gespeicherten Erbinformationen. Sie bildet einen Doppelstrang und kann sich identisch verdoppeln. In der Erbinformation ist der Bau der körpereigenen Proteine verschlüsselt.

1 Nenne die Basen, die sich jeweils an Adenin, Guanin, Cytosin und Thymin anlagern können.
2 Bei welchem Vorgang der Zelle wird der DNA-Strang verdoppelt?
3 Entwirf mithilfe der Ziffern 0, 1 und 2 Buchstabentripletts. Schreibe das Alphabet, dann deinen Namen.

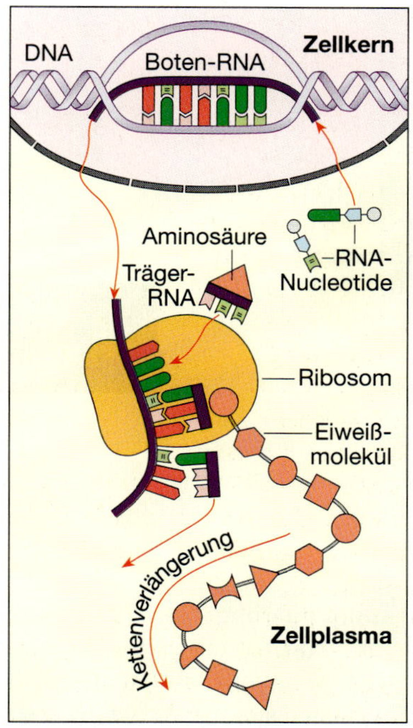

5 ***Proteinbildung.*** *Ablesen des Erbcodes*

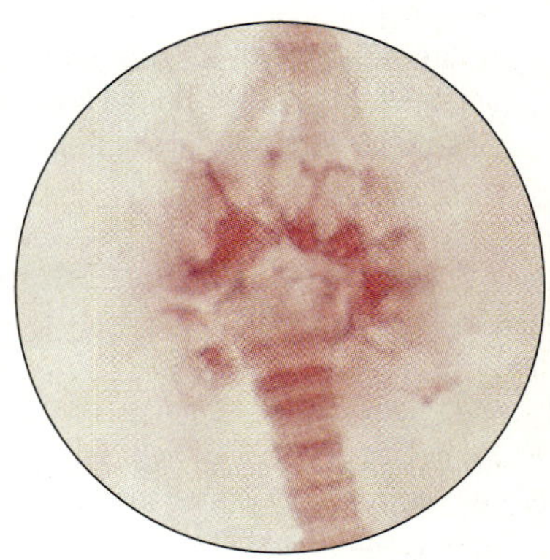

6 Riesenchromosom mit Puffs

Übung

Erbinformationen

V1 Bausteine der DNA

Diese Aufgabe eignet sich besonders als Gruppenarbeit.

Material: 1 Bogen unliniertes Papier; Bleistift; Lineal; Zirkel oder Kreisschablone; Schere; 1 Sortiment Farbstifte; Kopiergerät

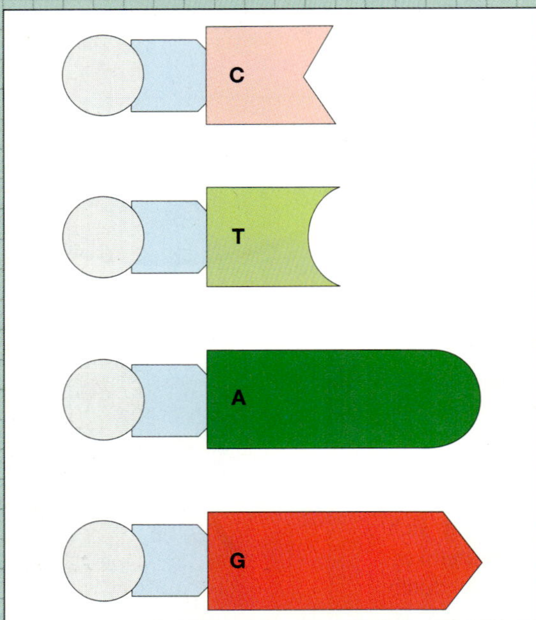

Durchführung: Zeichne die abgebildeten Symbole auf ein Blatt unliniertes Papier. Kopiere die so entstandene Vorlage etwa 10-mal. Färbe die Bausteine entsprechend der Abbildung und schneide sie aus.

Aufgaben: a) Zeichne in dein Heft einen etwa 2,5 cm breiten und 20 cm langen Streifen. Färbe ihn violett. Klebe nun einzelne Nucleotide auf und erstelle einen einfachen DNA-Strang wie in Abb. 3 (S. 123).

b) Ergänze den DNA-Einzelstrang zu einem DNA-Doppelstrang, indem du passende Nucleotide auf der gegenüber liegenden Seite aufklebst.

V2 DNA und ihre identische Verdoppelung

Material: Vorlage für Nucleotid-Symbole aus V1; ca. 10 m Bindfaden; 3 Bogen Zeichenkarton oder dünne Pappe; ca. 50 Büroklammern; Schere; Klebstoff; 1 Sortiment Farbstifte; 2 Kartenständer; Kopiergerät

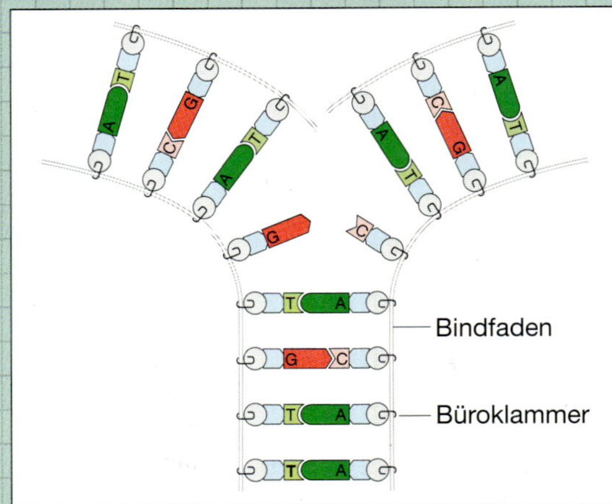

Durchführung: Vergrößere beim Kopieren die Nucleotid-Symbole aus V1. Klebe sie auf Karton und schneide aus. Miss zwei Bindfäden von etwa 3 m Länge ab. Befestige die Nucleotid-Symbole mit Büroklammern daran. Hänge den so entstandenen DNA-Doppelstrang zwischen den Kartenständern auf.

Aufgaben: a) Ziehe den Doppelstrang an einem Ende etwa zur Hälfte reißverschlussartig auseinander. Ergänze die Einzelstränge mit weiteren Symbolen, Büroklammern und Bindfaden zu Doppelsträngen.

b) Erkläre mithilfe deines Modells den Begriff „identische Verdoppelung" der DNS.

A3 Kombinationsmöglichkeiten bei Basentripletts

Es gibt 20 verschiedene Arten Aminosäuren. Jede besitzt ein eigenes Basentriplett.

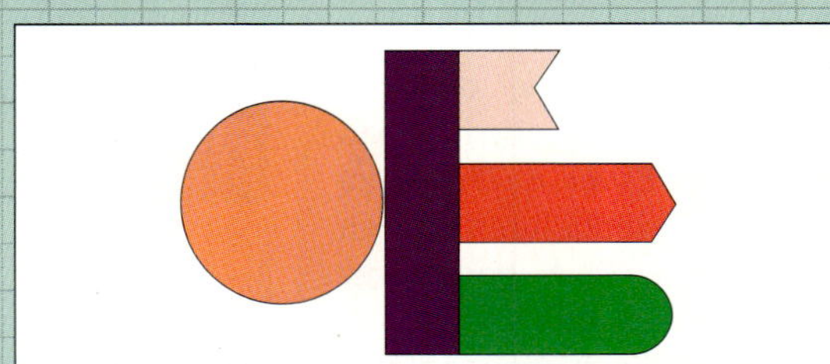

a) Wie viele Aminosäuren könnten festgelegt werden, wenn jeder Aminosäure nur eine Base zugeordnet wäre? Wie ist das Ergebnis bei zwei und drei Basen?

b) Kombiniere und zeichne 20 verschiedene Tripletts.

1.8 Was sind Mutationen?

2 Amsel. A *Normalform;* **B** *Mutante*

Amseln haben ein dunkles Gefieder, doch es sind auch schon Exemplare mit weißem Federkleid gesehen worden. Solche *Albinos* sind aus der Brut schwarz gefiederter Eltern hervorgegangen. Ein Farbstoffmangel ist die Ursache für ihre Weißfärbung.

Das Auftreten von Albinos ist ein Beispiel dafür, dass sich das Erscheinungsbild von Lebewesen sprunghaft verändern kann. Bleibt diese Veränderung erhalten und wird auf nachfolgende Generationen vererbt, spricht man von einem *Erbsprung* oder einer **Mutation.** Den Träger des neuen Merkmals bezeichnet man als *Mutante.* Aber nicht nur Tiere, sondern auch Pflanzen mutieren. So sind z. B. rote Blätter bei Buchen nicht aus einer Neukombination verschiedener Merkmale hervorgegangen, sondern sind auf eine Mutation zurückzuführen. Bei *Blutbuchen* wird das Chlorophyll durch den im Zellsaft gelösten Farbstoff Anthocyan überlagert. Bleibende Veränderungen für folgende Generationen haben also nur Mutationen in den Keimzellen.

Wenn bei jeder Zellteilung die Erbinformation immer wieder kopiert, umgeschrieben und identisch verdoppelt wird, können dabei auch Fehler auftreten. Mutationen kommen deshalb bei allen Lebewesen ständig vor. Manchmal beginnen Zellen nach diesem Vorgang ungehemmt zu wachsen und bilden einen Tumor. Dann ist Krebs im Körper dieses Lebewesens entstanden.

Obwohl Mutationen meist sprunghaft, zufällig und ohne erkennbaren Grund auftreten, weiß man, dass bestimmte Einflüsse Mutationen auslösen können. Solche Faktoren befinden sich in unserer Umwelt oder werden künstlich erzeugt. Zu diesen **Mutagenen** gehören bestimmte Chemikalien, Radioaktivität, Röntgenstrahlung und UV-Strahlen. Sie lösen in der Regel jedoch keine gezielten Mutationen aus.

Die Auswirkungen von Mutationen können für die nachfolgenden Lebewesen nützlich, aber auch schädlich oder gar tödlich sein. Viele Mutationen sind neutral, d. h. sie zeigen keine Auswirkungen.

Das Erbgut kann auf verschiedene Weise durch Mutationen verändert werden. Ändert sich die Anzahl der Chromosomen, liegt eine **Genommutation** vor. Veränderungen, die ein einzelnes oder auch mehrere Chromosomen betreffen, bezeichnet man als **Chromosomenmutation.** Eine **Genmutation** dagegen ist gekennzeichnet durch Verlust, Hinzufügung oder Austausch von Basen im DNA-Strang.

Mutationen verändern die Erbinformationen. Mutagene Faktoren können Mutationen auslösen. Man unterscheidet Genmutationen, Chromosomenmutationen und Genommutationen.

1 Nenne Beispiele für Mutationen im Tier- und Pflanzenreich.

2 Nenne Beispiele für nützliche und schädliche Mutationen.

1 Buchen. A *Rotbuchen;* **B** *Blutbuche (Mutante)*

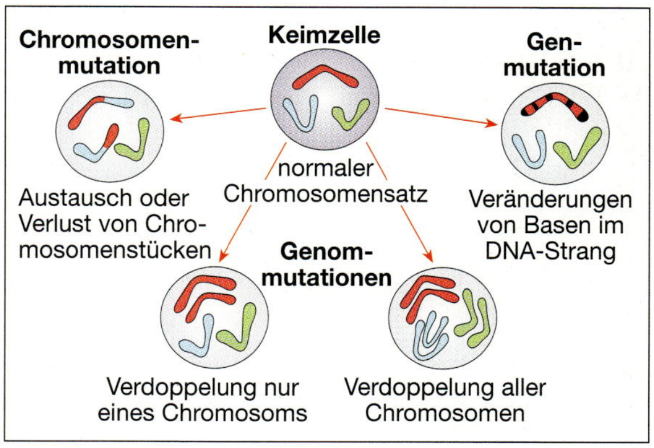

3 ***Mutationsformen***

Pinnwand

MUTATIONEN

Albinismus beim Menschen

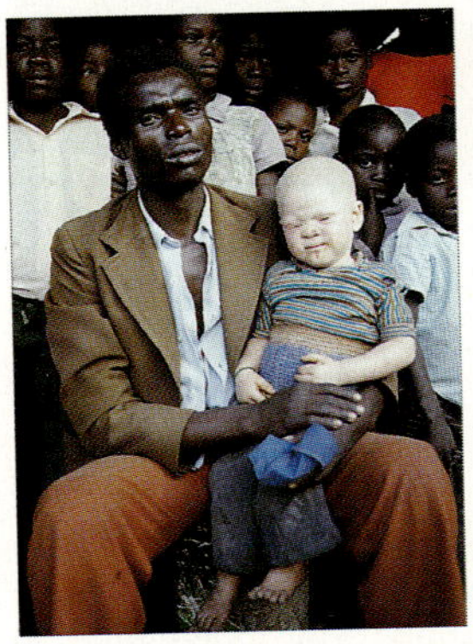

Albinismus ist eine Erbkrankheit, bei der Haut und Haare weiß bleiben. Die Augen haben eine hellblaue Iris und erscheinen rötlich. Albinismus beruht auf einer Störung bei der Bildung von Farbpigmenten. Die betroffenen Menschen sind sehr lichtempfindlich, was in einer sonnenreichen Region wie Afrika sehr hinderlich ist. Albinismus geht auf eine Mutation zurück.

Besondere Katzenrasse

Manx-Katzen sind durch eine Genmutation infolge extremer Inzucht entstanden. Neben der Schwanzlosigkeit bestehen Skelettmissbildungen und andere Fehlbildungen. Manx-Katzen sind in diesem Gen nie reinerbig, da dann die Feten schon im Mutterleib absterben.

1 Betrachte das geordnete Karyogramm. Finde heraus, welche Veränderung im Chromosomensatz stattgefunden hat.

2 Positive Mutationen geben einem Lebewesen bessere Überlebenschancen, negative eher schlechtere. Beurteile danach Beispiele bei Pflanzen und Tieren im Buch.

3 Welchen Typ von Mutationen findest du auf dem Pinnzettel „Mutationen als Auslöser für Krankheiten"?

Wie ist es zur Farbenvielfalt bei Blumen gekommen?

Infolge von Mutationen treten Farbveränderungen in den Blüten auf. Solche Mutationen sind neutral, da sie für die betreffenden Pflanzen ohne wesentliche Bedeutung sind. Die meisten Unterschiede zwischen Individuen einer Art sind auf neutrale Mutationen zurückzuführen. Die Vielfalt der Blütenfarben bei Tulpen ist ein Beispiel dafür. Der übrige Bauplan und die Grundfunktionen der Blüten sind unverändert.

Mutationen als Auslöser für Krankheiten

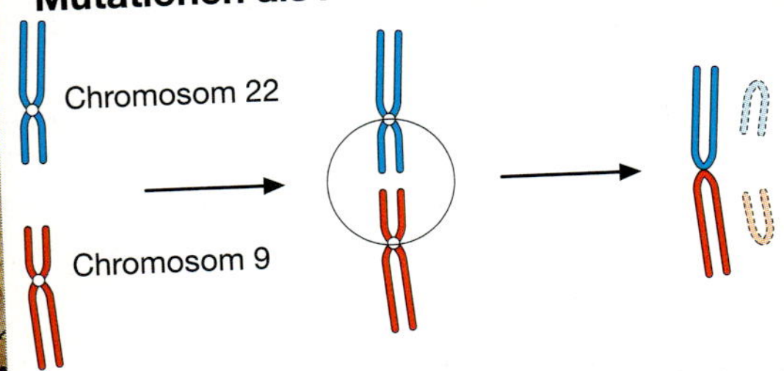

Eine Mutation wie in der Abbildung dargestellt ist Ursache für eine bestimmte Leukämieform. Außer diesem Blutkrebs werden auch andere Krebsarten wie Lungen-, Haut- und Hodenkrebs auf Mutationen zurückgeführt.

Down-Syndrom

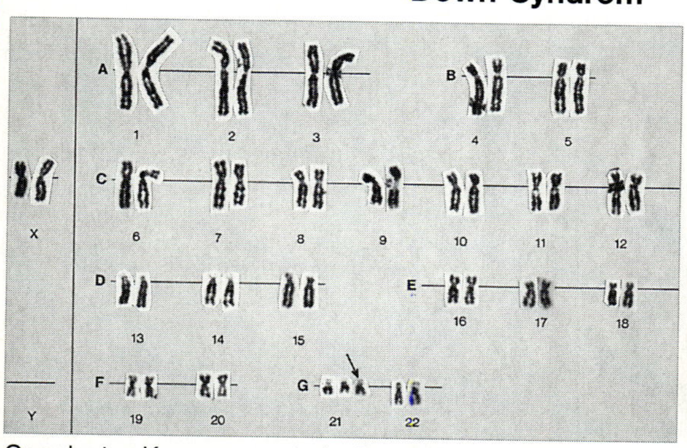

Geordnetes Karyogramm beim Down-Syndrom

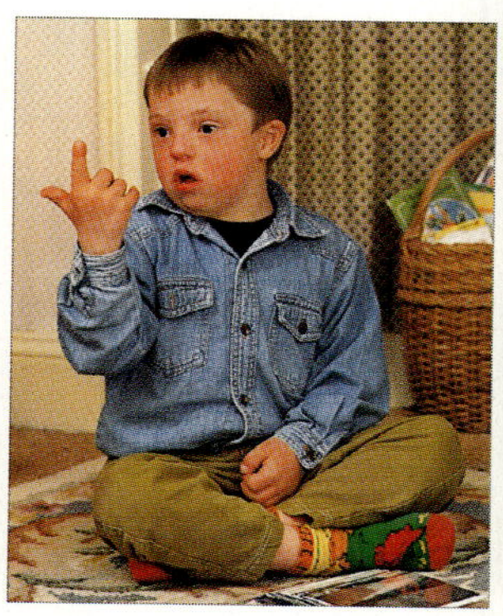

Tschernobyl – ein Reaktorunfall und seine Folgen

Streifzug durch die Sozialkunde

1 Atomkraftwerk von Tschernobyl (Ukraine)

Am 26. April 1986 ereignete sich im Atomkraftwerk von Tschernobyl, einem Ort in der Ukraine, der bisher schwerste Reaktorunfall. Eine Kette von Fehlern führte dazu, dass ein Reaktorblock außer Kontrolle geriet. Bei der folgenden nuklearen Explosion wurde hochradioaktives Material freigesetzt und bildete mit Dampf und Rauch eine „strahlende" Wolke. Diese breitete sich in nordwestlicher Richtung über Mitteleuropa aus. Bei diesem **g**rößten **a**nzunehmenden **U**nfall (GAU) starben sofort 31 Menschen an Verbrennungen und akuter Strahlenkrankheit. Dazu kamen etwa 300 schwere Krankheitsfälle beim Betriebspersonal sowie bei Feuerwehrleuten und Soldaten, die Hilfe leisteten. Von etwa 800 000 Menschen, die nach und nach am zerstörten Reaktor eingesetzt wurden, sind bis heute mehr als 10 000 gestorben. Nach Untersuchungen der Weltgesundheitsorganisation (WHO) haben über 125 000 Personen gesundheitliche Schäden davongetragen. Dazu hat die radioaktive Verseuchung des Acker- und Waldbodens, der Nutz- und Wildtiere sowie des Oberflächen- und Grundwassers beigetragen.

Eine Sperrzone von 30 km im Umkreis vom Reaktor bleibt für Jahrzehnte verstrahltes Gebiet. Außerhalb davon gibt es große Gebiete, die landwirtschaftlich nicht genutzt werden können. Sie liegen dort, wo Niederschläge aus der radioaktiven Wolke niedergingen. Über 400 000 Menschen aus etwa 2000 Orten mussten umgesiedelt werden und verloren ihre Heimat.

Die Strahlenschäden beschränken sich nicht nur auf die unmittelbare Umgebung des Reaktors. Bewohner aus weiter entfernt liegenden strahlenbelasteten Gebieten leiden viel häufiger unter bösartigen Tumoren als andere. Dazu kommen überdurchschnittlich viele Haut- und Blutkrankheiten, z. B. Leukämie.

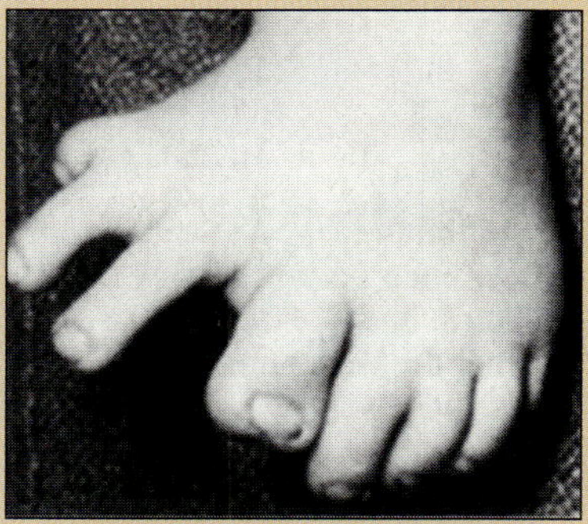

2 Missbildung eines Fußes

Kinder aus stark belasteten Gebieten haben eine Immunabwehrschwäche. Häufig wird über Missbildungen bei Neugeborenen berichtet. Die radioaktive Strahlung greift die DNA an. Weil sich Radioaktivität nur langsam abbaut, ist auch in Zukunft mit Erkrankungen und missgebildeten Kindern zu rechnen.

Gefahren gehen immer noch vom einbetonierten Reaktor aus. Seine Betonmauern sind brüchig geworden, sodass Strahlung frei kommt. Wegen der katastrophalen Folgen eines Atomunfalls und seiner langfristigen Auswirkungen auf Gesundheit und Leben auch Ungeborener sind viele Menschen heute vorsichtig in der Beantwortung der Frage, ob Atomkraft auch in Zukunft eingesetzt werden soll, um unseren Energiebedarf zu decken.

1 Beschreibe Langzeitgefahren radioaktiver Strahlung.

1 ***Standort-Modifikationen bei Hortensien. A*** *Boden kalkhaltig;* ***B*** *sauer*

1.9 Modifikationen beeinflussen das Erscheinungsbild

Gartenfreund König hat ein Problem. Letztes Jahr pflanzte er rot blühende Hortensien. Nun wundert er sich, dass einige Exemplare plötzlich blaue Blüten zeigen. Wie ist das zu erklären?

Die Ausprägung der Blütenfarbe bei Hortensien ist nicht allein durch die Erbinformation festgelegt, sondern kann innerhalb bestimmter Farbbereiche schwanken. Da sich nur Blüten an einem ganz bestimmten Standort veränderten, müssen Umwelteinflüsse eine Rolle gespielt haben. Ein Blick in ein Gartenfachbuch ergab dann die Lösung: Hortensien nehmen auf kalkhaltigen Böden rote, auf sauren Böden blaue Blütenfarbe an. Solche Unterschiede, die unter dem Einfluss der Umwelt entstehen, werden als **Modifikationen** bezeichnet. Modifikationen wirken sich nicht auf die Erbinformation aus und sind nicht vererbbar.

Solche **Standort-Modifikationen** findet man bei fast allen Pflanzen. Eine Buche, die frei steht, hat eine andere Form als die, die in einem dichten Bestand wächst. Löwenzahnpflanzen auf einer Weide haben üppigen Blattwuchs und sind groß, während die zwischen Pflastersteinen klein und mit liegender Blattrosette anzutreffen sind. Löwenzahnpflanzen haben also eine große **Variationsbreite** in der Ausprägung ihrer Gestalt.

Modifikationen findet man auch bei Schmetterlingen. Das Aussehen eines Tagtrauermantels z. B. wird während der Entwicklungsphase beeinflusst. Weicht während des Puppenstadiums die Umgebungstemperatur vom Normalmaß ab, wirkt sich das auf die Leuchtkraft und Musterung der Flügel aus. Solche **Temperatur-Modifikationen** kennt man auch bei anderen Tieren.

Bei allen Modifikationen setzen die Erbanlagen aber die Grenzen, innerhalb derer Lebewesen sich verändern können.

2 ***Standorte vom Löwenzahn. A*** *Fettwiese;* ***B*** *Magerboden*

3 ***Temperatur-Modifikation beim Tagtrauermantel.***
A *Normalform;*
B *Modifikation*

> Das Erscheinungsbild von Lebewesen wird geprägt durch Erbinformationen und Umwelteinflüsse. Umweltbedingte Ausprägungen bezeichnet man als Modifikationen. Sie sind nicht vererbbar und finden nur innerhalb erblich festgelegter Grenzen statt.

1 Sammle verschieden große Blätter der Rotbuche oder eines anderen Laubbaumes. Miss ihre Länge. Stelle die Variationsbreite fest.

4 ***Rotbuchen.***
A *einzeln stehend;* ***B*** *im Bestand*

Mutationen – Modifikationen

A1 Chromosomenmutationen

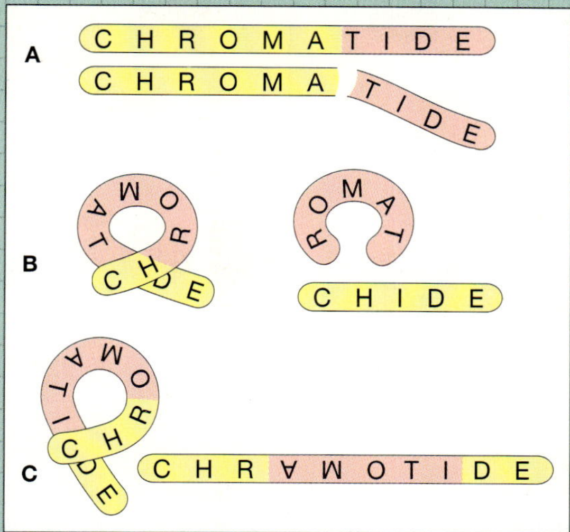

Die Teilabbildungen stellen schematisiert Veränderungen an einzelnen Chromosomen dar.

a) Beschreibe, wie und an welchen Stellen Chromosomenbrüche entstehen können.

b) Was geschieht jeweils mit den entstandenen Bruchstücken? Erkläre mithilfe der Abbildungen.

A2 Größenvariationen bei Gartenbohnen

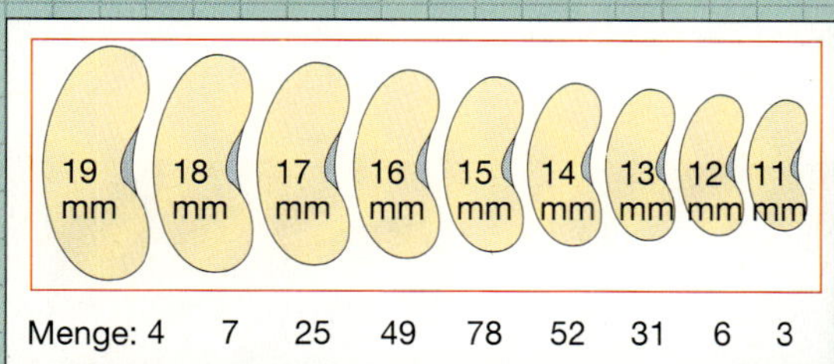

Die abgebildeten Bohnen stammen von einer Pflanze. Alle Samen sind erbgleich, da Bohnen Selbstbestäuber sind. Die Auszählung und Messung von 255 Bohnen ergaben die aufgeführten Werte.

a) Was verdeutlicht die Abbildung? Beschreibe.

b) Fertige ein Säulen- oder Kurvendiagramm an.

c) Was veranschaulicht dein Diagramm? Erkläre.

d) Wie groß ist die Variationsbreite der Bohnensamen?

e) Stelle Vermutungen darüber an, was geschehen würde, wenn entweder nur die kleinsten oder nur die größten Samen wieder zur Aussaat kämen?

A3 Genmutationen

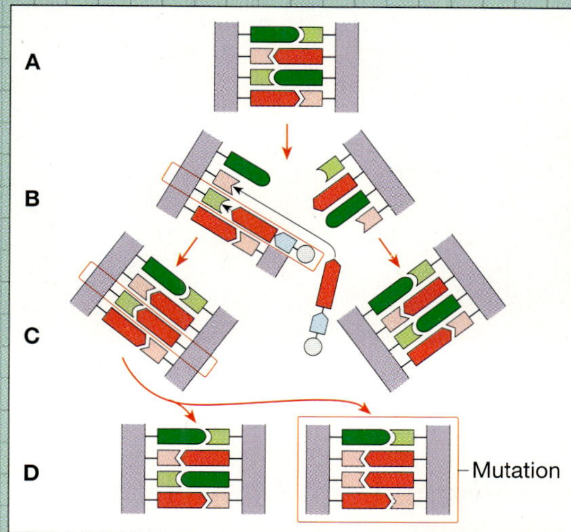

Genmutationen verändern unmittelbar die DNA.

a) Erkläre anhand der Abbildung eine Genmutation.

b) Beschreibe mithilfe der Abbildung weitere Formen von Genmutationen. Denke an Vertauschung, Verlust oder Hinzufügung von Nucleotiden.

V4 Vererbung oder Modifikation?

Material: Papierbogen mit Rechenkaros; schwarzer Filzstift; Bleistift; Lineal; Stoppuhr; Kopiergerät

Durchführung: Zeichne mit dem Filzstift 2 Labyrinthe wie in der Abbildung dargestellt. Stelle eine ausreichende Menge Kopien her. Teste Mitschüler, die so schnell wie möglich mit dem Bleistift vom Start bis zum Ziel eine Linie ziehen sollen, ohne die Begrenzung zu überzeichnen.

Aufgaben: a) Befrage die Testperson, ob sie Rechts- oder Linkshänder ist und notiere.

b) Lass die Linie erst mit der rechten, dann mit der linken Hand zeichnen. Stoppe jeweils die Zeit.

c) Stelle fest, ob es Rechts- bzw. Linkshänder gibt, die mit der jeweils anderen Hand schneller und genauer zeichnen. Welchen Grund könnte das haben?

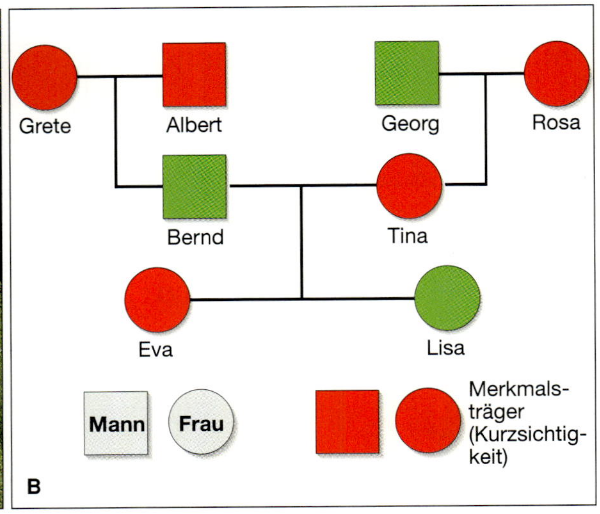

1 Drei Generationen einer Familie (A) und ihr Stammbaum (B)

2 Vererbung beim Menschen

2.1 Methoden der Erbforschung

Heute ist es selbstverständlich, dass man beim Züchten von Pflanzen und Tieren die Regeln der Vererbung beachtet. Die Kenntnisse wurden durch Versuche an Pflanzen und Tieren gewonnen. Experimente wie bei Pflanzen und Tieren sind jedoch aus ethischen Gründen beim Menschen verboten. Trotzdem weiß man, dass körperliche Merkmale, bestimmte Fähigkeiten, Verhaltensweisen und sogar Krankheiten nach bestimmten Regeln von den Eltern auf die Kinder weitergegeben werden können. Wie ist man zu diesen Erkenntnissen gekommen?
Eine wichtige Methode ist die Untersuchung von *Stammbäumen* verwandter Familien. Bei dieser **Stammbaumanalyse** verfolgt man die Nachkommen eines Paares über mehrere Generationen. So erhält man umfangreiche *Sippentafeln,* anhand derer sich die Vererbung eines bestimmten Merkmals über mehrere Generationen verfolgen lässt. Auf diese Weise gewinnt man Hinweise auf die Erblichkeit von Merkmalen und wie diese vererbt werden.
Eine andere Methode ist die **Zwillingsforschung.** Eineiige Zwillinge sind aus einer einzigen befruchteten Eizelle hervorgegangen und besitzen daher dasselbe Erbgut. Durch Vergleiche lässt sich feststellen, inwieweit die Umwelt einen Einfluss auf die Ausbildung eines Merkmals oder einer Eigenschaft hat.
Die moderne Erbforschung bedient sich auch der **Genanalyse.** Dabei versucht man herauszufinden, welche Gene zur Ausprägung bestimmter Merkmale führen. Die Forscher hoffen in der nächsten Zeit die über 100 000 Gene einer menschlichen Körperzelle identifizieren zu können.

Familien- und Zwillingsforschung sowie Genanalysen sind Methoden der Erbforschung beim Menschen.

1 Eine wichtige Methode zur Untersuchung menschlicher Erbgänge ist die Stammbaumanalyse. Begründe mithilfe der Abb. 1.

2 Genanalyse nach Zerlegung der DNA

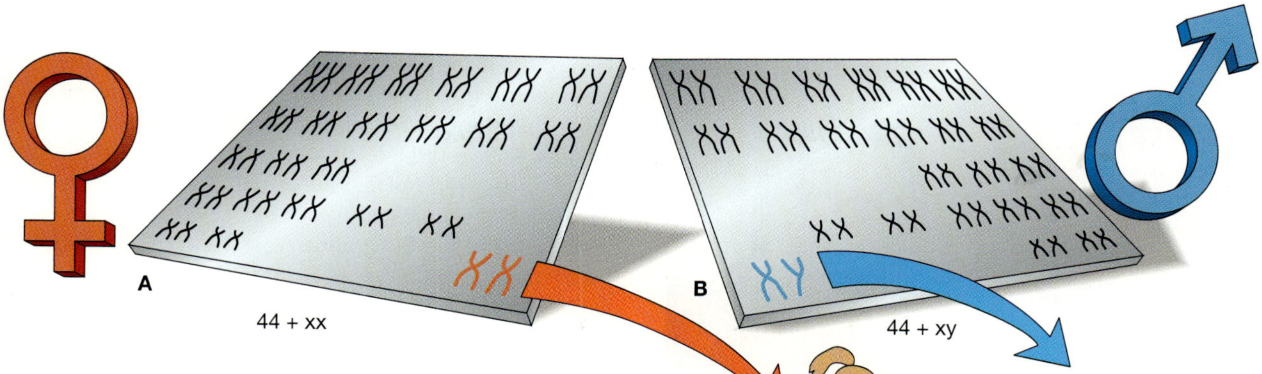

2.2 Zwei Chromosomen bestimmen das Geschlecht

Herr und Frau Adam haben 2 Töchter. Sie wünschen sich noch einen Jungen. Beeinflussen können sie das jedoch nicht. Wie wird das Geschlecht festgelegt?
Wie die Abbildungen 1 A und 1 B zeigen, besitzt jede Körperzelle von Mann und Frau 46 Chromosomen. Sie enthalten die gesamten Erbanlagen. Die Chromosomen lassen sich zu 23 Paaren anordnen. Bis auf das 23. Paar sind die Chromosomen eines Paares sowohl im Aussehen als auch in der Größe gleich. Nur das letzte Paar unterscheidet sich bei Mann und Frau. Bei der Frau sehen die Paarlinge gleich aus. Diese werden *XX-Chromosomen* genannt. Beim Mann sind die Paarlinge in Größe und Gestalt ungleich. Das größere ist das *X-Chromosom,* das kleinere heißt *Y-Chromosom.* Es sind die **Geschlechtschromosomen.**
Bei der Bildung der Keimzellen – der Reifeteilung – erhält jede nur den einfachen Chromosomensatz von 23 Chromosomen. Neben den Chromosomen 1 bis 22 enthalten die Spermien entweder ein X- oder ein Y-Chromosom, die Eizellen ein X-Chromosom.
Ob aus einer befruchteten Eizelle ein Junge oder ein Mädchen entsteht, wird allein durch das Spermium entschieden. Vereinigt sich ein „Y-Spermium" mit einer Eizelle, entwickelt sich daraus ein Junge. Vereinigt sich dagegen ein „X-Spermium" mit einer Eizelle, entsteht daraus ein Mädchen. So wird schon bei der Befruchtung der Eizelle das Geschlecht eines Menschen festgelegt.

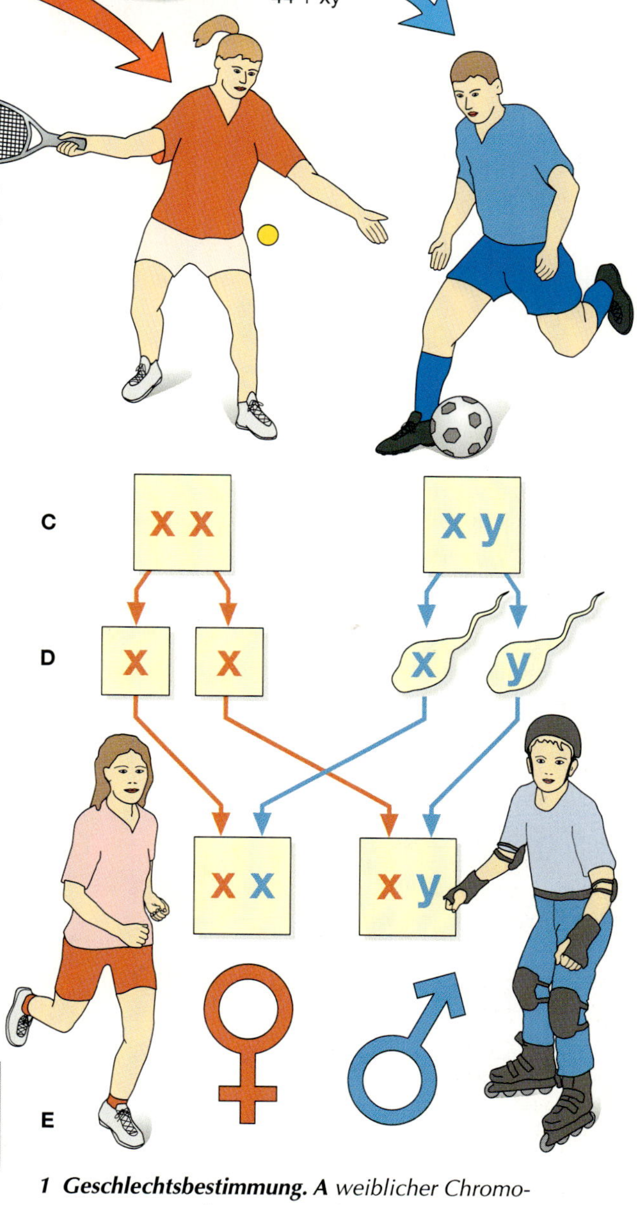

1 ***Geschlechtsbestimmung. A*** *weiblicher Chromosomensatz (geordnet);* ***B*** *männlicher Chromosomensatz (geordnet);* ***C*** *Geschlechtschromosomen in den Körperzellen;* ***D*** *Keimzellen mit Geschlechtschromosom;* ***E*** *Nachkommengeneration*

> Das Geschlecht wird durch die Kombination von X- und Y-Chromosomen bei der Befruchtung der Eizelle durch ein Spermium festgelegt.

1 Der statistische Mittelwert von Jungen- und Mädchengeburten ist über die Jahre etwa gleich bleibend 1 : 1. Erläutere, wie dieser zustande kommt.

1 Roller und Nichtroller

2.3 Erbregeln gelten auch für den Menschen

Versuche einmal, deine Zunge wie in Abb. 1 zu rollen. Gelingt dir das, gehörst du zu den „Rollern“, wenn nicht, dann bist du ein „Nichtroller“. Die Fähigkeit, die Zunge zu rollen, ist erblich und kann nicht erlernt werden. Sie beruht auf einem *dominanten Erbgang.* Die Anlage für „Roller“ dominiert über die Anlage für „Nichtroller“.

Auch die Blutgruppe wird vererbt. Ein Blick in den Blutspenderausweis oder in den Notfallausweis zeigt, welcher Blutgruppe man angehört. Du besitzt eine der Blutgruppen A, B, AB oder 0. Die Kenntnis der jeweiligen Blutgruppe ist zum Beispiel bei einer Bluttransfusion zwingend erforderlich.
Die Ausbildung der Blutgruppeneigenschaften wird durch die **Gene A, B** oder **0** gesteuert. Von den drei möglichen Genen besitzt jeder Mensch nur zwei für seine Blutgruppe. Die eine Erbanlage stammt vom Vater, die andere von der Mutter. Die Weitergabe der Merkmale erfolgt nach dem *dominanten Erbgang.* Dabei sind die Anlagen für A und B **dominant** gegenüber der Anlage 0. Eine besondere Erscheinung ist die Tatsache, dass die Anlagen für A und B gleichberechtigt nebeneinander liegen.
Besitzt jemand die Blutgruppe A, so kann das Erbbild AA oder A0 sein, da A über 0 dominiert. Hat jemand die Blutgruppe B, ist das Erbbild entweder BB oder B0. Bei der Blutgruppe 0 dominieren weder A noch B. Das Erbbild ist 00. Nur bei der Blutgruppe AB erscheint auch das Erbbild AB. Wenn du also deine Blutgruppe und die deiner Eltern und Geschwister kennst, kannst du Rückschlüsse auf die jeweiligen Erbgänge der vorkommenden Blutgruppen ziehen.
Die Blutgruppe bleibt zeitlebens erhalten. Sie unterliegt keinen Umwelteinflüssen.

Neben dem AB0-System gibt es weitere Bluteigenschaften, die nach den Erbregeln von Generation zu Generation weitergegeben werden. Dazu gehört der **Rhesus-Faktor.** Der Rhesus-Faktor spielt bei der Blutübertragung eine wichtige Rolle. Erhält z. B. ein rhesus-negativer Mensch rhesus-positives Blut, können sich in seinem Blut Antikörper gegen den Rhesus-Faktor Rh^+ bilden. Bei einer erneuten Blutübertragung würde es zu einer Verklumpung des Blutes und zu ernsthaften gesundheitlichen Folgen kommen.
In Deutschland sind etwa 85 % der Bevölkerung *rhesus-positiv* (Rh^+) und etwa 15 % *rhesus-negativ* (rh^-). Die Anlage Rh^+ dominiert gegenüber rh^-. Auch für den Rhesus-Faktor hat jeder von uns 2 Anlagen. Wenn wir rhesus-positiv sind, kann das Erbbild reinerbig Rh^+Rh^+ oder mischerbig Rh^+rh^- sein.

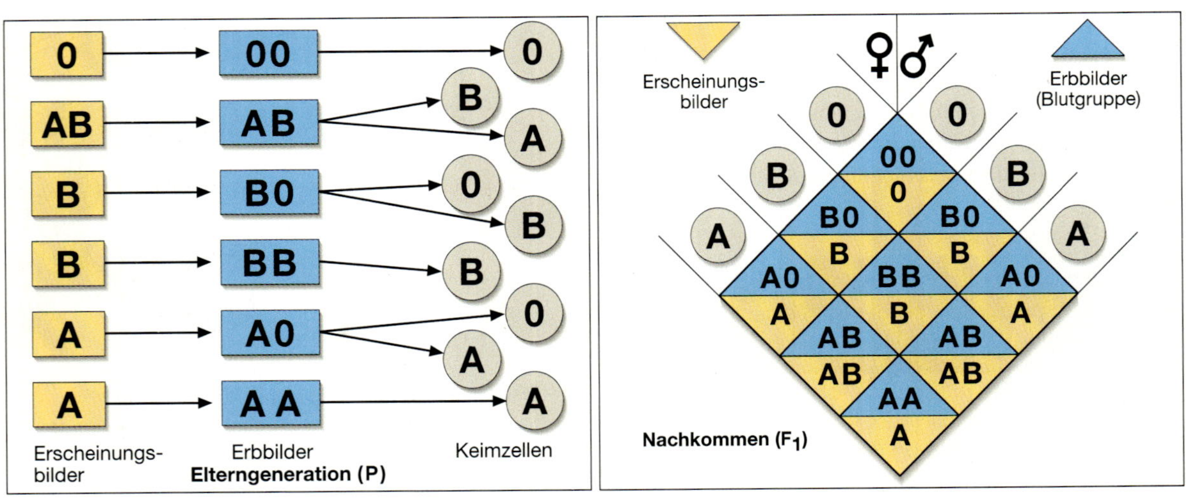

2 Vererbung der Blutgruppen A, B, AB und 0

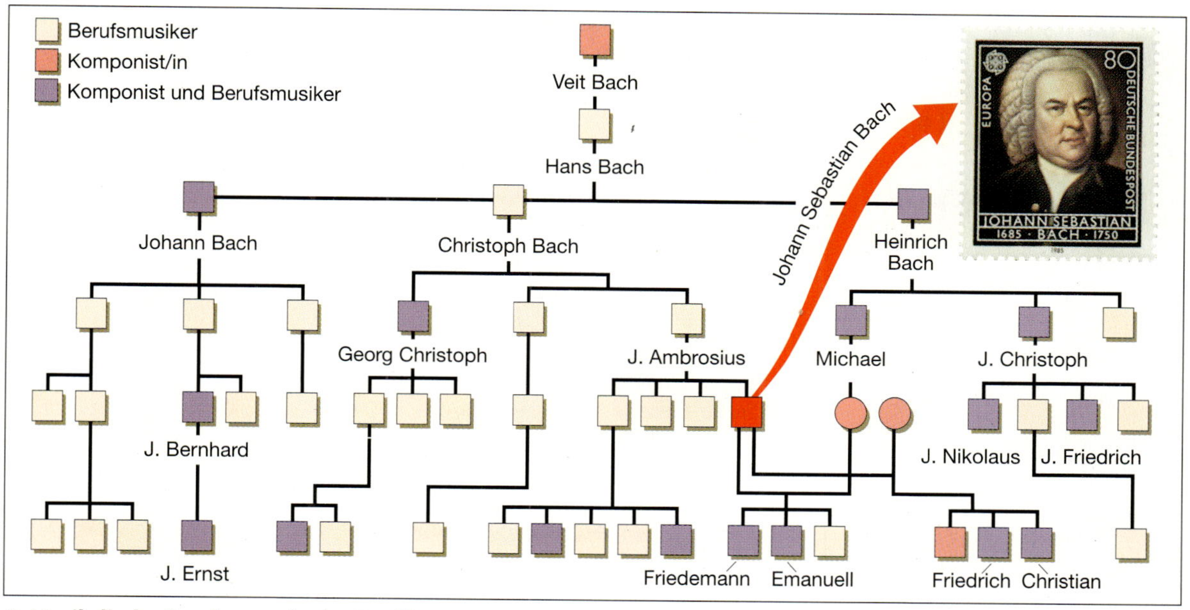

3 Musikalische Begabungen in der Familie BACH

Viele körperliche Merkmale wie Bluteigenschaften oder Fähigkeiten wie Zungenrollen werden also von Generation zu Generation unbeeinflusst durch die Umwelt weitergegeben. Wie aber sieht es mit den *geistigen, seelischen, künstlerischen* und *handwerklichen Begabungen* aus? Antworten auf diese Frage liefern uns Stammbaumanalysen. Der Stammbaum der Familie BACH zum Beispiel legt die Vermutung nahe, dass die Anlage zu einer *musikalischen Begabung* auf erblichen Grundlagen beruht. Johann Sebastian Bach (1685–1750) war ein begabter Organist und Komponist, dessen Werke noch heute weltweit gespielt werden. Über viele Generationen gab es in der Familie Bach begabte Komponisten und Berufsmusiker.

Aber auch in den eigenen Familien kann man Beispiele für die Vererbung von Anlagen bestimmter Begabungsrichtungen finden. Über mehrere Generationen lassen sich z. B. handwerkliche, musikalische, naturwissenschaftliche oder pädagogische Begabungen nachweisen. Die Anlagen sind jedoch genetisch nicht so festgelegt wie bei den körperlichen Merkmalen. Sie verteilen sich auf verschiedene Gene und weisen daher bestimmte Variationsbreiten auf. Die Ausbildung der spezifischen Begabungen hängt ganz entscheidend von der Erziehung und den Umwelteinflüssen ab, aber auch von dem Willen des Einzelnen, seine Anlagen zu nutzen.

Bestimmte körperliche Merkmale wie Bluteigenschaften werden nach den Erbregeln vererbt und bleiben zeitlebens in der gleichen Ausprägung erhalten. Geistig-seelische Eigenschaften unterliegen sowohl der Vererbung als auch den Einflüssen von Erziehung und Umwelt.

1 Die Mutter hat die Blutgruppe 0, der Vater die Blutgruppe AB. Nenne Blutgruppen, die ihre Kinder haben könnten, und fertige ein Erbschema an.

2 Berichte, warum in der Familie BACH fast ausschließlich Männer begabt zu sein schienen. Denke dabei an die Zeit, in der Bach lebte (18. Jh.).

3 Nimm Stellung zu den Aussagen in Abbildung 4.

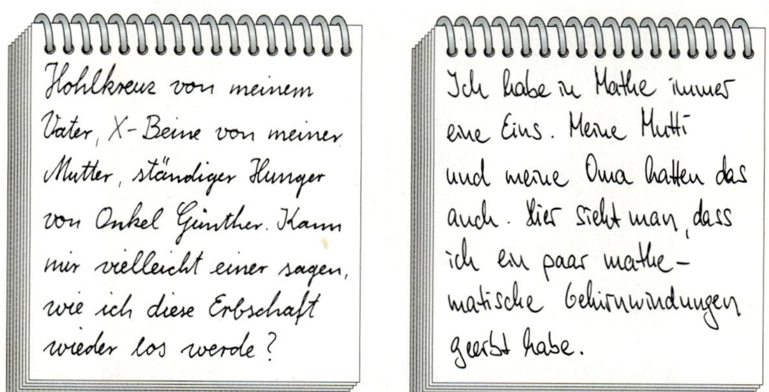

4 *Vererbt oder erworben?* *(Schüleräußerungen; 13 Jahre)*

2.4 Erbe oder Umwelt: Ergebnisse der Zwillingsforschung

In welchem Maße bestimmen Erbgut und Umwelt das Aussehen und die Eigenschaften eines Menschen? Mit dieser Frage beschäftigen sich Wissenschaftler seit mehreren Jahrzehnten. Bislang ist man jedoch zu keinem allgemein gültigen Ergebnis gekommen.

Einen wichtigen Beitrag zur Klärung dieser Frage liefern Ergebnisse der **Zwillingsforschung.** Es gibt zwei Typen von Zwillingen, die auf unterschiedliche Weise entstehen. *Zweieiige Zwillinge* bilden sich aus zwei Eizellen, die jeweils durch eine Samenzelle befruchtet werden. Sie besitzen ein unterschiedliches Erbgut und ähneln sich daher nicht mehr als andere Geschwister. *Eineiige Zwillinge* dagegen entstehen aus einer befruchteten Eizelle. In einem sehr frühen Stadium der anschließenden Entwicklung teilt sich diese und es bilden sich zwei erbgleiche Nachkommen. Durch ihre genetische Übereinstimmung gleichen sich eineiige Zwillinge so sehr, dass selbst Eltern oft Schwierigkeiten haben, sie voneinander zu unterscheiden.

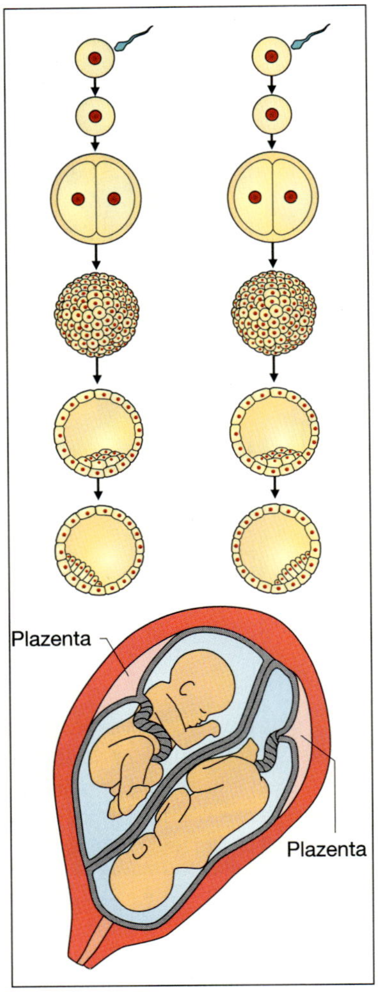

1 Zwillingsbildung bei zweieiigen Zwillingen

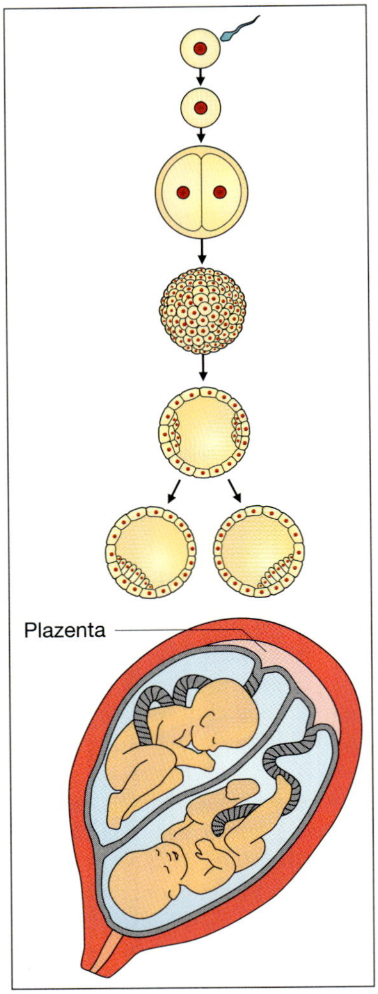

3 Zwillingsbildung bei eineiigen Zwillingen

2 Zweieiige Zwillinge

4 Eineiige Zwillinge

Bei der Zwillingsforschung konzentrieren sich die Untersuchungen vor allem auf eineiige Zwillinge, die gemeinsam groß geworden sind und solche, die kurz nach der Geburt voneinander getrennt wurden und in verschiedenen Umwelten aufgewachsen sind. Bei Letzteren – so vermuten Wissenschaftler – müssen z. B. Unterschiede in körperlichen, geistigen und seelischen Merkmalen auf die verschiedenen Umwelteinflüsse zurückzuführen sein, da sie dasselbe Erbgut besitzen.

Berühmt geworden sind die Zwillingsbrüder Jim Springer und Jim Lewis aus den USA. Beide wurden als Babys voneinander getrennt und wussten 39 Jahre nichts voneinander. Trotzdem wiesen sie nicht nur körperliche Übereinstimmungen auf, sondern auch solche in ihren Lebensläufen, ihrem Charakter und in ihren Gewohnheiten. Beide waren Heimwerker, Kettenraucher und Nägelkauer. Jeder baute sich vor seinem Eigenheim um einen Baum eine Bank. Beide hatten zunächst in einer Tankstelle gearbeitet und später als Hilfssheriff gedient. Ihren Urlaub verbrachten sie mit ihren Familien wiederholt am selben Strand in Florida.

Solche Ähnlichkeiten bedeuten aber nicht, dass ganze Lebensläufe komplett genetisch vorbestimmt sind. Aus vielen vergleichenden Untersuchungen schließt man heute, dass körperliche Merkmale wie Gestalt, Körpergröße, Aussehen sowie Veranlagung zu bestimmten Krankheiten weitestgehend genetisch bedingt sind. Die Umwelt hat darauf nur einen geringen Einfluss. Solche Merkmale, die überwiegend auf das Erbgut zurückzuführen sind, bezeichnet man als **umweltstabil.** Das Körpergewicht dagegen hängt sehr stark von der Umwelt ab. Hier spielen die jeweiligen Essgewohnheiten eine Rolle. Merkmale, die auf eine umweltbedingte Veränderlichkeit hinweisen, nennt man **umweltlabil.**

Schwieriger ist die Beurteilung, in welchem Umfang Interessen, Begabungen und Verhaltensweisen vererbbar sind und welchen Anteil daran das persönliche Umfeld hat. Ergebnisse von Intelligenztests, die z. B. logisches Denken, Zahlenverständnis und Merkfähigkeit feststellen, zeigten, dass gemeinsam aufgewachsene eineiige Zwillinge geringere Unterschiede aufwiesen als getrennt aufgewachsene eineiige Zwillinge. Bei gemeinsam aufgewachsenen zweieiigen Zwillingen war der Unterschied noch größer.

Diese Beispiele zeigen, dass insbesondere bei geistigen Fähigkeiten vom Erbgut eine Bandbreite vorgegeben wird, innerhalb derer sich Umwelteinflüsse fördernd oder hemmend auswirken. Nicht ein einzelnes Gen, sondern in der Regel das Zusammenwirken mehrerer Gene sind für die Merkmalsausprägung verantwortlich.

5 Zwillingspaar Jim Springer und Jim Lewis

Mit der Zwillingsforschung versucht man, die erbbedingten und umweltbedingten Anteile an der Veränderlichkeit von Merkmalen beim Menschen festzustellen.

1 Beschreibe die Entstehung eineiiger und zweieiiger Zwillinge anhand der Abbildungen 1 und 3.

2 Informiere dich im Internet über Ergebnisse der Zwillingsforschung. Berichte.

3 Erbe und Umwelt bestimmen den Menschen. Begründe diese Feststellung mithilfe des Informationstextes und ggf. Informationen aus dem Internet.

1 *Farberkennen von Normalsichtigen*

2 *Farberkennen von Rot-Grün-Blinden*

2.5 Vererbte und angeborene Behinderungen und Krankheiten

Normalsichtige können bei der Obstschale in Abbildung 1 ohne Schwierigkeiten die Farben Rot, Grün, Orange und Braun richtig erkennen. Für manche Menschen dagegen erscheinen die Tomate und der grüne Apfel in ganz anderen Farbtönen, während sie Orange und Braun ähnlich wahrnehmen wie Normalsichtige.
Bei dieser Fehlsichtigkeit handelt es sich um die **Rot-Grün-Schwäche,** in der stärker ausgeprägten Form um die **Rot-Grün-Blindheit.** Den davon Betroffenen fehlen die entsprechenden farbempfindlichen Zellen in der Netzhaut. Etwa 1 % aller Männer sind rot-grün-blind und etwa 2 % grün-blind. Rund 8% der Männer und 0,5 % der Frauen besitzen eine Schwäche in der Unterscheidung von Rot und Grün. Wenn du in Abb. 3 A eine Ziffer, bei 3 C jedoch keine Ziffer entdeckst, so kannst du Farben vermutlich normal sehen.
Die Farbfehlsichtigkeit gehört zu den Erbkrankheiten, die *rezessiv* vererbt werden. Die Erbanlagen für die Unterscheidung von Rot und Grün liegen auf dem X-Chromosom, das neben dem geschlechtsbestimmenden Gen noch über 100 Gene für weitere Merkmale besitzt. Trifft bei der Befruchtung einer Eizelle ein X-Chromosom mit einem defekten Gen für das Farbensehen mit einem Y-Chromosom zusammen, kommt es bei dem männlichen Nachkommen zur Ausbildung der Rot-Grün-Blindheit; denn das Y-Chromosom hat kein entsprechendes Gen für Farbtüchtigkeit. Frauen mit einem rezessiven Gen für Rot-Grün-Blindheit auf einem X-Chromosom dagegen sind farbtüchtig, da das entsprechende zweite X-Chromosom die dominante Anlage für normales Farbensehen besitzt. Nur wenn beide X-Chromosomen die Anlage für die Fehlsichtigkeit haben, tritt bei Frauen die Rot-Grün-Blindheit auf. Da die Vererbung auf das X-Chromosom zurückzuführen ist, bezeichnet man den Erbgang als *geschlechtschromosomen-gebunden.*

Wenn wir uns die Ahnentafeln europäischer Adelshäuser ansehen, fallen uns Angehörige auf, die an der **Bluterkrankheit** leiden. Aber nicht nur Könige und Zaren sind von dieser Krankheit betroffen. Allein in Deutschland schätzt man die Zahl auf rund 7500. Die Krankheit äußert sich in dem Fehlen eines Blutgerin-

3 ***Rot-Grün-Blindheit. A** und **C** Testtafeln für Farbsehen; **B** Erbgang der Rot-Grün-Blindheit*

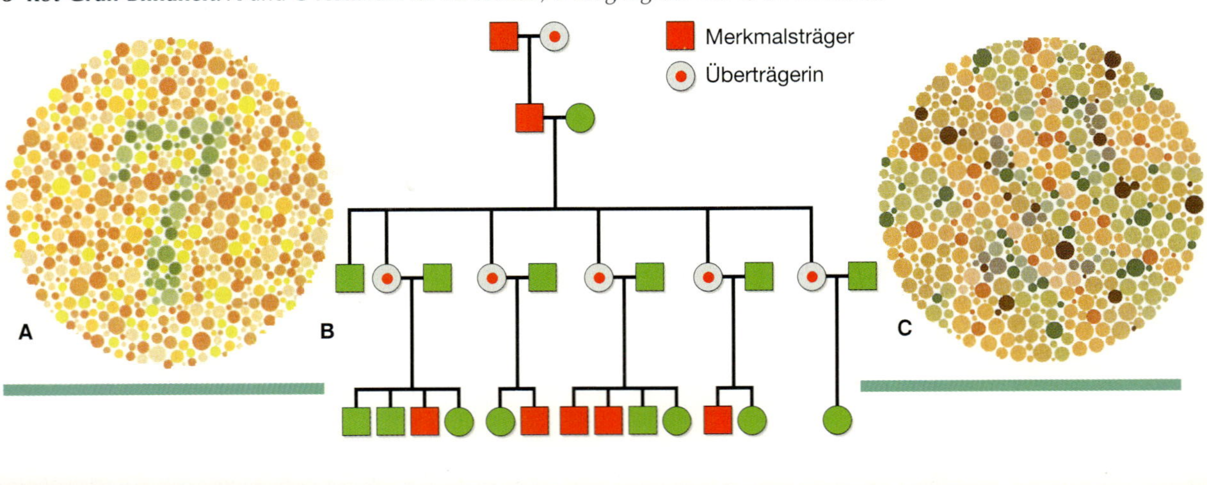

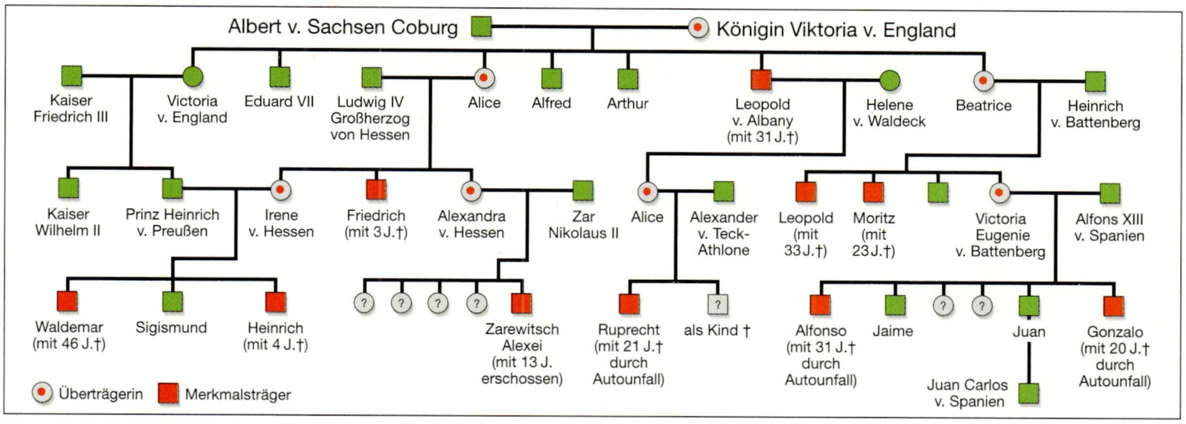

4 Bluterkrankheit im europäischen Adel *(Ausschnitt des Stammbaumes)*

nungsfaktors. Schon geringste Verletzungen können lebensbedrohende Blutungen hervorrufen. Bei der Bluterkrankheit handelt es sich um eine Erbkrankheit, von der in der Regel nur Männer betroffen sind. Sie wird durch ein defektes rezessives Gen auf dem X-Chromosom hervorgerufen. Da dem Y-Chromosom ein entsprechendes Gen fehlt, erbt der männliche Nachkomme von seiner Mutter die Bluterkrankheit. Die äußerlich gesunde Frau ist nur Gen-Überträgerin für die Krankheit. Auch die Bluterkrankheit ist eine *geschlechtschromosomen-gebundene Erbkrankheit.*

Früher starben die Bluterkranken schon recht früh. Noch um 1960 betrug die allgemeine Lebenserwartung nur etwa 20 Jahre. Inzwischen hat man jedoch einen Gerinnungsstoff gewonnen, den man den Bluterkranken medikamentös verabreichen kann. Dadurch ist die Erbkrankheit nicht mehr so lebensbedrohlich wie früher.

Mukoviszidose ist mit einem Auftreten von 1:2000 die häufigste Erbkrankheit in Deutschland. Aufgrund eines Gendefektes auf dem Chromosom Nr. 7 ist u.a. die Drüsentätigkeit der inneren Organe gestört. Statt flüssiger Sekrete werden zähflüssige Schleime abgegeben. Sie führen zu Verschleimungen der Atmungsorgane und im Verdauungstrakt.

Mukoviszidose wird *rezessiv* vererbt. Sie tritt daher nur bei Nachkommen auf, wenn deren beider Elternteile ein defektes Gen weitergeben. Etwa 3 bis 5% der Bevölkerung sind Träger des Gendefektes, ohne selbst daran zu erkranken.

Eine Krankheit, die *dominant* vererbt wird, ist die **Kurzfingrigkeit.** Bei den davon Betroffenen sind einzelne oder mehrere Fingerglieder verkürzt oder miteinander verwachsen. Bei einer anderen Form dieser Krankheit fehlt je eins der Fingerglieder ganz.

Eine *angeborene,* nicht vererbte Behinderung ist das **Down-Syndrom.** Äußere Merkmale sind u.a. ein kleiner Kopf, ein flaches, kurzes Genick und ein flacher Hinterkopf. Hinzu kommt eine geistige Unterentwicklung. Die Krankheit ist deshalb so „tückisch", weil sie spontan auftritt. Sie beruht auf einem vom Normalen abweichenden Chromosomensatz. Das Chromosom Nr. 21 hat sich bei der Meiose nicht getrennt und ist nach der Befruchtung dreifach statt zweifach vorhanden. Eine früh einsetzende Therapie kann die Behinderung lindern helfen.

Erbkrankheiten können dominant oder rezessiv vererbt werden. Das Down-Syndrom ist eine angeborene Krankheit.

1 Erläutere Abb. 3.

2 Zeichne ein Erbschema der Mukoviszidose, bei der beide Elternteile als Überträger der Krankheit Nachkommen haben.

3 Zeichne die Erbbilder zu Abb. 5. Erläutere diese.

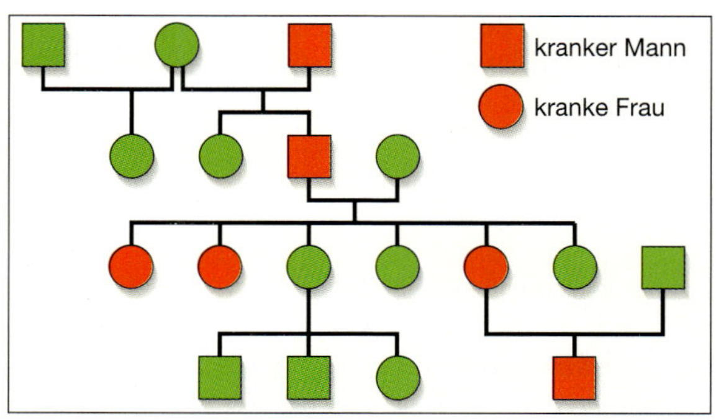

5 Erbgang der Kurzfingrigkeit

Streifzug durch die Medizin

Vorsorgeuntersuchungen

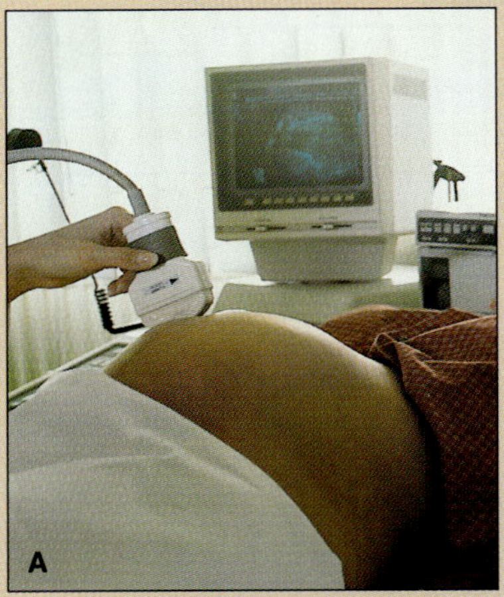

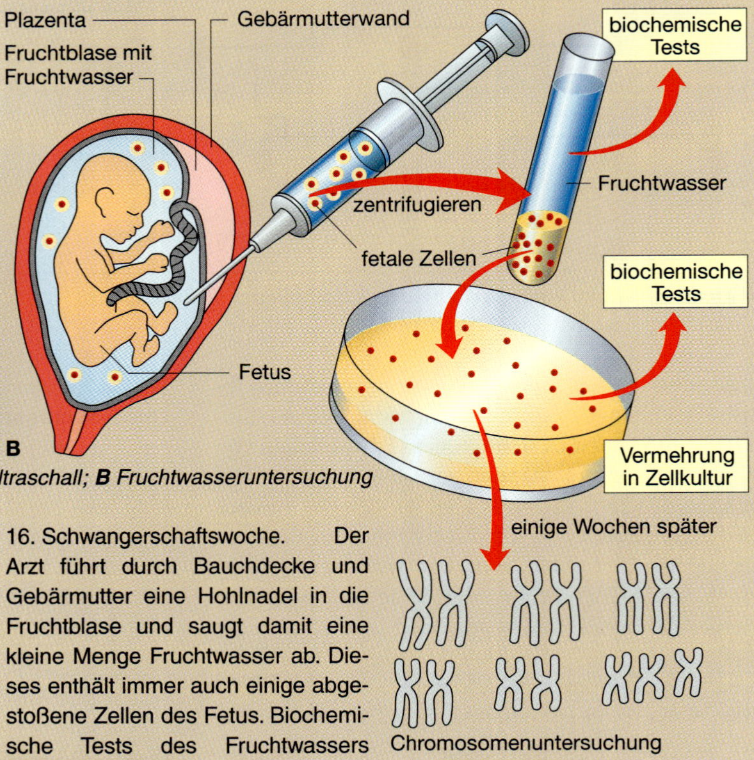

***1 Vorgeburtliche Untersuchung. A** Ultraschall; **B** Fruchtwasseruntersuchung*

Frau Braun ist 41 Jahre alt und erwartet ein Kind. Sie weiß um das Risiko, dass ältere Eltern eher ein Kind mit Down-Syndrom bekommen als jüngere. Sie sucht daher einen Arzt zu einer Vorsorgeuntersuchung auf. Welche Möglichkeiten gibt es bei einer *vorgeburtlichen Untersuchung?*

Die **Ultraschall-Untersuchung** wird bei nahezu allen Schwangerschaften angewandt. Sie erlaubt einen Blick in den Bauch der Schwangeren mit dem Fetus in der Fruchtblase. Mit ihrer Hilfe erhält der Arzt Hinweise auf mögliche Wachstumsstörungen oder schwere Missbildungen der Wirbelsäule oder Gliedmaßen. Wenn es solche Hinweise gibt, ermöglichen weitere Untersuchungen – z.B. des Fruchtwassers – sich Klarheit zu verschaffen.

Zur vorgeburtlichen Erkennung von Krankheiten gehört u.a. die **Fruchtwasseruntersuchung.** Sie erfolgt in der Regel nicht vor der 16. Schwangerschaftswoche. Der Arzt führt durch Bauchdecke und Gebärmutter eine Hohlnadel in die Fruchtblase und saugt damit eine kleine Menge Fruchtwasser ab. Dieses enthält immer auch einige abgestoßene Zellen des Fetus. Biochemische Tests des Fruchtwassers ergeben Hinweise auf eventuell vorliegende erbbedingte Stoffwechselstörungen. In einer besonderen Behandlung werden auch die fetalen Zellen überprüft. Dazu müssen sie 2–3 Wochen in einem Nährmedium kultiviert und vermehrt werden. Anschließend werden die Zellen entnommen und untersucht. Die in den Zellkernen enthaltenen Chromosomen werden dabei auf Störungen wie das Down-Syndrom geprüft. Auch biochemische Störungen der Zellfunktion lassen sich auf diese Weise diagnostizieren. Dadurch ist es gelungen, über 50 Stoffwechseldefekte anhand verminderter Enzymtätigkeiten zu analysieren.

Zu rascheren Ergebnissen führt die **Plazentagewebeuntersuchung.** Dabei wird eine Hohlnadel durch den Muttermund eingeführt und eine Probe vom Plazentagewebe genommen. Diese Methode kann schon nach der 9. Schwangerschaftswoche angewandt werden. Beide Methoden sind nicht ganz risikolos. In etwa 1 % der Fälle kommt es zu einer Fehlgeburt.

Neugeborene werden heute daraufhin getestet, ob bei ihnen die Stoffwechselstörung **Phenylketonurie** vorliegt. Unter etwa 10 000 Neugeborenen findet sich eines mit dieser Erbkrankheit. Aufgrund eines Gendefekts wird eine bestimmte Aminosäure nicht abgebaut. Bei Nichtbehandlung kommt es zu schweren Gehirnstörungen, die durch eine entsprechende Diät vermieden werden können.

Pinnwand

Erbgesundheitspflege einst und genetische Beratung heute

Liebe Petra,
vor einiger Zeit habe ich dir berichtet, wie sehr ich mich darüber freue, dass ich schwanger bin. Nach einer Fruchtwasseruntersuchung wurde nun festgestellt, dass ich ein Kind mit Down-Syndrom bekommen werde. Ich bin ganz verzweifelt. Was würdest du an meiner Stelle tun? Ich möchte so gerne mit dir reden.

Deine Ines

Genetische Beratung

Die genetische Beratung sollte von solchen Personen in Anspruch genommen werden, die sich Nachwuchs wünschen oder bereits schwanger sind, wenn u. a.

- ein oder beide Partner an einer Erbkrankheit leiden;
- in der Verwandtschaft eines Partners bestimmte Krankheiten gehäuft auftreten;
- gesunde Eltern ein Kind mit einer genetisch bedingten Behinderung haben;
- die Frau bereits mehrere Fehlgeburten hatte;
- sich ältere Ehepaare über mögliche Risiken von Mutter und Kind informieren wollen;
- Frau und/oder Mann schädigenden Umwelteinflüssen wie Strahlungen, Suchtmitteln oder möglichen mutationsauslösenden Medikamenten ausgesetzt waren.

Sie werden in der Beratung über Möglichkeiten und Risiken von vorgeburtlichen Untersuchungen aufgeklärt. Außerdem werden ihnen Alternativen der Reaktion auf eine vorgeburtliche Schädigung und deren Folgen dargestellt.

Erbgesundheitspflege im 3. Reich (1933-1945)

Am 14.7.1933 beschloss die Reichsregierung unter Hitler das **„Gesetz zur Verhütung erbkranken Nachwuchses“**. Es zielte darauf ab, durch Unfruchtbarmachung (Sterilisation) erbkranker Menschen der Zunahme ungünstiger Erbanlagen entgegenzuwirken. Als erbkrank im Sinne des Gesetzes wurden u.a. angesehen: angeborener Schwachsinn, Schizophrenie, manisch-depressives Irresein, erbliche Fallsucht (Epilepsie), erblicher Veitstanz (HUNTINGTONsche Krankheit), erbliche Blindheit und Taubheit, schwere körperliche Missbildungen.

Nach dem Gesetz konnte die Sterilisation gegen den Willen der Betroffenen durchgeführt werden. Ab 1933 begann man mit Zwangsverwahrung, Zwangsarbeit und Zwangssterilisation. Allein zwischen 1934 und 1936 wurden rund 167000 Menschen sterilisiert. Mit Erlass vom 1. 9. 1939 ermächtigte Hitler die Ärzte, unheilbar Kranken den „Gnadentod“ zu gewähren. Darauf wurden tausende Kranke, viele davon Kinder, in mehreren Tötungsanstalten ermordet.

Aus dem Grundgesetz für die Bundesrepublik Deutschland

„Die Würde des Menschen ist unantastbar. Sie zu achten und zu schützen ist Verpflichtung aller staatlichen Gewalt.“ [Art.2(2)]

„Alle Menschen sind vor dem Gesetz gleich.“ [Art.3(1)]

„Den genetisch vollkommenen, den idealen und völlig gesunden Menschen hat es wohl nie gegeben und kann es auch gar nicht geben.“ (Prof. Dr. BAITSCH), Institut für Humangenetik und Anthropologie in Freiburg; 1969

1 Petra besucht Ines. Schreibe ein mögliches Zwiegespräch auf.

2 Nenne heutige Möglichkeiten der genetischen Beratung und ihre Bedeutung.

3 Nenne Gründe, die das Zitat von BAITSCH stützen.

4 Vergleiche Erbgesundheitspflege im 3. Reich mit dem Grundgesetz und der genetischen Beratung heute.

1 Behindertengerechter Spielplatz

Lars Mutter:
Zuerst entwickelte sich Lars völlig normal. Im Alter von fünf Jahren fing er an, beim Spielen sehr schnell zu ermüden und sich nur widerwillig zu bewegen. Er war auch sehr tollpatschig. Ein Arzt stellte Muskelschwund fest. Das bedeutet, dass sich die Muskeln nach und nach zurückbilden. Später sind die Betroffenen auf einen Rollstuhl angewiesen. Eine Heilung ist nicht möglich. Ich wurde plötzlich vor die Tatsache gestellt, ein Kind zu haben, das „anders" ist. Den Satz „Ich habe ein behindertes Kind." konnte ich einfach nicht aussprechen. Als Lars mit 11 Jahren in den Rollstuhl musste, habe ich gemerkt, was es heißt, zu einer Außenseiterin zu werden. Lars sollte auf eine Schule für körperbehinderte Kinder. Nur mit Unterstützung vieler Freunde gelang es uns, eine Schule zu finden, in der Lars gemeinsam mit nicht behinderten Kindern lernen konnte.
Ein großer Wunsch von mir war, dass Lars es schafft, so in die Gemeinschaft aufgenommen zu werden, wie er jetzt ist. Er braucht kein Mitleid, sondern Rücksichtnahme, freundschaftliches Entgegenkommen, Akzeptanz und Integration.

2.6 Integration von geistig und körperlich Behinderten

Sicher gibt es auch in deiner Umgebung Menschen, die mit einer Behinderung leben müssen. Am auffälligsten sind **Körperbehinderungen.** Dabei handelt es sich um körperliche Missbildungen oder Wachstums- und Funktionsstörungen mit unterschiedlichen Schweregraden. Schwere Unfälle, Krankheiten wie Kinderlähmung, angeborene Fehlbildungen, Erbkrankheiten oder Komplikationen während der Geburt können die Ursache sein. Die Betroffenen sind je nach Schweregrad ihrer Behinderung in ihrer Handlungsfähigkeit stark eingeschränkt.

Manchmal muss ein Arzt den Eltern mitteilen, dass ihr Baby geistig behindet ist. Was bedeutet das? Ihr Kind wird sich langsamer entwickeln. Das Denken fällt ihm sehr schwer und es kann nicht alles lernen. **Geistige Behinderungen** werden durch Schädigung des zentralen Nervensystems verursacht. Diese können durch Sauerstoffmangel während der Geburt hervorgerufen werden. Auch erbbedingte Stoffwechselerkrankungen, Chromosomenabweichungen oder Infektionen während der Schwangerschaft sind manchmal Ursachen für geistige Behinderungen.

Das Leben von Behinderten ist nicht leicht. Noch viel zu oft werden die Betroffenen und ihre Familien in unserer Gesellschaft ausgegrenzt und benachteiligt. Im täglichen Leben gibt es viele unüberwindliche Hindernisse. Die Betroffenen stoßen zuweilen auf Unverständnis oder gar Ablehnung.
Viele Selbsthilfegruppen, Behindertenverbände, Angehörige, die „Aktion Mensch" oder die Landesarbeitsgemeinschaften bemühen sich um eine bessere Integration behinderter Menschen.

Unter uns leben viele Menschen mit Behinderungen. Integration bedeutet nicht nur, sie in die Gemeinschaft der Nichtbehinderten aufzunehmen. Sie sollten vielmehr die Möglichkeit bekommen, ihr Leben weitgehend selbst zu gestalten.

1 Es ist für keine Familie leicht, ein behindertes Kind zu haben. Stelle Vermutungen über auftretende Ängste und notwendige Veränderungen in den betroffenen Familien zusammen. Lies dazu auch den Brief der Mutter von Lars.
2 Nenne Ursachen für körperliche und geistige Behinderungen.

Pinnwand

ZUSAMMENLEBEN VON BEHINDERTEN UND NICHTBEHINDERTEN

Werkstatt für Behinderte

Hauptaufgabe der Werkstätten ist es, behinderte Menschen in das Arbeitsleben zu integrieren und ihre Selbstständigkeit zu fördern. Die mögliche Arbeitspalette ist vielfältig. Sie umfasst zum Beispiel die Bereiche der Metall- und Holzverarbeitung, Garten- und Landschaftsarbeiten, Näherei, Druckerei und Floristik.

Integrationsschule

Der gemeinsame Unterricht von Behinderten und Nichtbehinderten ist nur bei lern- und je nach Schweregrad bei geistig behinderten oder körperbehinderten Kindern möglich. Blinde und Gehörlose werden in Spezialeinrichtungen gezielter und besser gefördert.
Integrationsschulen sind in Deutschland sehr selten. Gesetzliche Bestimmungen in den verschiedenen Bundesländern und zusätzlich auftretende Kosten in den Schulen erschweren die Einrichtung.

Gemeinsame Ferienfreizeiten

Viele Verbände, Vereine oder Begegnungsstätten organisieren integrative Ferienfreizeiten. Durch die ungezwungene Atmosphäre werden behinderte Kinder viel leichter in die Gemeinschaft gleichaltriger nicht behinderter Kinder aufgenommen. Schwierigkeiten im Umgang miteinander können einfacher behoben werden.

Öffentliche Einrichtungen

Viele Restaurants, Ämter oder andere öffentliche Einrichtungen sind noch nicht behindertengerecht ausgestattet. Die Toiletten sind oft nur über Treppen zu erreichen und die Gänge für Rollstuhlfahrer zu schmal. Es fehlen besondere Hilfen für Blinde und Sehschwache. Viele Städte beziehen jetzt Behindertenverbände, Selbsthilfegruppen und ähnliche Organisationen in die Städteplanung ein. In Magdeburg wurde z. B. ein Stadtführer für Behinderte entwickelt. Auch das Internet bietet Hilfen für Behinderte an.

Landessportspiele für Behinderte und ihre Freunde

Im organisierten Behindertensport sollen behinderte, chronisch kranke und gesundheitlich benachteiligte Menschen durch den Sport in die Gesellschaft integriert werden. Die Landessportspiele für Behinderte und ihre Freunde in Sachsen-Anhalt sind ein einmaliges Integrationssportfest, bei dem ein Behinderter und ein Nichtbehinderter gemeinsam als sportliches Paar an den Start gehen. Folgende Sportstationen werden angeboten: Zielbosseln, Kegeln, Boccia, Zielwurf, Slalomstrecke und Medizinballstoßen.

1 Nenne dir bekannte positive und negative Beispiele für den Umgang mit behinderten Menschen.

2 Informiere dich über Maßnahmen zur besseren Integration oder Gleichstellung von Behinderten in deiner Gemeinde/Stadt oder in deinem Bundesland. Berichte.

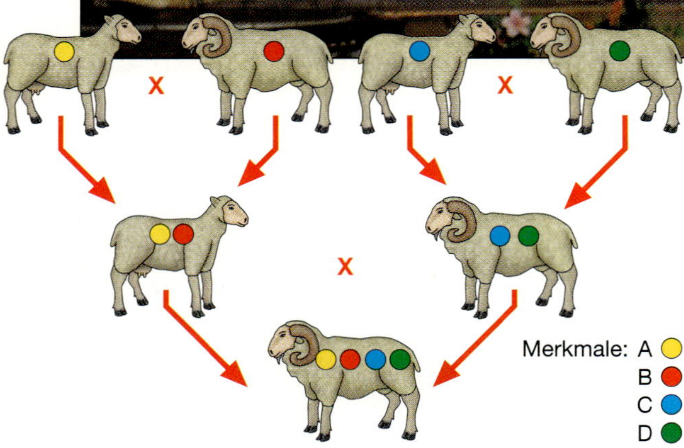

2 Demonstration verschiedener Schafrassen

1 Kombinationszüchtung

3 Der Mensch nutzt die Kenntnisse der Vererbung

3.1 Herkömmliche Methoden der Tier- und Pflanzenzucht

Schon vor mehreren tausend Jahren begann der Mensch, Wildtiere wie zum Beispiel Wildschafe zu halten und zu vermehren. So konnte er sich ständig mit Nahrung und auch mit Rohstoffen für die Bekleidung versorgen. Bald begann er, ausgewählte Tiere mit gutem Fleischansatz oder guter Wollbildung gezielt zu vermehren. Dabei entstand eine Vielzahl von Rassen. So gibt es heute zum Beispiel Rassen mit verschiedenartigem Fell, an unterschiedliche Klimabedingungen angepasste Rassen und Tiere mit einer Kombination verschiedener Merkmale. Bei anderen Nutztieren wie Rindern, Schweinen oder Hühnern kann man ebenfalls eine solche Rassenvielfalt feststellen. Auch unsere heutigen Nutz- und Zierpflanzen sind aus wild lebenden Vorfahren gezüchtet worden. Welche *Züchtungsmethoden* haben zu dieser Rassen- und Sortenvielfalt geführt?

Die ursprüngliche Methode der Auswahl und Weiterzucht von Tieren mit erwünschten Merkmalen bezeichnet man als **Auslesezüchtung.** Durch ständige Auslese über viele Generationen hinweg kam es zu *Merkmalsänderungen* und es entstanden Individuen, die die entsprechenden Merkmale weitervererbten. So waren neue Rassen entstanden. Diese Züchtungsmethode ermöglichte es, Tiere und Pflanzen mit Eigenschaften zu züchten, die dem Menschen nützlich erschienen.

Durch die Kenntnisse der mendelschen Regeln betrat der Mensch mit Beginn des 20. Jahrhunderts neue Wege der Züchtung. Bei der **Kombinationszüchtung** kreuzte man verschiedene Rassen oder Sorten, um Merkmale einer Rasse gezielt mit Merkmalen anderer Rassen zu kombinieren. Beim Weizen wurde eine ertragreiche Sorte mit einer gegen Kälte widerstandsfähigen Sorte gekreuzt. So entstand eine neue Sorte, die auch in kälteren Regionen angebaut werden kann und hohe Erträge liefert. Bei Nutztieren erhielt man durch Kombinationszüchtungen Rassen, die Eigenschaften wie hohe Milchleistung, Fleischertrag, Fruchtbarkeit, gute Futterverwertung und Umweltverträglichkeit miteinander vereinen.

Um die gewünschten Eigenschaften bei Nutztieren zu erreichen, wird als besondere Form der Kombinationszüchtung die *Inzucht* angewandt. Man kreuzt dabei nahe miteinander verwandte Tiere. Da diese in vielen Genen übereinstimmen, erzielt man so schnell eine Reinerbigkeit oder *reine Linien* im Hinblick auf die gewünschten Merkmale. Die reinerbigen Tiere werden

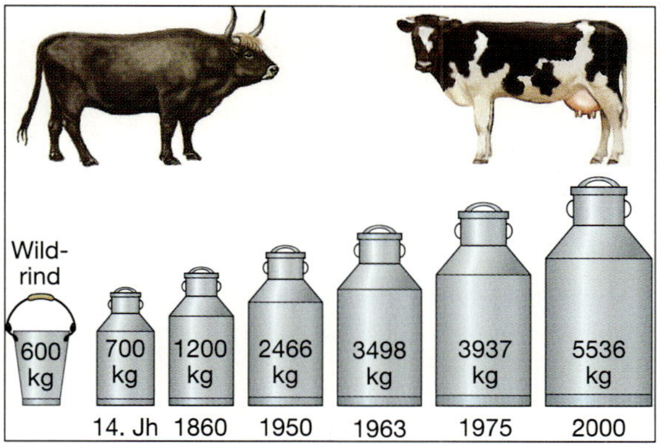

3 Milchleistung beim Rind im Jahresdurchschnitt

zur Weiterzucht verwendet. Allerdings besteht dabei auch die Gefahr, dass unerwünschte Gene reinerbig weitergegeben werden. Deshalb sind Inzuchtrassen oft weniger vital und weisen eine eingeschränkte Fruchtbarkeit auf.

Bei der Kreuzung zweier Inzuchtlinien beobachteten Züchter dagegen, dass die Nachkommen gegenüber ihren Eltern häufig ertragreicher und vitaler sind. Man nennt diese Erscheinung *Heterosis-Effekt.* Bei dieser **Heterosis-Züchtung** entstehen als Nutztiere oder Saatgut so genannte *Hybriden* von großer Leistungsfähigkeit. Allerdings verliert sich in den nachfolgenden Generationen dieser Heterosis-Effekt und muss daher immer wieder neu durch Kreuzung von Inzuchtlinien erzeugt werden.

Am Beispiel des Weizens lässt sich gut die Entstehung einer Kulturpflanze aus Wildformen nachvollziehen. Ausgrabungen zeigen, dass bereits vor 8000 Jahren Ackerbauern im vorderen Orient Weizen der *Einkorngruppe* anbauten. Er besaß jedoch nur Ähren mit wenigen Körnern und brüchigen Spindeln.

Durch Einkreuzen von Wildgräsern entstand zunächst der ertragreichere *Wildemmer.* Dabei nutzt man die Erscheinung der **Polyploidie** aus, das heißt, dass beim Kreuzen mehrfache Chromosomensätze entstehen. Polyploide Pflanzen sind häufig widerstandsfähiger und ertragreicher als solche mit dem „normalen" doppelten Chromosomensatz. Eine planmäßige Weiterzucht führte zu den heutigen Weizensorten mit hohen Erträgen, festen Ährenspindeln und weiteren gewünschten Eigenschaften. Mit dem Zurückdrängen der Wildmerkmale sind allerdings auch günstige Anlagen der Ursprungsform verloren gegangen. Dazu gehört unter anderem die Unempfindlichkeit gegen Krankheiten und Schädlinge.

Durch Auslese und Kreuzung züchtet der Mensch Nutztiere und Nutzpflanzen. Ständige Inzucht führt zu Reinerbigkeit bei gewünschten Merkmalen.

1 Beschreibe die Kombinationszüchtung anhand der Abbildung 1.

2 Erkläre den Vorgang des Einkreuzens von Merkmalen anhand der Abbildung 4.

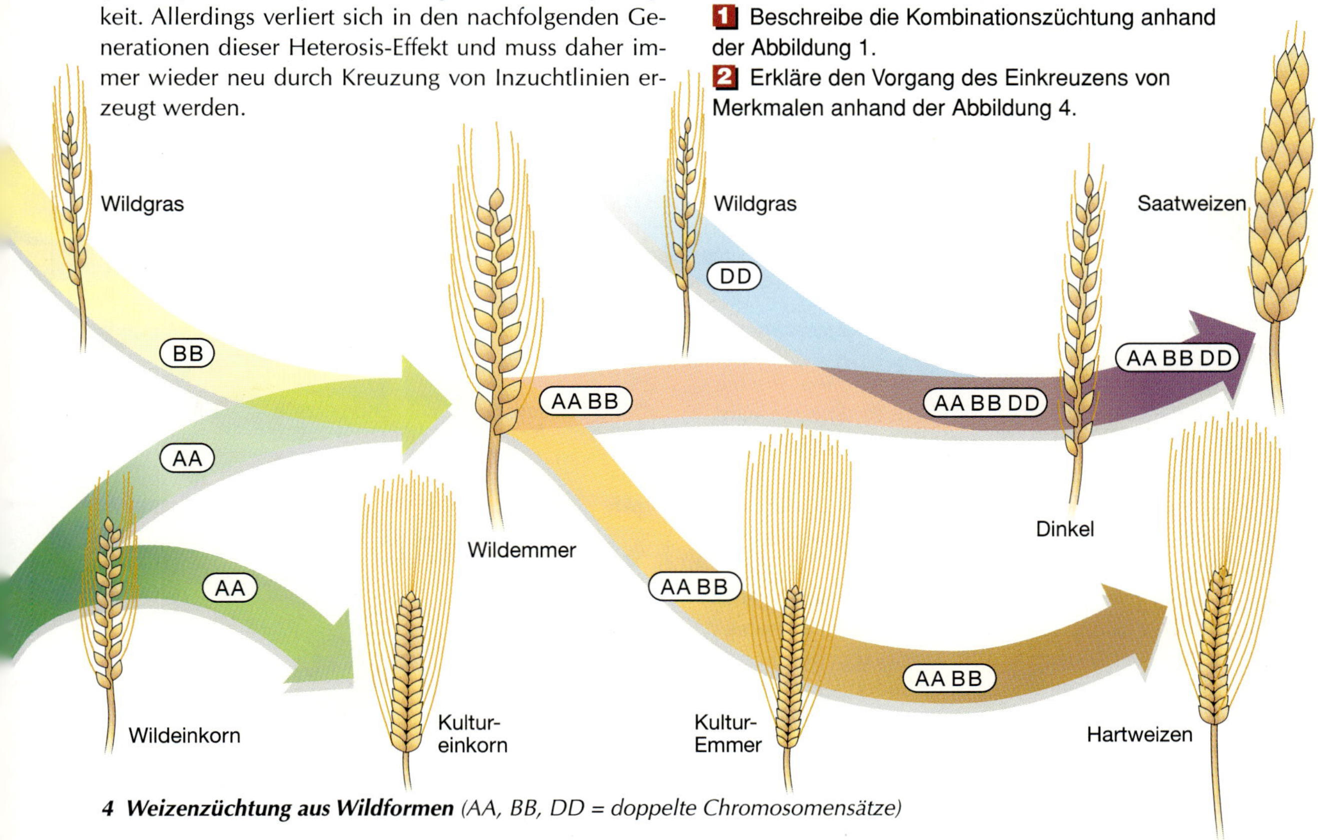

4 ***Weizenzüchtung aus Wildformen*** *(AA, BB, DD = doppelte Chromosomensätze)*

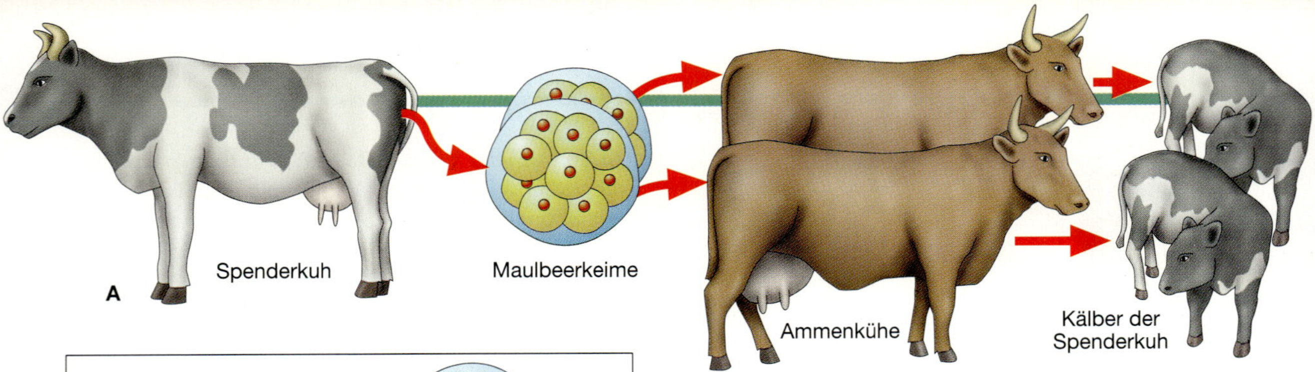

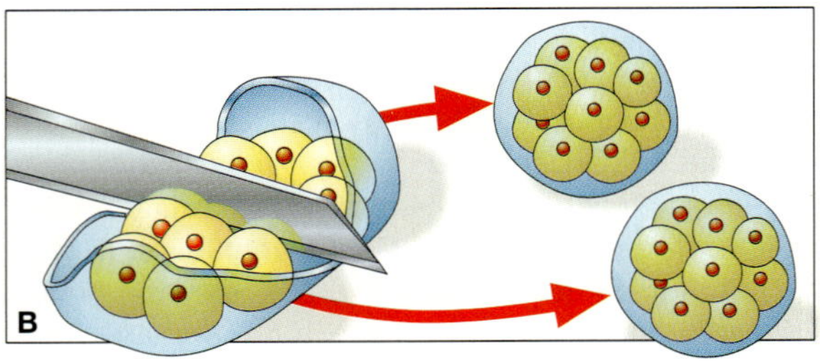

1 ***Nachkommen beim Rind durch Biotechnik.***
***A** Embryotransfer, **B** Mehrlinge durch Klonen*

3.2 Biotechnik in der Tier- und Pflanzenzucht

In der heutigen Tierzucht ist man bemüht, wertvolle Eigenschaften und hohe Leistungen von Nutztieren gezielt und in kurzer Zeit an Tiere der folgenden Generation weiterzugeben. Außerdem sollen möglichst viele Nachkommen mit den gewünschten Eigenschaften erzeugt werden. Mit herkömmlichen Zuchtmethoden ist dieses Ziel nur über viele Jahre zu erreichen. Deshalb hat man dazu verschiedene biotechnische Verfahren entwickelt.

In der Rinderzucht zum Beispiel werden leistungsfähige Rinder gesucht, die sich durch hohe Milchleistung, harmonischen Körperbau und gute Fleischqualität auszeichnen. Von diesen Tieren versucht man möglichst viele Nachkommen zu erhalten. In besonderen Besamungsstationen hält man als „Samenspender" Bullen, die die gewünschten Eigenschaften vererben. Ihr Sperma wird verschickt und mithilfe der **künstlichen Befruchtung** auf viele Kühe übertragen. Auf diese Weise ist es möglich, dass ein Bulle der Erzeuger von 100 000 Kälbern sein kann. Etwa 95 % aller Rinder in Deutschland werden heute künstlich besamt.
Bei Hochleistungszuchtkühen lässt sich durch eine Hormonbehandlung die gleichzeitige Reifung mehrerer Eizellen auslösen. Etwa 7 Tage nach der künstlichen Besamung werden die sich bildenden Embryonen im 64-Zellen-Stadium aus der Gebärmutter einer Spenderkuh herausgespült. Anschließend werden sie in die Gebärmutter anderer nicht so wertvoller Kühe eingesetzt, welche die Kälber austragen.

Stichwort
Biotechnik
Die Biotechnik behandelt den Einsatz biologischer Prozesse im Rahmen technischer Verfahren und industrieller Produktion. Dazu gehören zum Beispiel die Produktion von Jogurt durch Bakterien, die Herstellung von Antibiotika durch Pilze, Klonen und die Gentechnik.

Auf diese Weise lässt sich die Anzahl der Nachkommen von Hochleistungsrindern erheblich erhöhen. Dieses Verfahren bezeichnet man als **Embryotransfer.** Eine weitere schnelle Vervielfachung kann man dadurch erreichen, dass man solche und ähnliche Stadien des Embryos teilt. Die genetisch identischen Hälften werden in die Gebärmutter von Ammenkühen übertragen und entwickeln sich dort zu zwei genetisch gleichen Kälbern, den **Klonen.**

Klone lassen sich heute nicht nur aus embryonalen Zellen, sondern auch aus Körperzellen erwachsener Tiere erzeugen. 1996 entnahmen schottische Wissenschaftler einem Schaf eine unbefruchtete Eizelle, saugten mit einer Pipette den Zellkern ab und erhielten so eine entkernte Eizelle ohne Erbinformationen. In diese transportierten sie den Zellkern einer Körperzelle aus dem Euter eines erwachsenen Schafes. Zu diesem Zwecke führten sie die Kernspenderzelle mit der kernlosen Eizelle zusammen

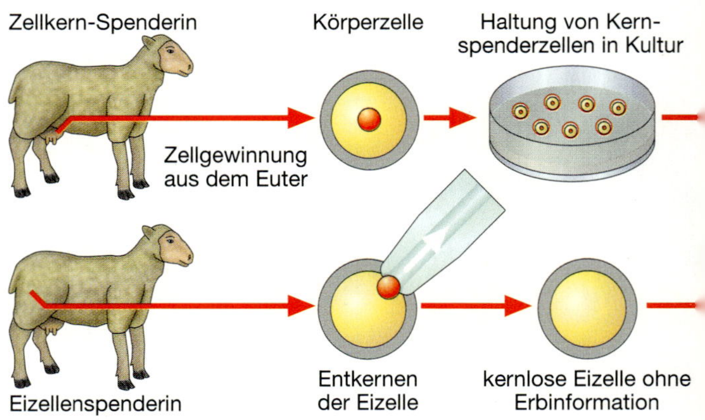

2 ***Klonen eines ausgewachsenen Schafes***

und vereinigten beide durch elektrische Impulse. Anschließend wurde die Zelle in eine Nährlösung übertragen und wuchs dort zu einem vielzelligen Keim heran. Man pflanzte diesen in die Gebärmutter eines Leihmutterschafs. Tragzeit, Geburt und anschließende Entwicklung verliefen normal wie bei einem natürlich gezeugten Schaf.

Diese Methode des Klonens hat bisher nur wissenschaftliche Bedeutung. Bei Pflanzen dagegen wird eine andere Form der Herstellung von Klonen im großen Maßstab angewendet. So kultiviert man zum Beispiel unreife Pollen einer Kartoffel auf geeigneten Nährböden. Aus diesen entwickeln sich Zellhaufen und schließlich Pflänzchen, deren Zellen nur den einfachen Chromosomensatz besitzen. Bestreicht man nun das Bildungsgewebe der Knospen dieser Pflänzchen mit *Colchicin*, dem Gift der Herbstzeitlosen, so werden bei der Mitose keine Spindelfasern gebildet. Dies bewirkt eine Verdoppelung der Chromosomenzahl. Die Pflänzchen haben jetzt einen völlig gleichen Chromosomensatz und sind demnach in allen Eigenschaften reinerbig. So lassen sich aus einer Mutterpflanze durch Klonen unbegrenzte Mengen erbgleicher Nachkommen erzeugen. Der Nachteil liegt in dem Verlust der genetischen Vielfalt, weil keine Kombination von unterschiedlichem Erbgut mehr stattfindet.

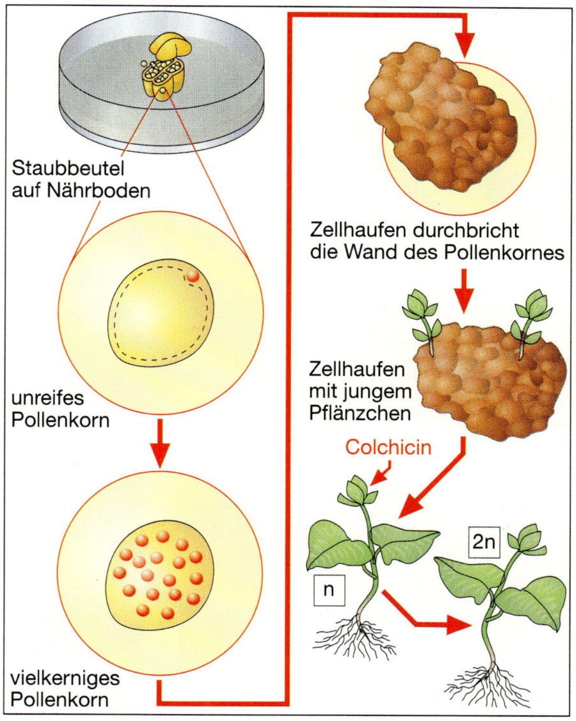

3 Züchtung reinerbiger Kartoffelpflanzen
(n = einfacher Chromsomensatz; 2n = doppelter Chromosomensatz)

Embryotransfer und Züchtung genetisch identischer Nachkommen durch Klonen sind biotechnische Methoden der Tier- und Pflanzenzucht.

1 Nenne Vorteile der künstlichen Besamung.
2 Nenne Befürchtungen, die das Klonen von Körperzellen hervorrufen könnten. Denke an mögliche Anwendungen beim Menschen.

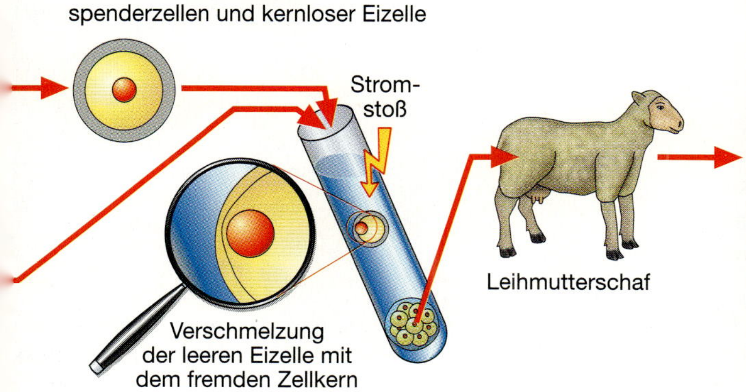

4 Leihmutterschaf mit Klon

3.3 Das Prinzip der Gentechnik

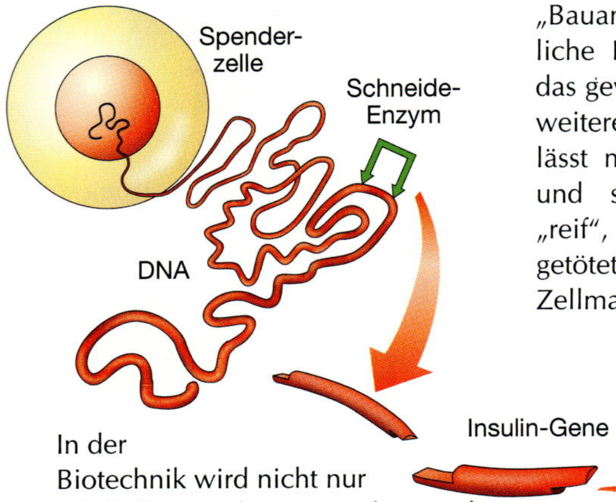

In der Biotechnik wird nicht nur mit Zellen gearbeitet, sondern auch gezielt in das Erbgut eingegriffen. Mithilfe der **Gentechnik** werden Gene von einem Lebewesen auf ein anderes übertragen. Da der Aufbau des Erbgutes bei allen Lebewesen sehr ähnlich ist, können dabei auch Gene von anderen Arten übertragen werden. Durch diese Methode kann man z. B. menschliches Insulin in großen Mengen produzieren, das zur Behandlung von Diabetes benötigt wird.

Dabei gewinnt man zunächst aus menschlichen Spenderzellen DNA und spaltet diese mit „Schneide-Enzymen" auf. Danach werden DNA-Abschnitte mit der Erbinformation für die Bildung von Insulin isoliert. Diese Gene werden nun in das Erbgut von Colibakterien „geschmuggelt". Hierfür benutzt man **Plasmide,** ringförmige DNA-Moleküle, die sich im Zellplasma der Bakterien befinden. Sie lassen sich aus den Bakterien isolieren. Mithilfe von „Schneide-Enzymen" und „Binde-Enzymen" kann man solche Plasmide aufspalten und in die Schnittstelle das fremde Gen mit der Erbinformation „Insulin" einsetzen. Es entsteht so ein verändertes Plasmid mit einer neu kombinierten DNA.

Das neu kombinierte Plasmid wird nun in die Wirtszelle, ein Colibakterium, geschleust. Man spricht hierbei auch von einem **Gentransfer.** Die Wirtszelle erkennt die „Bauanleitung" für das menschliche Insulin und produziert nun das gewünschte Hormon. In einem weiteren technischen Verfahren lässt man die Bakterien wachsen und sich vermehren. Sind sie „reif", werden die Bakterien abgetötet und das Insulin aus der Zellmasse isoliert.

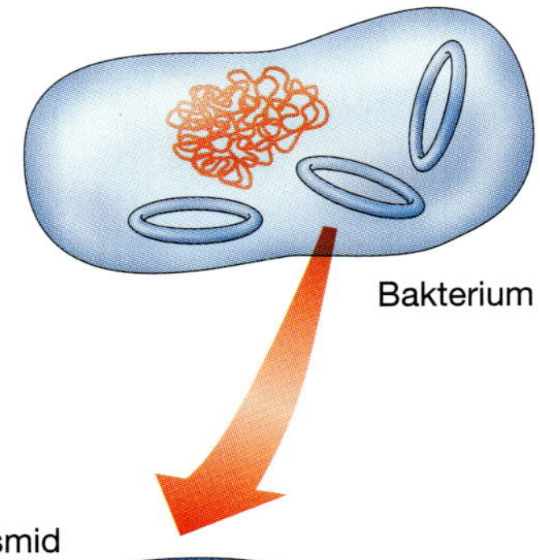

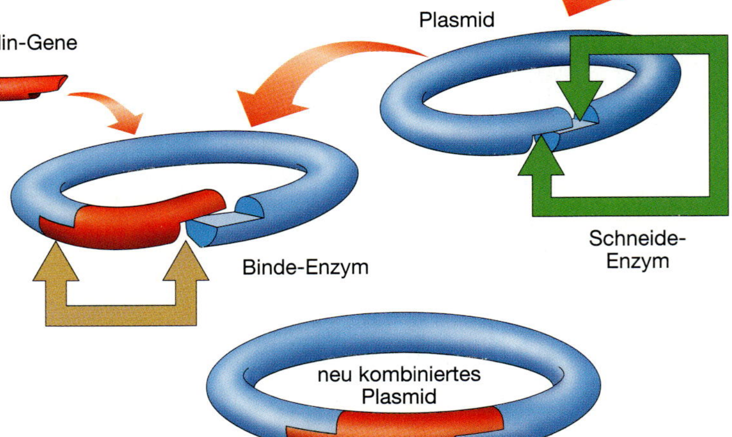

Nach deren Reinigung und Aufbereitung steht es Diabetikern für ihre Behandlung zur Verfügung.

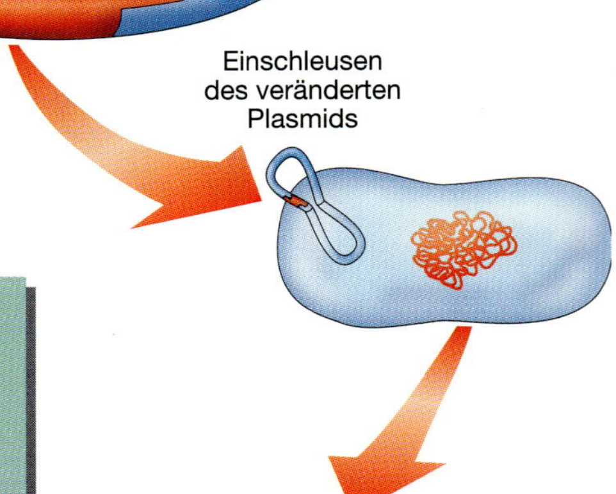

Mithilfe der Gentechnik ist es möglich, Teile von Erbinformationen einer Art auf eine andere zu übertragen und dort wirken zu lassen.

1 Erläutere das Prinzip der Gentechnik anhand der Abb. 1.

2 Welche Merkmale machen Bakterien zu bevorzugten Forschungsobjekten der Gentechnik? Denke z. B. dabei an die Vermehrung und an die Verteilung der DNA.

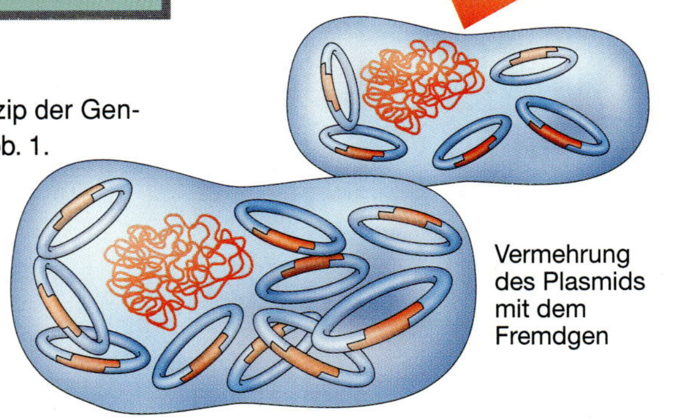

1 Gentechnische Herstellung von Insulin

3.4 Gentechnik auf dem Vormarsch

Obwohl gentechnische Methoden erst seit einigen Jahrzehnten angewandt werden, haben sich schon vielfältige Nutzungsmöglichkeiten ergeben. In der Medizin werden gentechnisch Medikamente erzeugt und erste Versuche zur Therapie von Erbkrankheiten unternommen. Auch in der Tier- und vor allem der Pflanzenproduktion spielen gentechnische Verfahren als Ergänzung der herkömmlichen Methoden eine zunehmend wichtigere Rolle.

1 Versuchsfeld mit gentechnisch verändertem Raps

Während in der herkömmlichen Tier- und Pflanzenzucht meist Erbgut innerhalb derselben Art neu kombiniert wird, entstehen durch die Übertragung von Genen anderer Arten **transgene Organismen,** die mit den herkömmlichen Methoden nicht gezüchtet werden können. Dem Raps zum Beispiel, einem wichtigen Lieferanten pflanzlicher Öle, wird ein Gen einer anderen Art übertragen. Es bewirkt eine Resistenz gegen Unkrautvernichtungsmittel, die Herbizide. So entsteht eine transgene *herbizidresistente* Rapssorte, bei deren Anbau unerwünschte Wildkräuter bekämpft werden können, ohne den Raps zu schädigen. Auch bei anderen Nutzpflanzen wie Mais und Baumwolle wird dieses Verfahren angewandt.
Da die Zusammensetzung des Rapsöls nicht immer den Ansprüchen der Industrie genügte, wollte man auch die Zusammensetzung des Öls an Fettsäuren verändern. In das Erbgut des Raps wurde daraufhin ein Gen des Lorbeerbaums eingeschleust. Es gelang dadurch, eine transgene Rapssorte mit *veränderten Inhaltsstoffen* zu züchten.

2 ***Baumwolle. A*** *herbizidresistent;* ***B*** *nicht herbizidresistent*

Ein wichtiges Züchtungsziel der Gentechniker besteht darin, Kulturpflanzen zu züchten, die gegenüber Schadinsekten resistent sind. Allein beim Mais entstehen in den USA jährliche Schäden in Höhe von rund 500 Mio. Dollar durch Insektenfraß. In Versuchen ist es gelungen, bei bestimmten Bakterien einen DNA-Abschnitt zu isolieren und mit einem „Giftstoff-Gen" zu verbinden. Anschließend werden sie in die Maispflanzen eingebracht. Dort wird das Gen in das Erbgut der Maispflanze übertragen, die dann ihr eigenes Insektizid produziert. Schadinsekten, die von diesem genetisch veränderten Mais fressen, sterben. Der Gentechnik ist es so gelungen, *insektenresistente* Pflanzen zu züchten. Durch gentechnische Veränderungen lässt sich auch die Haltbarkeit von Nahrungsmitteln verbessern. So werden Tomaten für den Handel in der Regel geerntet, wenn sie noch grün sind. Reife Tomaten dagegen werden schnell matschig. Ziel war es daher, Tomaten zu züchten, die an den Sträuchern ausreifen, das volle Aroma entfalten und sie gleichzeitig haltbar zu machen. Den Gentechnikern ist es gelungen, das Gen für ein Enzym auszuschalten, das für die Aufweichung der Schale verantwortlich ist. Die gentechnisch veränderten Tomaten, auch *„Anti-Matsch-Tomaten"* genannt, wurden 1994 erstmals in den USA für den Verzehr freigegeben.

Auch in der Tierzucht werden gentechnische Verfahren erprobt. Wissenschaftler arbeiten seit Jahren daran, **transgene Nutztiere** zu züchten. Die Versuche zielen unter anderem darauf ab, das Wachstum der Tiere zu steigern, die Muskelmasse zu vergrößern, das Fleisch-Fett-Verhältnis zu verändern, eine erhöhte Widerstandsfähigkeit gegenüber Krankheiten zu erreichen sowie Tiere für die Produktion von Wirkstoffen zu erzeugen, die als Arzneimittel benötigt werden. Bei Fischen erwiesen sich solche Versuche als besonders erfolgreich.

3 Anti-Matsch-Tomaten

Karpfen versah man mit einem „Wachstumsgen“ aus Forellen. Dadurch gelang es, das Gewicht der transgenen Karpfen um mehr als 20% gegenüber „normalen“ Karpfen zu erhöhen. Lachsen baute man ein „Frostschutzgen“ aus Polarfischen ein und erreichte dadurch, dass die transgenen Lachse in polaren Gewässern erheblich größer wurden als ihre Artgenossen.

Ein weiteres Anwendungsgebiet der Gentechnik ist das **Gen-Pharming.** Dabei erzeugt man transgene Tiere, die bestimmte menschliche Enzyme und andere Proteine produzieren und in ihre Milch abgeben.
Die Wirkstoffe werden für die Behandlung bestimmter Krankheiten benötigt und lassen sich nicht in ausreichender Menge aus Blutplasma gewinnen. Auf diese Weise kann man zum Beispiel tausenden von Menschen helfen, die an einer lebensbedrohenden Atemnot leiden.
Auch die wirtschaftliche Bedeutung ist erheblich. Wissenschaftler haben errechnet, dass z.B. eine Ziege Stoffe im Wert von 2,5 Mio. Euro pro Jahr produzieren kann.

Die Herstellung von Insulin durch Bakterien – wie auf S. 146 beschrieben – ist eine der bekanntesten Anwendungen der Gentechnik. Dieses Hormon wird von Diabetikern zur Regulierung ihres Blutzuckerspiegels benötigt. Das früher benutzte Insulin aus Schlachttieren führte immer wieder zu Unverträglichkeitsreaktionen. Insulin aus gentechnischer Herstellung dagegen ist mit menschlichem Insulin identisch und deshalb gut verträglich. In ähnlicher Weise werden heute Medikamente zum Behandeln von Bluterkrankheit und Hepatitis und anderer schwerer Erkrankungen hergestellt.

Seit das Ziel nicht mehr fern ist, sämtliche Gene des Menschen entschlüsselt zu haben, wird man versuchen, Gene zu „reparieren“, die für bestimmte lebensbedrohende Krankheiten verantwortlich sind. Hierbei bedient man sich der **Gentherapie,** bei der man durch gezielte Übertragung von Erbmaterial in die Zellen eines kranken Menschen die Krankheit heilen oder zumindest lindern möchte. Einige Erfolg versprechende Versuche gibt es bereits. Die Gentherapie steht jedoch erst am Anfang.

4 Insulinproduktion durch gentechnisch veränderte Bakterien

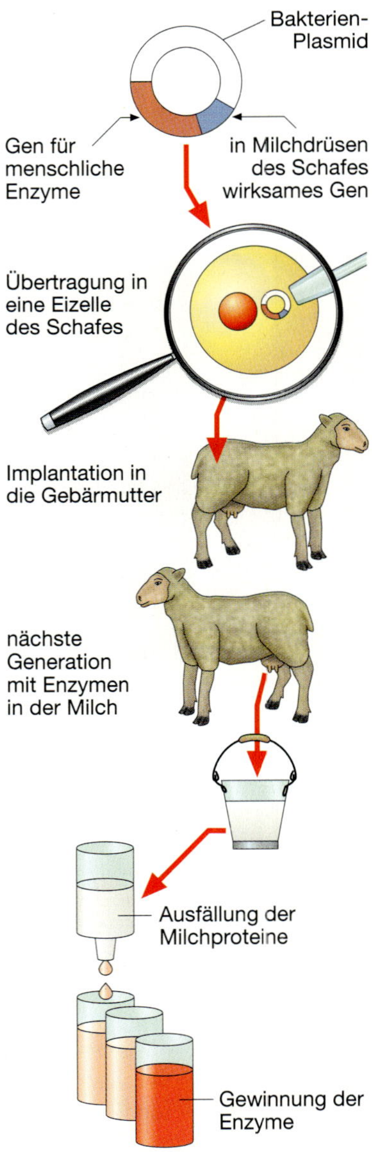

5 Herstellung menschlicher Enzyme durch transgene Schafe

Neben den vielen Möglichkeiten, die die Gentechnik bietet, sehen viele Kritiker aber auch Risiken. Die Anti-Matsch-Tomate zum Beispiel besitzt ein Resistenzgen gegen ein bestimmtes Antibiotikum. Es wird befürchtet, dass dieses Gen beim Verzehr auf im Menschen lebende Bakterien übertragen werden könnte, sodass diese von dem Antibiotikum nicht mehr angegriffen werden. Außerdem befürchtet man allergische Erscheinungen beim Verzehr gentechnisch erzeugter Lebensmittel. Gentechnisch veränderte Produkte unterliegen daher nach der *Novel-Food-Verordnung* des Europaparlaments von 1997 der Genehmigung und müssen gekennzeichnet werden.

Durch die Schaffung transgener Nutzpflanzen und Nutztiere zielt die Gentechnik auf die Qualitäts- und Leistungssteigerung ab. Gentechnik dient auch der menschlichen Gesundheit.

1 Vergleiche herkömmliche Züchtungsmethoden mit denen der Gentechnik.
2 Beschreibe ein Verfahren zur Herstellung pharmazeutisch wichtiger Enzyme anhand von Abbildung 5.
3 Begründe, warum gentechnisch erzeugte Produkte gekennzeichnet werden müssen.

Pinnwand

GENTECHNIK – CHANCEN UND RISIKEN

Chinesische Wissenschaftler wollen bedrohte Pandabären klonen

WZ 30. 11. 1999

... Nach Jahren der Abholzung und Besiedlung der chinesischen Bambus-Waldgebiete ist der Bambus fressende Panda, der seit 500 000 Jahren in China seine Heimat hat, vom Aussterben bedroht. Um Chinas bedrohtes Maskottchen vor dem Untergang zu bewahren, wollen Wissenschaftler den Panda durch Klonen vermehren. Seit 1997 arbeitet Professor Chen an dem Projekt. Erstmals ist es ihm gelungen, einen Pandaembryo zu klonen. Er baute dazu die Erbanlagen eines toten Pandas in die entkernte Eizelle eines japanischen weißen Kaninchens ein. Im Bauch eines anderen Kaninchens sind daraus Panda-Embryozellen gewachsen. Jetzt plant Chen, für den Embryo ein geeignetes Muttertier zu finden. Welches Tier es sein könnte, hält der Wissenschaftler geheim.

1 Sammle weitere Argumente pro und contra Gentechnik. Berücksichtige die Bereiche Eingriffe beim Menschen, Nahrungsmittelproduktion und Arzneimittelproduktion.

Mögliche biotechnische Eingriffe am Menschen
(nach deutschem Recht verboten)

Selektion im Labor

Vorgehen

Ein genetischer Test des Embryos zeigt, ob Gene vorhanden sind, die zur Ausprägung von Erbkrankheiten führen können. Nur solche Embryonen werden in die Gebärmutter implantiert, die das defekte Gen nicht im Erbgut tragen.

Schema

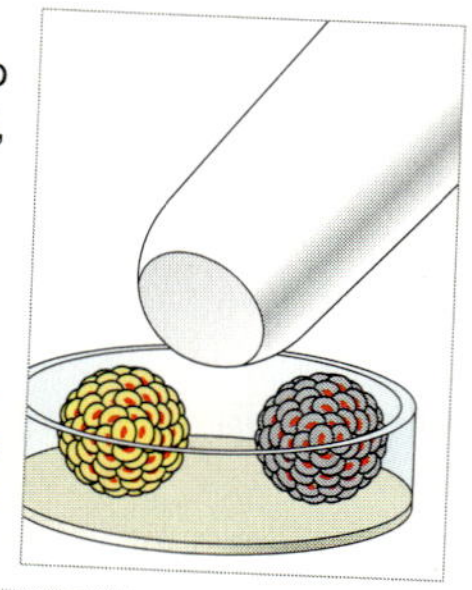

Chancen/Risiken

Verhinderung erbkranken Nachwuchses; Ethische Bedenken: Darf man bestimmen, welcher Embryo weiterleben darf und welcher nicht?

Reparatur aus der Spritze

Vorgehen

Menschen mit einer Erbkrankheit wird ein intaktes Gen in kranke Zellen eingeschleust.

Schema

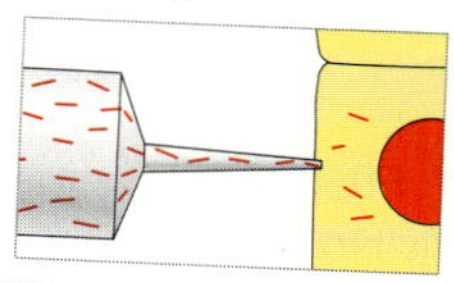

Chancen/Risiken

Heilung bisher nicht behandelbarer Erbkrankheiten; Auftreten unbekannter Nebenwirkungen

Einbau von Resistenzgenen

Vorgehen

Ein Gen, das Schutz vor Krankheiten wie AIDS gewährt, wird ins Erbgut einer befruchteten Eizelle geschleust.

Schema

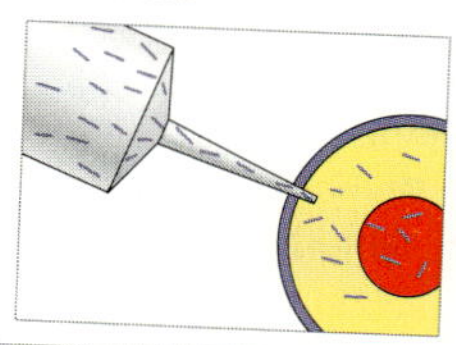

Chancen/Risiken

Schutz vor gefährlichen Krankheiten ohne Impfung; Gefahr von Wechselwirkungen mit anderen Genen

Pro und contra Gentechnik
– Argumente –

Die Erzeugung schädlingsresistenter Nutzpflanzen verringert den Bedarf an Herbiziden und Insektiziden.

Das in langen Zeitepochen entstandene biologische Gleichgewicht könnte durch gentechnisch veränderte Tiere und Pflanzen gestört werden.

Arzneimittel können z. B. durch Bakterien in großer Menge kostengünstig produziert werden.

Gentechnisch veränderte und für den Menschen gefährliche Mikroben könnten aus den Labors entweichen.

Eingriffe in das Erbgut des Menschen könnten viele Krankheiten verhindern oder heilen.

Eingriffe in das menschliche Erbgut könnten zu einer gezielten „Menschenzüchtung“ führen.

Prüfe dein Wissen

Vererbung

A1 MENDEL führte Vererbungsversuche hauptsächlich mit Gartenerbsen durch. Finde zutreffende Gründe heraus.

a) Bei Erbsen entfallen Störungen durch Fremdpollen.

b) Erbsen sind nicht zweihäusig.

c) Erbsen haben eine kurze Generationsfolge.

d) Die Nachkommenzahl ist hoch.

e) Im Klostergarten von Brünn war es zu schattig für andere Pflanzen.

f) Erbsen weisen deutlich unterscheidbare Merkmale auf.

g) Erbsen benötigen kaum Dünger.

h) Merkmale von Erbsen lassen sich über Generationen verfolgen.

A2 a) Das folgende Erbschema vom zwischenelterlichen Erbgang bei Löwenmäulchen weist im Erscheinungsbild Fehler auf. Finde sie.

b) Nach welcher mendelschen Regel verläuft der Erbgang?

c) Entscheide für jede Blüte der F_2-Generation, ob sie reinerbig oder mischerbig ist.

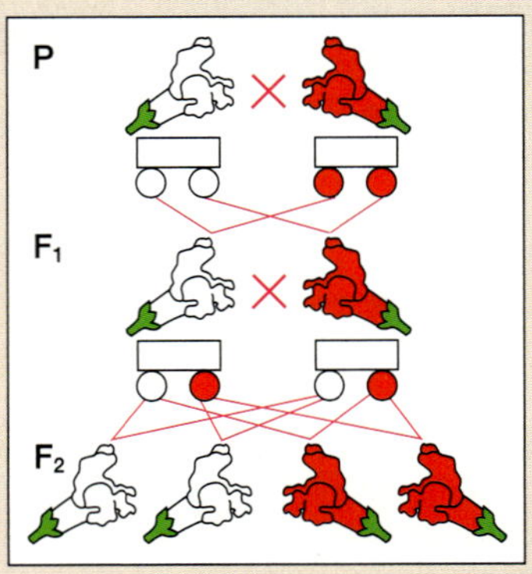

A3 Wenn Mischlinge, die sich in einem Merkmal unterscheiden, miteinander gekreuzt werden, so spalten die Nachkommen in einem bestimmten Zahlenverhältnis auf. Welche tritt bei einem dominant-rezessiven Erbgang auf?

a) 3:1
b) 1:1
c) 1:2:1
d) 9:3:3:1

A4 Es werden Mischlingshühner mit schwarz-weiß gesprenkeltem Gefieder gekreuzt.

a) Wie mögen die Vorfahren ausgesehen haben, wenn ein zwischenelterlicher Erbgang vorliegt?

b) Welche Gefiederfarben werden bei den Nachkommen auftreten?

c) Wie ist bei den Nachkommen das Zahlenverhältnis zwischen Reinerbigkeit und Mischerbigkeit?

A5 Ein reinerbiges Meerschweinchen mit glattem Fellhaaren und weißer Fellfarbe wird mit einem reinerbigen Tier, das rauhaarig und schwarz ist, gekreuzt. Rauhaarig ist dominant über glatt und weiß ist rezessiv gegenüber schwarz.

a) Welche mendelsche Regel kommt zur Anwendung?

b) Welche neuen Zuchtformen sind bei den Nachkommen zu erwarten?

c) Gib an, wie viele verschiedene Erscheinungsbilder bei den Nachkommen auftreten werden.

A6 Nenne mindestens 3 Gründe, warum Taufliegen zu den bevorzugten Lebewesen der Erbforschung gehört.

A7 Welche Vorgänge sind in der Abbildung dargestellt?

A8 a) Welche Bildunterschrift könnte unter der Zeichnung stehen?

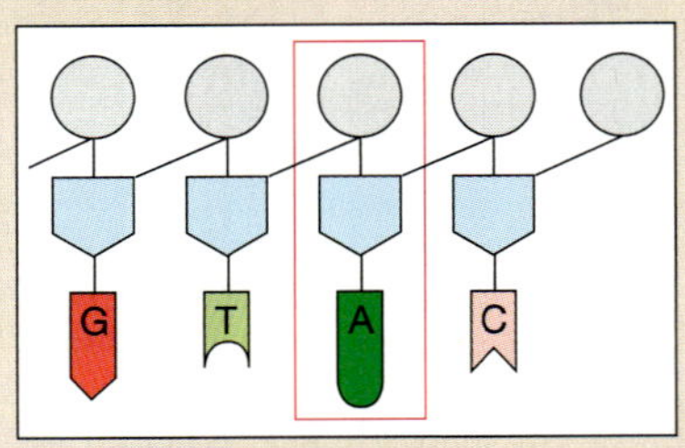

b) Wie bezeichnet man das rot eingerahmte Element?

c) Wie heißen die mit Buchstaben gekennzeichneten Bestandteile?

A9 Die abgebildeten Schweine sind Geschwister, wurden aber auf unterschiedlichen Höfen gehalten.

a) Welcher Unterschied ist erkennbar?

b) Nenne Gründe dafür.

c) Wie bezeichnet man diese Erscheinung mit Fachausdruck?

A 10 Nenne drei Methoden der Erbforschung beim Menschen.

A 11 Das Geschlecht des Menschen steht fest
a) bei der Geburt des Kindes,
b) im Verlauf der Entwicklung im Mutterleib,
c) bei der Befruchtung der Eizelle durch ein Spermium,
d) wenn 2 Geschlechtschromosomen sich vereinigen.

A 12 Welche Aussagen treffen zu? Die Anzahl der menschlichen Chromosomen je Körperzelle beträgt
a) 23, b) 46, c) 69, d) 92, e) ist verschieden.

A 13 Eineiige Zwillinge entstehen, wenn
a) ein Spermium 2 Eizellen gleichzeitig befruchtet;
b) je ein Spermium eine Eizelle befruchtet;
c) ein aus einer befruchteten Eizelle hervorgegangener Keim sich teilt und beide Teile sich getrennt entwickeln;
d) eine erbliche Veranlagung bei Mann oder Frau vorliegt.

A 14 Welche Aussagen treffen zu? Ergebnisse der Zwillingsforschung zeigen, dass
a) Intelligenz vererbt wird;
b) körperliche Merkmale wie Haar- und Augenfarbe vererbt werden;
c) zahlreiche geistige und körperliche Merkmale durch das Zusammenwirken mehrerer Gene bestimmt werden.

A 15 Vererbung der Blutgruppen.
a) Welche Blutgruppen des Menschen gibt es?
b) Nenne die möglichen Erbbilder zu den Blutgruppen der Eltern des abgebildeten Stammbaumes.

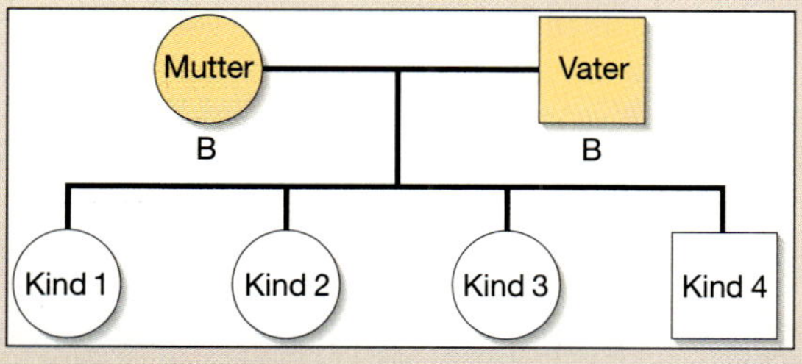

c) Nenne die möglichen Blutgruppen der Kinder mit den entsprechenden Erbbildern.
d) Ein Kind hat die Blutgruppe AB. Welche Schlussfolgerungen ziehst du daraus?

A 16 Die Fähigkeit zum Zungenrollen wird vererbt.

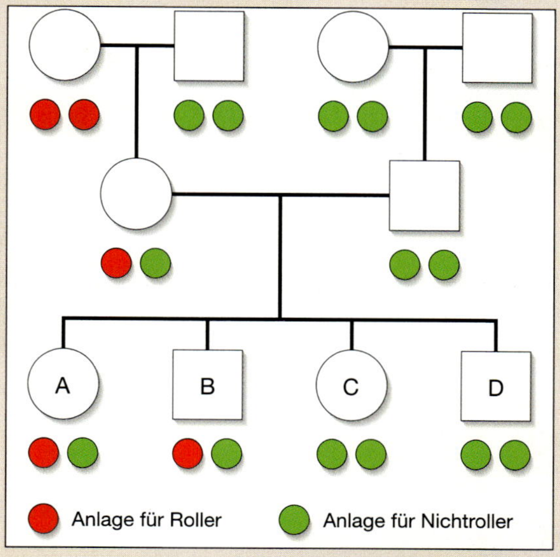

a) Schreibe auf, wer in dem abgebildeten Stammbaum Roller und wer Nichtroller ist.
b) Gib an, ob das Merkmal Zungenrollfähigkeit zwischenelterlich, dominant oder rezessiv vererbt wird.

A 17 Ordne die folgende Aussage einem dieser Begriffe zu: Auslesezüchtung, Kombinationszüchtung, Heterosis-Effekt.

„Durch die Kreuzung einer ertragreichen Sorte mit einer kälteresistenten Sorte entstand eine Weizensorte, die auch in nördlichen Gebieten gewinnbringend angebaut werden kann."

A 18 Welche Aussage trifft zu? Inzucht
a) ist die künstliche Besamung von Nachkommen mit Spermien des Vaters;
b) ist die Fortpflanzung zwischen Individuen, die näher miteinander verwandt sind;
c) bedeutet die Geschwisterpaarung zur Heranzüchtung reinerbiger Merkmale.

A 19 Finde zutreffende Aussagen heraus. Transgene Lebewesen
a) sind durch Klonen entstanden;
b) besitzen eine oder mehrere Gene einer anderen Art;
c) sind das Ergebnis eines Embryotransfers;
d) erhielten DNA von einem anderen Organismus.

Abstammungslehre

1 *Fund und Freilegung des Skeletts eines Raubsauriers*

2 A–D Entstehung eines Fossils

1 Lebewesen haben sich entwickelt

1.1 Fossilien – Zeugen der Vorzeit

1971 – Mongolei – Wüste Gobi: Unter großen Mühen hat sich eine Expedition in dieses abgelegene Gebiet vorgekämpft. Es gilt Berichte über Funde von Dinosaurierknochen zu überprüfen, denn vor 100 Millionen Jahren lebten hier Saurier. Damals herrschte tropisches Klima, in dem diese Reptilien ideale Lebensbedingungen vorfanden.

Die Funde übertrafen die Erwartungen bei weitem! So fand man das Skelett eines riesigen Raubsauriers, der am Ufer eines Gewässers gestorben war. Sand und Schlick hatten den Körper schnell bedeckt. Die Weichteile zersetzten sich bald. Immer mächtiger werdende Sand- und Schlammschichten, das *Sediment,* wandelten die Knochen des Skeletts langsam in Gestein um. Dabei wurden die Knochen durch Sickerwässer im Gestein aufgelöst und durch Mineralsalze ersetzt. So entstand ein naturgetreuer *Abdruck.* Bewegungen der Erdkruste sorgten später dafür, dass derart versteinerte Reste wieder an die Erdoberfläche kamen, sodass sie von Regen und Wind freigelegt werden konnten.

Derartige Überreste vergangener Lebewesen bezeichnet man als **Fossilien.** Dies können z. B. der Abdruck einer Muschel im Gestein, versteinerte Hartteile wie Panzer, Schalen oder Knochen oder auch im Schlamm zu Stein gewordene Fußspuren sein. Je feiner das Sediment ist, desto mehr Einzelheiten kann man an den Fossilien erkennen. Auf allen Erdteilen wurden solche Funde gemacht.

Versteinerte Überreste ausgestorbener Lebewesen nennt man Fossilien. Sie geben Auskunft über das Leben in vorgeschichtlicher Zeit.

Stichwort

Evolution

Unter Evolution versteht man die Entwicklung der Lebewesen im Laufe der Erdgeschichte.

1 Erkläre anhand der Abbildung 2 die Entstehung eines Fossils.

Pinnwand

FOSSILIEN

Inkohlung

Vor 340 Mio. Jahren wuchsen auf der Nordhalbkugel der Erde riesige Sumpfwälder. Blätter und abgestorbene Pflanzen versanken im wassergetränkten Grund und wurden zu Torf. Durch den Druck aufgelagerter Gesteine wandelten sie sich langsam zu Kohle um.

Abdruck eines Trilobiten

Trilobiten hatten vor 600 - 500 Mio. Jahren ihre größte Verbreitung. Der Panzer dieser Tiere versteinerte und blieb als Abdruck erhalten. Trilobiten gehören zu den häufigsten Versteinerungen.

Steinkern eines Ammoniten

Ammoniten waren mit den Tintenfischen verwandt, hatten aber ein schneckenähnliches Gehäuse. Wurde ein solches Gehäuse mit Ablagerungen ausgefüllt, entstand ein innerer Abdruck. Ammoniten lebten vor 360 - 100 Mio. Jahren.

Einschluss in Bernstein

Bernstein ist das gehärtete Harz von Nadelbäumen. Setzte sich ein Kleintier, z. B. eine Fliege, auf das frische Harz, so wurde es luftdicht eingeschlossen. So erhält man ein Bild von der Kleintierwelt aus der Zeit von vor 40 - 30 Mio. Jahren.

Fossilien von morgen

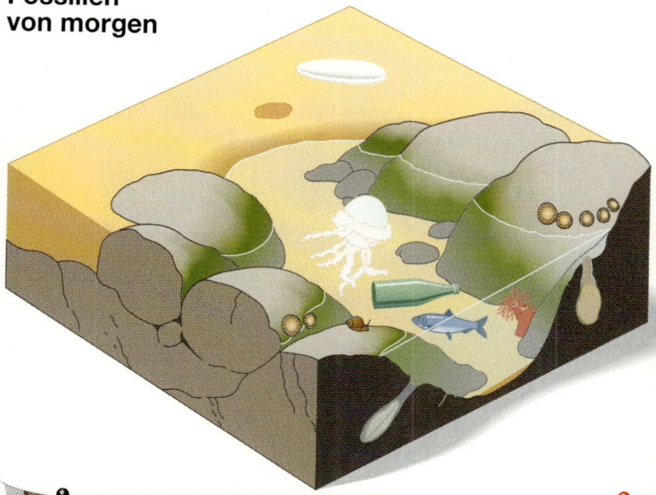

1 Betrachte die Abbildung „Fossilien von morgen“. Welche Teile der abgebildeten Lebewesen und Dinge könnten als Fossil erhalten bleiben?

Die **Fußspuren** von ausgestorbenen Lebewesen liefern uns Informationen über Fortbewegung und Zusammenleben. Diese Abdrücke stammen von großen Pflanzen fressenden Sauriern, die vor über 100 Mio. Jahren in Herden lebten.

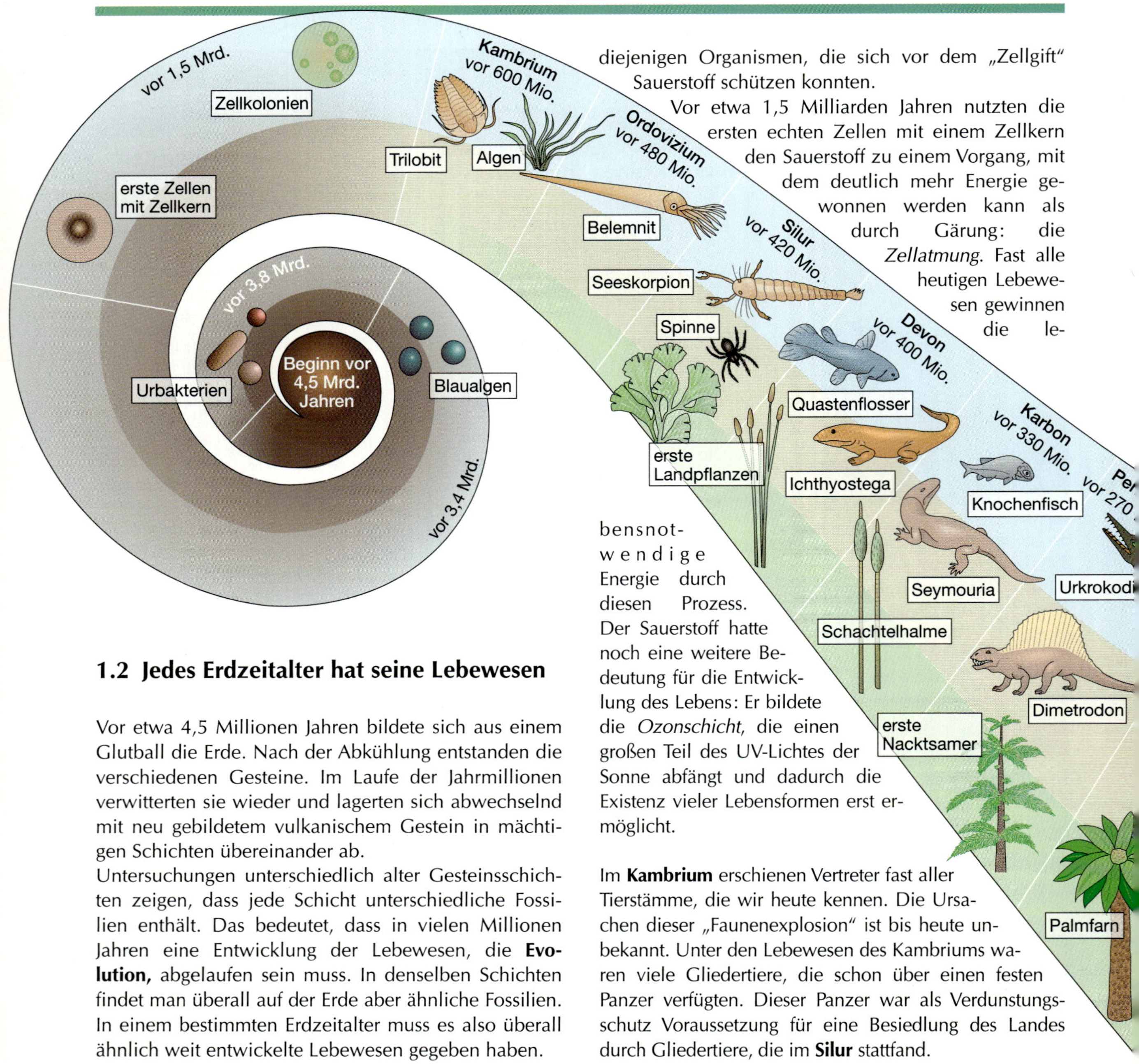

1.2 Jedes Erdzeitalter hat seine Lebewesen

Vor etwa 4,5 Millionen Jahren bildete sich aus einem Glutball die Erde. Nach der Abkühlung entstanden die verschiedenen Gesteine. Im Laufe der Jahrmillionen verwitterten sie wieder und lagerten sich abwechselnd mit neu gebildetem vulkanischem Gestein in mächtigen Schichten übereinander ab.
Untersuchungen unterschiedlich alter Gesteinsschichten zeigen, dass jede Schicht unterschiedliche Fossilien enthält. Das bedeutet, dass in vielen Millionen Jahren eine Entwicklung der Lebewesen, die **Evolution,** abgelaufen sein muss. In denselben Schichten findet man überall auf der Erde aber ähnliche Fossilien. In einem bestimmten Erdzeitalter muss es also überall ähnlich weit entwickelte Lebewesen gegeben haben.
Fossilien erster Lebensformen findet man schon in 3,8 Milliarden Jahre alten Gesteinen. Diese Lebewesen ernährten sich durch *Gärung* von organischen Substanzen. Energiegewinnung durch Gärung findet man heute noch bei vielen Bakterien und Hefepilzen.

600 Millionen Jahre später begannen spezialisierte Bakterien, die *Cyanobakterien* oder „Blaualgen", sich ihre Nährstoffe mithilfe der Fotosynthese selbst herzustellen. Bei diesem Prozess tauchte zum ersten Mal *Sauerstoff* in der Atmosphäre auf. Freier Sauerstoff wirkte auf die damaligen Lebewesen giftig. Diese tief greifende Veränderung der Umwelt überlebten nur diejenigen Organismen, die sich vor dem „Zellgift" Sauerstoff schützen konnten.
Vor etwa 1,5 Milliarden Jahren nutzten die ersten echten Zellen mit einem Zellkern den Sauerstoff zu einem Vorgang, mit dem deutlich mehr Energie gewonnen werden kann als durch Gärung: die *Zellatmung*. Fast alle heutigen Lebewesen gewinnen die lebensnotwendige Energie durch diesen Prozess. Der Sauerstoff hatte noch eine weitere Bedeutung für die Entwicklung des Lebens: Er bildete die *Ozonschicht*, die einen großen Teil des UV-Lichtes der Sonne abfängt und dadurch die Existenz vieler Lebensformen erst ermöglicht.

Im **Kambrium** erschienen Vertreter fast aller Tierstämme, die wir heute kennen. Die Ursachen dieser „Faunenexplosion" ist bis heute unbekannt. Unter den Lebewesen des Kambriums waren viele Gliedertiere, die schon über einen festen Panzer verfügten. Dieser Panzer war als Verdunstungsschutz Voraussetzung für eine Besiedlung des Landes durch Gliedertiere, die im **Silur** stattfand.
Im selben Zeitalter tauchten die ersten Landpflanzen auf. Auch sie mussten zahlreiche Angepasstheiten aufweisen, um den Lebensraum Land besiedeln zu können. Dazu gehören ein Stützgewebe, ein Verdunstungsschutz in Form einer festen Rinde, Wasserleitungsbahnen, Spaltöffnungen zur kontrollierten Aufnahme und Abgabe von Gasen und Mechanismen, die eine Fortpflanzung unabhängig vom Wasser ermöglichten.

Im **Silur** und **Devon** lebten die Vorfahren der Landwirbeltiere, die *Quastenflosser*. Sie hatten muskulöse Brust- und Bauchflossen mit einem handähnlichen Skelett und verfügten über Kiemen oder Lungen. Im

Devon erschienen auch die ersten *Amphibien,* wie z.B. der Urlurch *Ichthyostega.* Diese Tiergruppe verbrachte zwar einen großen Teil ihres Lebens an Land, war aber mit der feuchten Haut ohne Verdunstungsschutz und den Eiern ohne Schale weiterhin auf das Wasser angewiesen. Erst die *Reptilien* mit ihrer verhornten, wasserundurchlässigen Haut und den durch eine pergamentartige Schale geschützten Eiern konnten vollständig an Land leben. Erste Vertreter dieser Gruppe, wie das Urreptil *Seymouria,* fanden sich im Karbon. Dieses Zeitalter war geprägt durch riesige Sumpfwälder aus Baumfarnen, die heute einen großen Teil unserer Kohlevorräte bilden.

Die Erdzeitalter vom **Perm** bis zur **Kreide** wurden von *Sauriern* beherrscht. Diese Reptilien besiedelten mit fliegenden, laufenden und schwimmenden Formen alle Lebensräume der Erde mit Ausnahme der Polargebiete. Am Ende des **Jura** entstanden unter den Dinosauriern die größten und schwersten Landwirbeltiere aller Zeiten wie z.B. der über 50 t schwere *Brachiosaurus.* Gegen Ende der Kreidezeit starben die Saurier in erdgeschichtlich kurzer Zeit aus. Als Ursache vermutet man den Einschlag eines riesigen Meteoriten mit zahlreichen Vulkanausbrüchen als Folge, wodurch das Klima verändert wurde. Zur gleichen Zeit wie die Saurier lebten aber auch schon Säugetiere auf der Erde. Ihre Vorfahren gehen auf säugetierähnliche Reptilien wie den *Cynognathus* zurück, der in der **Trias** lebte.

Die Entwicklung der Säugetiere ist ein Beispiel dafür, wie nicht nur die Wechselbeziehung zwischen Umwelt und Lebewesen die Evolution beeinflusst, sondern auch die Beziehungen der Lebewesen untereinander. Solange die Saurier die Welt beherrschten, blieben die Säugetiere klein und unscheinbar. Erst nach dem Verschwinden der Saurier konnten sich die Säugetiere im **Tertiär** zu großer Artenfülle entwickeln, wobei sie alle ökologischen Nischen der Dinosaurier besetzten. Ihre Warmblütigkeit ermöglichte ihnen sogar die Besiedelung der Polargebiete. Innerhalb der Evolution der Säugetiere findet man eine außergewöhnliche Entwicklung des Gehirns. Das Vorderhirn, das besonders für Lernvorgänge eine zentrale Rolle spielt, wurde im Lauf der Evolution immer größer und überwölbt beim Menschen als Großhirn alle anderen Hirnteile. Diese Entwicklung erlaubt es dem Menschen, dessen frühe Vorfahren erst vor etwa 4 Millionen Jahren erschienen, seine Umwelt wie kein Lebewesen vor ihm an seine Bedürfnisse anzupassen.

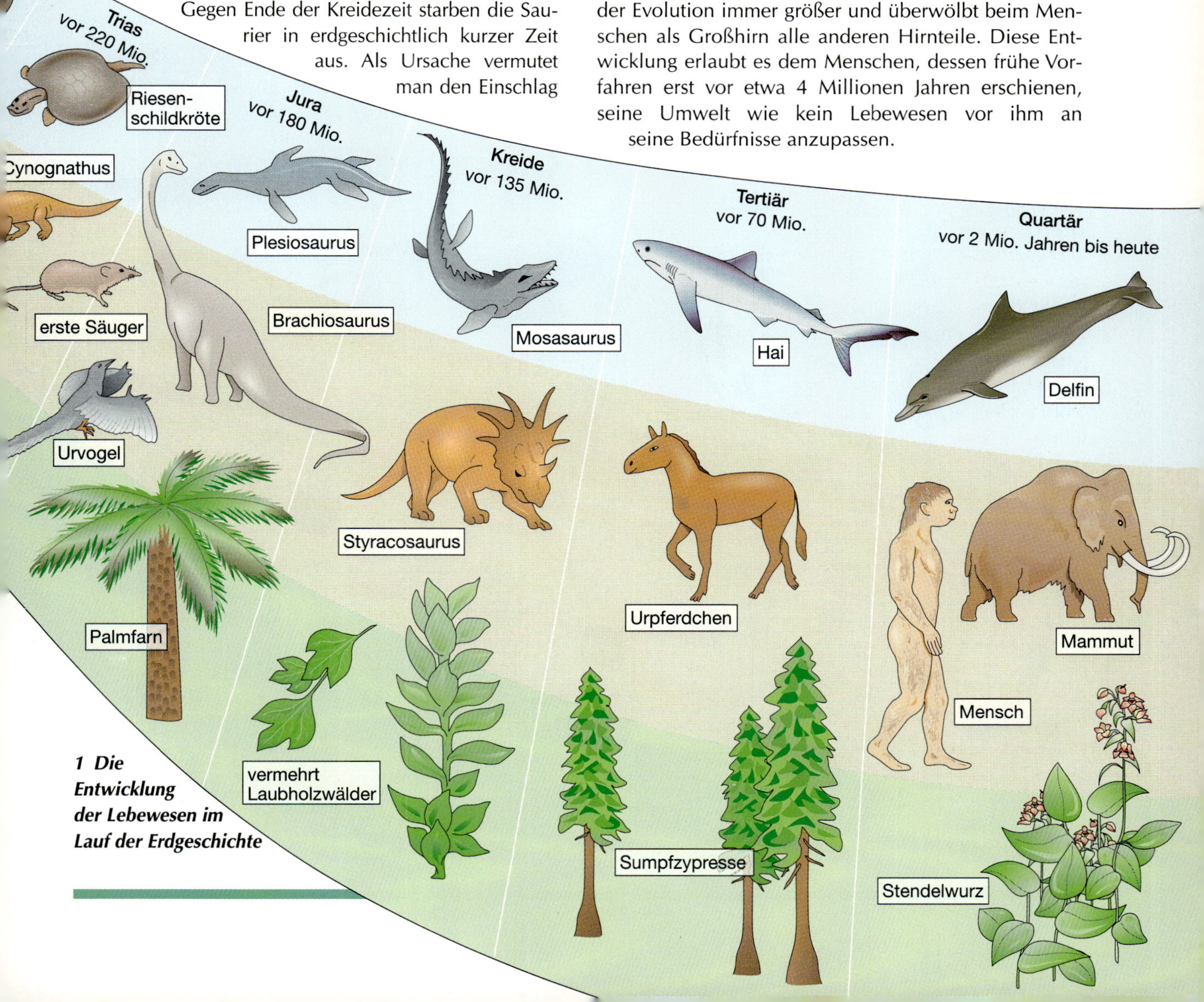

1 Die Entwicklung der Lebewesen im Lauf der Erdgeschichte

2 Stammbaum von Pflanzen, Pilzen und Tieren

Jedes Erdzeitalter ist durch charakteristische Gruppen von Pflanzen und Tieren gekennzeichnet. Die Entwicklung der Lebewesen wird durch Wechselbeziehungen untereinander und mit der Umwelt beeinflusst.

1 Man unterscheidet vier große Erdzeitalter: **Erdurzeit** (Entstehung der Erde bis vor 600 Mio. Jahren), **Erdaltertum** (vor 600–220 Mio. Jahren), **Erdmittelalter** (vor 220–70 Mio. Jahren) und **Erdneuzeit** (vor 70 Mio. Jahren bis heute). Ordne in einer Tabelle die in Abb. 1 (S. 155) aufgeführten Zeitalter diesen großen Erdzeitaltern zu.

2 Stell dir vor, du müsstest ein Regal bauen, das für je 100 Mio. Jahre seit der Entstehung der Erde ein Regalbrett hat.
a) Wie viele Regalböden wären das?
b) Wie viele Regalböden davon wären mit Lebewesen bzw. Fossilien besetzt?
c) Ordne in dieses Regal folgende Lebewesen ein: Trilobiten, die ersten Landpflanzen, Mammut, Urvogel.

3 Verfolge anhand der Abbildung 2 (S. 156) die Abstammung der Kriechtiere zurück. Berichte.

4 Beschreibe die Einflüsse, die das Auftreten von Sauerstoff auf die Evolution der Lebewesen hatte.

5 Nenne fünf Bedingungen für die Besiedlung des Landes durch Pflanzen.

6 Aus Fossilfunden ist bekannt, dass auch einige Dinosaurierarten über ein Federkleid verfügten, obwohl sie nicht fliegen konnten.
a) Welche Funktion könnte es bei ihnen gehabt haben?
Denke dabei auch an die Daunenfedern bei Vögeln.
b) Beschreibe einen ähnlichen Funktionswechsel bei der Besiedlung des Landes durch Tiere.

Auf Fossilienjagd

Übung

1 ***Fossiliensuche. A*** *im Steinbruch;* ***B*** *Freischlagen eines Fossils*

Bei einer Exkursion in einen Steinbruch ist eine Kontaktaufnahme mit dem Betreiber notwendig. Dieser ermöglicht oft auch eine Führung und zeigt Orte, an denen gefahrlos gesucht werden darf.
Achte auf deine persönliche Sicherheit, sie ist immer wichtiger als jedes Fossil! Sei vorsichtig bei wackelnden und rutschenden Steinen! Achte beim Losschlagen von Funden immer darauf, dass du vom Fossil wegarbeitest und dich selbst und andere nicht durch Hammerschläge und Steinsplitter verletzt.

Material: *Für unterwegs:* Arbeitshandschuhe; Hammer; Meißel; Plastiktüten; Schreibzeug; Lupe; feste Schuhe; möglichst Helm und Schutzbrille
Für die Präparation: harte und weiche Pinsel; Kleister oder Klarlack; Alleskleber; Kärtchen für eine Beschriftung; Nachschlagewerke aus der Bücherei
Durchführung:
Im Steinbruch: Suche im Abraum; das sind Halden nicht genutzter Gesteinsbrocken. Hier ist die Fundwahrscheinlichkeit am größten. Schlage mit dem Hammer größere Steine auf. Bewahre jedes Fundstück in jeweils einer Plastiktüte auf und lege ein Kärtchen mit Ort, Datum, Fundskizze und Name des Finders bei.
In der Schule: Entferne in der Klasse vorsichtig störende Teile des Gesteins, pinsele den Staub weg und klebe lose Teile sorgfältig wieder an. Überziehe die Fossilien mit Klarlack. Dadurch sicherst du sie vor Beschädigungen. Suche deine Funde in Nachschlagewerken. Bestimme sie in Ruhe genauer und ergänze das Fundkärtchen.
Aufgabe: Bereite mit der Klasse eine Ausstellung vor. Ordne dazu deine Fundstücke auf einem langen Tisch. Beschrifte sie und gib das ungefähre Alter an. Fotos, Skizzen und Bildmaterial zeigen die Fundorte. Suche in Büchern Informationen über die Umwelt deiner Fossilien zu deren Lebzeiten und lege ein bis zwei Bücher aufgeschlagen dazu.
Ergänze, wenn möglich, deine Funde mit Stücken aus der Schulsammlung.

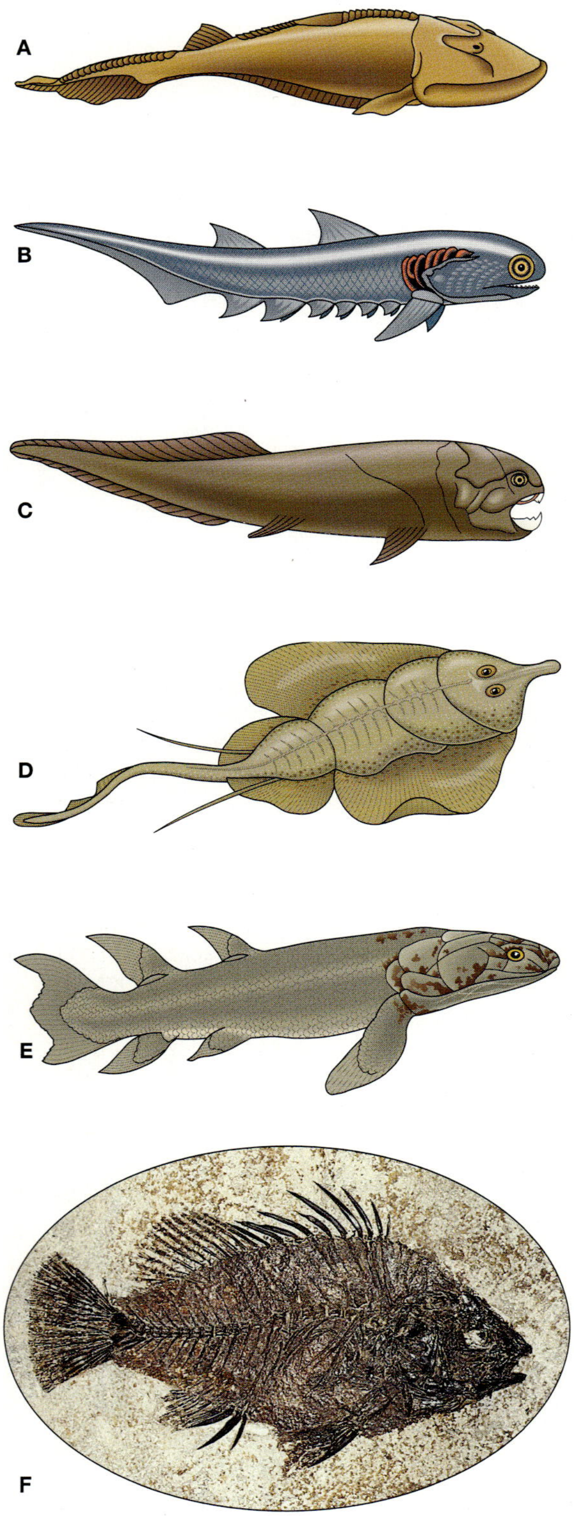

1 ***Fischformen der Vorzeit.*** ***A*** *Kieferloser;* ***B*** *Stachelhai;* ***C*** *Panzerfisch;* ***D*** *Knorpelfisch;* ***E*** *Quastenflosser;* ***F*** *versteinerter Knochenfisch*

1.3 Stammesentwicklung im Tierreich

Die ersten tierischen Vielzeller traten vor etwa einer Milliarde Jahren im Präkambrium auf. In den damaligen Flachmeeren lebten einfache Schwämme, Würmer und Quallen.

Im Kambrium belegen fossile Funde das Vorkommen einer Fülle neuer **Tierarten**. Zu ihnen zählen die Vorfahren der meisten heute noch lebenden Tierstämme wie Ringelwürmer, Weichtiere mit Muscheln, Schnecken und Tintenfischen sowie Gliederfüßer, zu denen die Krebse gehören.

Am Ende des Kambriums vor etwa 520 Millionen Jahren traten auch die ersten **Wirbeltiere** auf. Es waren kiefer- und zahnlose, fischähnliche Lebewesen. Sie bewegten sich schlängelnd am Boden fort und filterten mit ihren Kiemen kleine Nahrungsteilchen aus dem Wasser. Diese *Kieferlosen* lebten im Meer und später auch im Süßwasser. Ihre einzigen heute noch lebenden Nachfahren sind Neunaugen und Schleimfische. Die meisten Vertreter dieser Fische starben jedoch im Devon aus.

Aus einer Gruppe der Kieferlosen entwickelten sich im Silur Fische mit Kiefern und Zähnen. Diese als *Stachelhaie* bezeichneten Fische gehören trotz ihres Namens nicht zu den Haien. Sie hatten nur eine haiähnliche Gestalt, stachelartige Knochenschuppen und lebten räuberisch. Stachelhaie starben im Perm aus. Zeitgleich mit ihnen kamen auch *Panzerfische* vor. Ihren Vorderkörper schützte eine dicke Knochenplatte. Einige Arten konnten sechs Meter lang werden.

Im Devon waren Fische die vorherrschende Tiergruppe. Ihre weitere Entwicklung erfolgte in zwei Linien. Bei den *Knorpelfischen* wie Haien und Rochen gab es immer noch ein knorpeliges Innenskelett. In der anderen Gruppe wurde dieses durch Knochen ersetzt. Die so entstandenen *Knochenfische* spalteten sich in zwei unterschiedliche Typen auf: die Strahlenflosser und die Fleischflosser. Die Strahlenflosser entwickelten sich zur artenreichsten Fischgruppe. Mit 21 000 heute noch lebenden Arten sind sie die größte Wirbeltiergruppe. Zu den Fleischflossern zählen die fossilen Quastenflosser. Mit ihrem Übergang zum Landleben begann eine neue Etappe in der Entwicklung der Wirbeltiere.

Die Entwicklung der Tiere begann mit Einzellern und einfachen Vielzellern. Im Erdaltertum traten neben den Wirbellosen auch zahlreiche Fischgruppen als erste Wirbeltiere auf.

1 Beschreibe die Entwicklung der Fische.

Pinnwand

ENTWICKLUNGSTENDENZEN IM TIERREICH

Hummel-Ragwurz und Hummel

Die Blüte der Hummel-Ragwurz ähnelt im Aussehen und Geruch einer weiblichen Hummel. Die Männchen der Insekten versuchen diese „Weibchen" zu begatten. Dabei „heftet" die Blüte ihnen Pollenpakete an den Körper. Die Männchen bemerken den Irrtum, fliegen mit den Pollen zur nächste Blüte und fallen erneut auf die falschen „Weibchen" herein. Die besuchte Blüte wird dabei bestäubt. Hummel und Hummel-Ragwurz haben sich so in vielen Merkmalen ihres Baus aneinander angepasst.

Nervensysteme bei Tieren

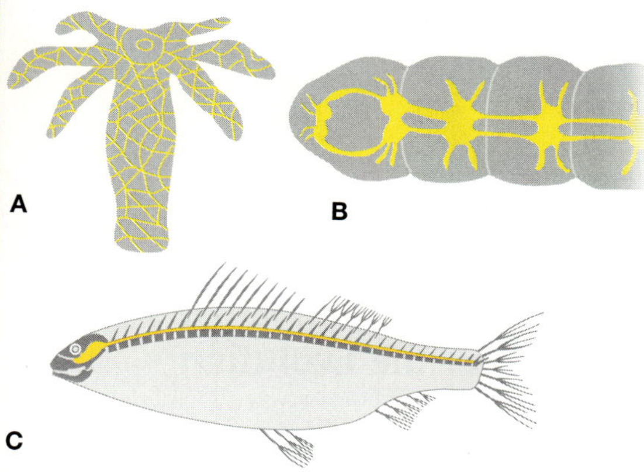

Der Vergleich von Nervensystemen heute lebender Tiergruppen lässt zwei Entwicklungstendenzen erkennen. Zum Einen werden die Systeme immer stärker zentralisiert. Zum Anderen nimmt die Spezialisierung einzelner Abschnitte zu. Damit verbunden ist eine höhere Leistungsfähigkeit der Nervensysteme.

1 Beschreibe die Anpassungen zwischen Hummel und Hummel-Ragwurz.

2 Benenne die oben abgebildeten Nervensysteme A bis C bei Tieren. Ordne sie nach der Entwicklungshöhe und begründe deine Entscheidung.

3 Vergleiche den Bau der unten abgebildeten Lungen miteinander. Welchen Wirbeltierklassen ordnest du sie zu? Ziehe Schlussfolgerungen.

Lungen verschiedener Wirbeltiere

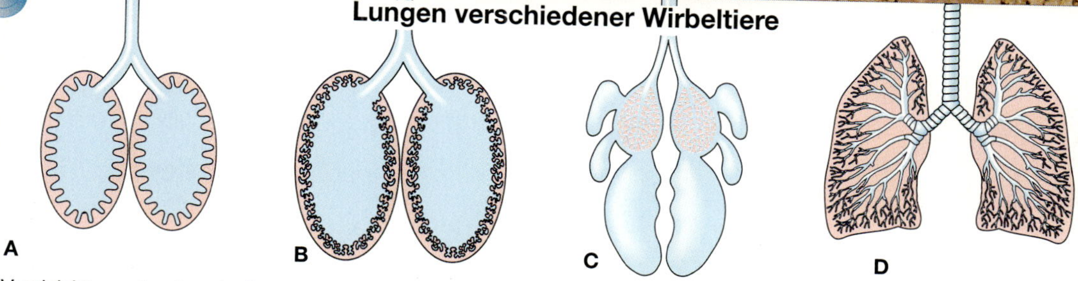

Vergleicht man bestimmte Organe oder Organsysteme gleichen Ursprungs, lässt sich oft die Tendenz zur Höherentwicklung erkennen. Sie ist häufig mit einer Leistungssteigerung und einer größeren Umweltunabhängigkeit verbunden. Daraus lassen sich Entwicklungsreihen aufstellen.

A

B

1 ***Archaeopteryx.*** ***A*** *Rekonstruktion;* ***B*** *Fossilfund*

2 Belege für die Evolution

2.1 Archaeopteryx – eine Zwischenform

1877 entdeckte man in der Nähe von Eichstätt in Bayern in Gesteinsschichten des Jurakalkes das Skelett eines elsterngroßen Tieres. Federn waren zu erkennen, Flügel und ein Vogelkopf mit großen Augen. Es besaß aber auch einen langen, knöchernen Reptilienschwanz, Krallen an den Flügeln und Zähne im Schnabel.

Nähere Untersuchungen zeigten dann noch einen vogelähnlichen Schultergürtel und zu einem *Gabelbein* verwachsene Schlüsselbeine. Dies findet man heute nur bei den Vögeln. Außerdem hatte das Tier eine Wirbelsäule mit Wirbeln, die nicht verwachsen sind, und *Bauchrippen.* Dies sind typische Reptilienmerkmale. Das seltsame Tier schien wie ein Puzzle aus Einzelteilen der Vögel und der Reptilien zusammengesetzt zu sein. Man hatte eine **Zwischenform** zwischen beiden Gruppen gefunden, den **Archaeopteryx.** Dieser Name bedeutet auf Deutsch **Urvogel.**

Der Fund war deshalb von großer Bedeutung, weil er einen Beleg für die allmähliche Entwicklung der Arten darstellt. Funde von Tieren, die Merkmale von zwei Tiergruppen zeigen, sind sehr selten. Solche Tiere werden auch **Brückentiere** genannt.

Der Archaeopteryx zeigt Merkmale der Reptilien und Merkmale der heutigen Vögel. Er ist eine Zwischenform zwischen beiden Gruppen.

1 Betrachte die Abb. 2. Nenne jeweils die Merkmale des Archaeopteryx, die auf eine Verwandtschaft mit den Vögeln, und diejenigen, die auf eine Verwandtschaft mit den Reptilien hindeuten.

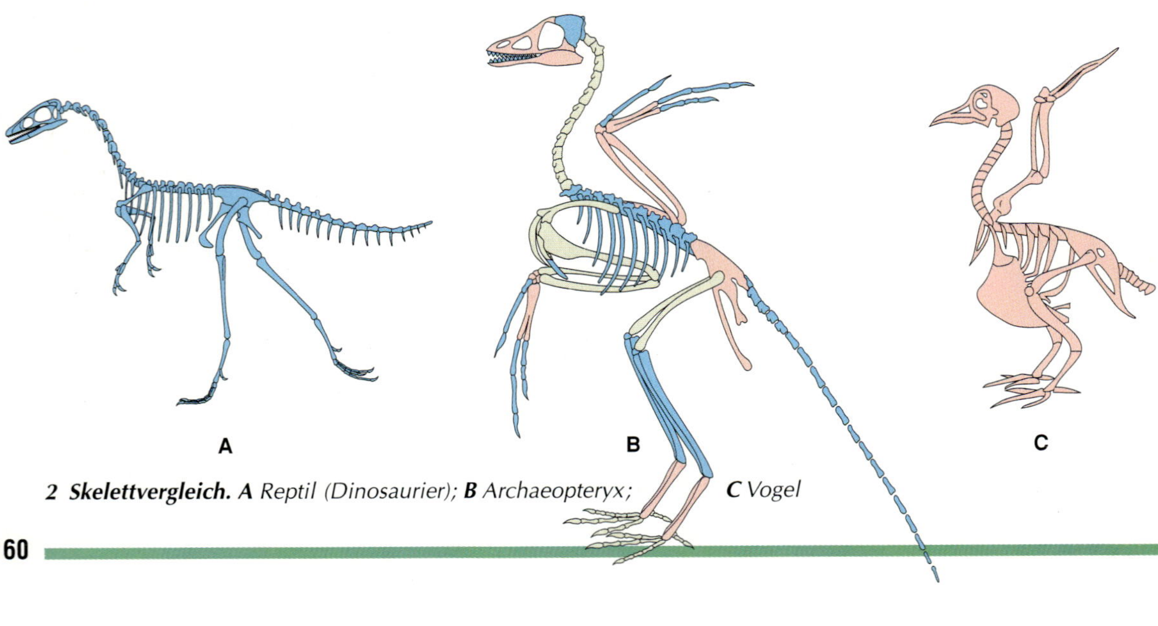

2 ***Skelettvergleich.*** ***A*** *Reptil (Dinosaurier);* ***B*** *Archaeopteryx;* ***C*** *Vogel*

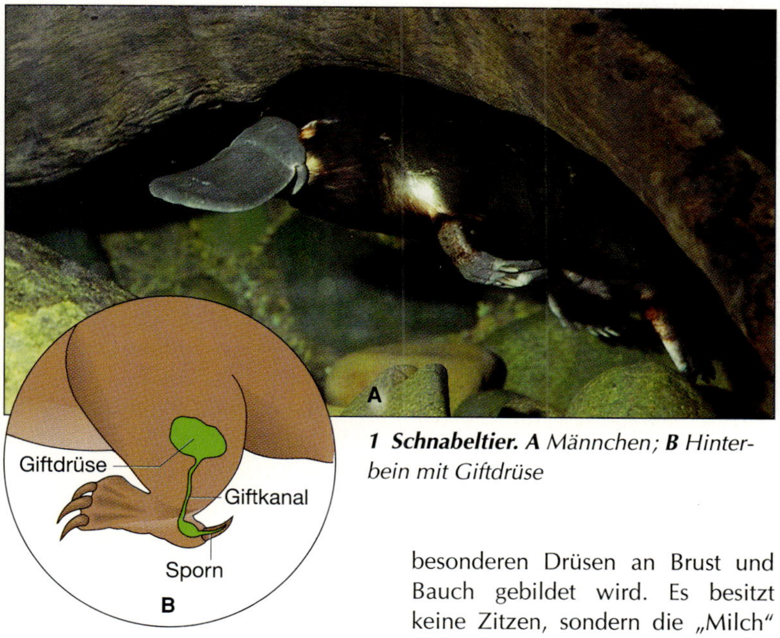

1 ***Schnabeltier. A*** *Männchen;* ***B*** *Hinterbein mit Giftdrüse*

2.2 Lebende Zwischenformen

Als im 19. Jahrhundert das erste ausgestopfte **Schnabeltier** aus Australien nach Europa gebracht wurde, dachte man zunächst an einen Scherz: Jemand schien einen Entenschnabel an einen fellüberzogenen Körper geklebt zu haben. Doch ein solches Tier gibt es tatsächlich. Es hat Merkmale von Reptilien und von Säugetieren.
Genauere Untersuchungen von Schnabeltieren brachten erstaunliche Ergebnisse: Das Schnabeltier, ist warmblütig, kann seine Körpertemperatur aber nur mit großen Schwankungen auf etwa 30 °C halten. Es hat nur eine hintere Körperöffnung, die Kloake, die gleichzeitig Ausscheidungs- und Geschlechtsöffnung ist wie bei Reptilien. Außerdem besitzen die Männchen einen Giftsporn an den Hinterfüßen, der mit Giftzähnen bei Schlangen vergleichbar ist. Es legt Eier mit weicher, ledriger Schale wie ein Reptil. Seine Jungen ernährt es aber wie ein Säugetier mit einer milchartigen Flüssigkeit, die von besonderen Drüsen an Brust und Bauch gebildet wird. Es besitzt keine Zitzen, sondern die „Milch" sickert in das Fell, wo sie von den Jungen aufgeleckt wird. Wegen dieser Kombination von Merkmalen betrachtet man das Schnabeltier als eine **Zwischenform** zwischen Reptilien und Säugern.

1938 kamen sensationelle Meldungen aus Südafrika. Fischern der Komoren-Inseln war ein seltener Fang gelungen: In großer Tiefe fingen sie einen 1,5 m langen Fisch mit stielförmigen Brustflossen. Der Fang wurde der südafrikanischen Zoologin COURTNEY-LATIMER übergeben. Sie erkannte die Einzigartigkeit des Fundes und zog den Fischexperten Prof. SMITH zu Rate. Dieser erkannte in dem Tier sofort einen **Quastenflosser**, der seit 400 Millionen Jahren als ausgestorben galt, aber durch Fossilien gut bekannt war. Er nannte den Fisch zu Ehren der Zoologin *Latimeria*.
Diese Fische leben in großer Tiefe vor den Komoren und einigen indonesischen Inseln. Sie benutzen ihre gestielten Flossen zum Steuern und Balancieren.
Die Quastenflosser haben in ihren Flossen schon ein Gliedmaßenskelett, das dem der Lurche ähnelt. Ein Vorfahre der heute noch lebenden Quastenflosser lebte in flachen Gewässern. Er benutzte die Flossen vielleicht, um kurze Strecken über das Land zu kriechen. Bei diesem Vorfahren handelt es sich wiederum um eine Übergangsform, diesmal zwischen Fisch und Lurch.

Schnabeltier und Quastenflosser zeigen Merkmale von jeweils zwei verschiedenen Tiergruppen. Man bezeichnet sie deshalb als lebende Zwischenformen.

1 Schnabeltier und Quastenflosser sind Brückentiere. Erläutere diese Aussage.

2 ***Quastenflosser. A*** *Latimeria;*
B *Bau der Brustflosse*

1 Skelett eines Urpferdes aus der Grube Messel
(etwa 50 Millionen Jahre alt)

2.3 Vom Urpferd zum heutigen Pferd – eine lückenlose Ahnenreihe

Pferde stehen dem Menschen als Reittiere heute besonders nahe. Trotzdem würde keiner die Urahnen der Pferde als deren Verwandte erkennen, wenn ihm ein solches hasengroßes Tier begegnen würde, dessen Skelett in der Abb. 1 dargestellt ist.

Die Entwicklungsgeschichte der Pferde ist anhand von Fossilfunden gut bekannt. So fand man in Messel bei Darmstadt und in Nordamerika nicht nur Fossilien erwachsener Tiere, sondern auch von Fohlen und trächtigen Stuten. Bei einzelnen Exemplaren sind die Körperumrisse und sogar der Mageninhalt noch zu erkennen. Man kennt deshalb nicht nur die Gestalt vieler Vorfahren der Pferde, sondern weiß auch einiges über ihre Lebensweise. Das Urpferd **Hyracotherium** zum Beispiel lebte im Unterholz dichter Wälder. Seine Vorderfüße mit vier Zehen und die Hinterfüße mit drei Zehen waren für das Laufen auf den weichen Waldböden gut geeignet. Es fraß weiche Blätter und Früchte, die es mit seinen spitzhöckerigen Zähnen zerkleinerte.

Im Laufe der Zeit veränderte sich das Klima. Die warmen Wälder verschwanden und Grassteppe breitete sich aus. Die Pferdefossilien aus dieser Zeit sehen unseren Pferden schon ähnlicher. So haben sich beim ponygroßen, noch Laub fressenden **Merychippus** die Gliedmaßen gestreckt. Auch der Hals und der Schnau-

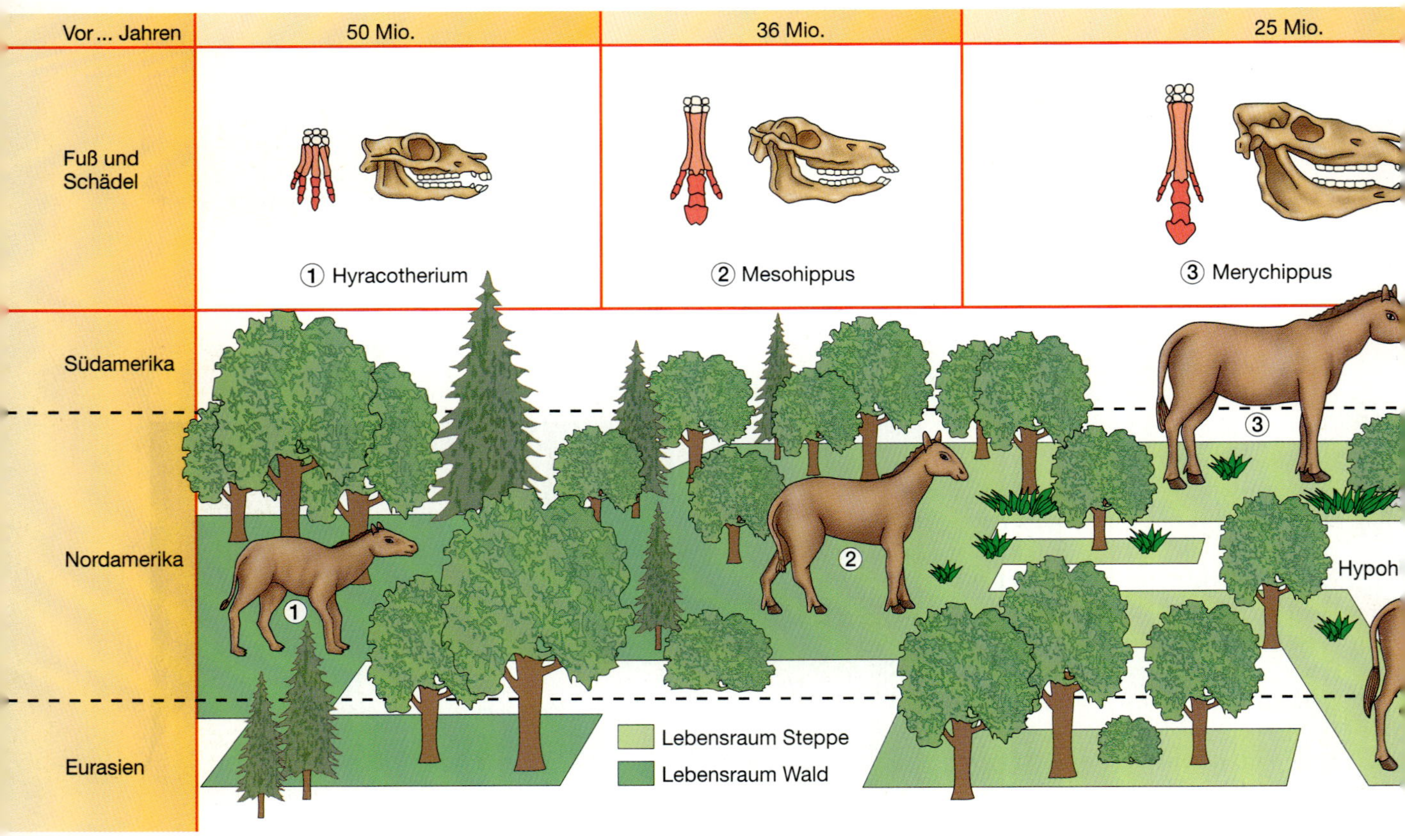

2 Die Entwicklung des Pferdes

zenteil des Schädels sind länger geworden. Man findet bei ihnen Zähne, deren Oberflächen flacher als die früherer Formen waren. Sie sind besser zum Zermahlen der härteren Gräser geeignet.

Mit **Pliohippus** hatte sich das Pferd zu einem schnellen Steppentier entwickelt. Es war jetzt ein Zehengänger auf nur einer Zehe, die von einem Huf geschützt wurde. Die Eiszeiten führten fast zu seinem Aussterben, doch überlebten in den Steppen im Süden Eurasiens die direkten Vorfahren von **Equus,** dem heutigen Pferd. Vor etwa 10 000 Jahren gelang es dann dort den Menschen, das Pferd zu zähmen und als Reit- und Zugtier zu benutzen.

Man darf sich die Entwicklung des Pferdes nicht gradlinig vorstellen. Immer wieder entstanden Formen, die aufgrund von Klimaveränderungen später ausstarben, wie z. B. **Hypohippus** vor 25 Millionen Jahren.
In Nordamerika, ihrer Urheimat, verschwanden die Pferde mit der letzten Eiszeit. Dorthin gelangte das Pferd erst wieder im 16. Jahrhundert – mit dem Schiff. Die Spanier brachten es aus Europa mit. Ihnen entliefen bald die ersten Tiere. Diese verwilderten schnell und fanden in den großen Steppengebieten des Westens ideale Lebensbedingungen. Hier trafen sie dann auf die Indianer, die seit dem 18. Jahrhundert die „Mustangs" erneut zähmten.

Die Entwicklung des Pferdes vom hasengroßen Waldtier über Gras fressende Steppentiere zum heutigen Pferd lässt sich über 54 Millionen Jahre zurückverfolgen. Diese Entwicklung verlief nicht geradlinig und zielgerichtet.

1 Verfolge die Entwicklung des Pferdes in Abbildung 2. Welches der abgebildeten Tiere gehört nicht zu den Vorfahren des heutigen Pferdes?
2 Nenne Gründe, warum die Vorfahren der Pferde im Laufe der Entwicklung immer größer wurden? Denke dabei an die Lebensräume.
3 Vergleiche Abbildungen und Text. Trage dazu für jede Form der Pferdeahnenreihe Aussehen, Umwelt und Nahrung in eine Tabelle ein. Achte auf die Zeitleiste.
4 Beschreibe, wann die Vorfahren der Pferde welche Erdteile besiedelten.

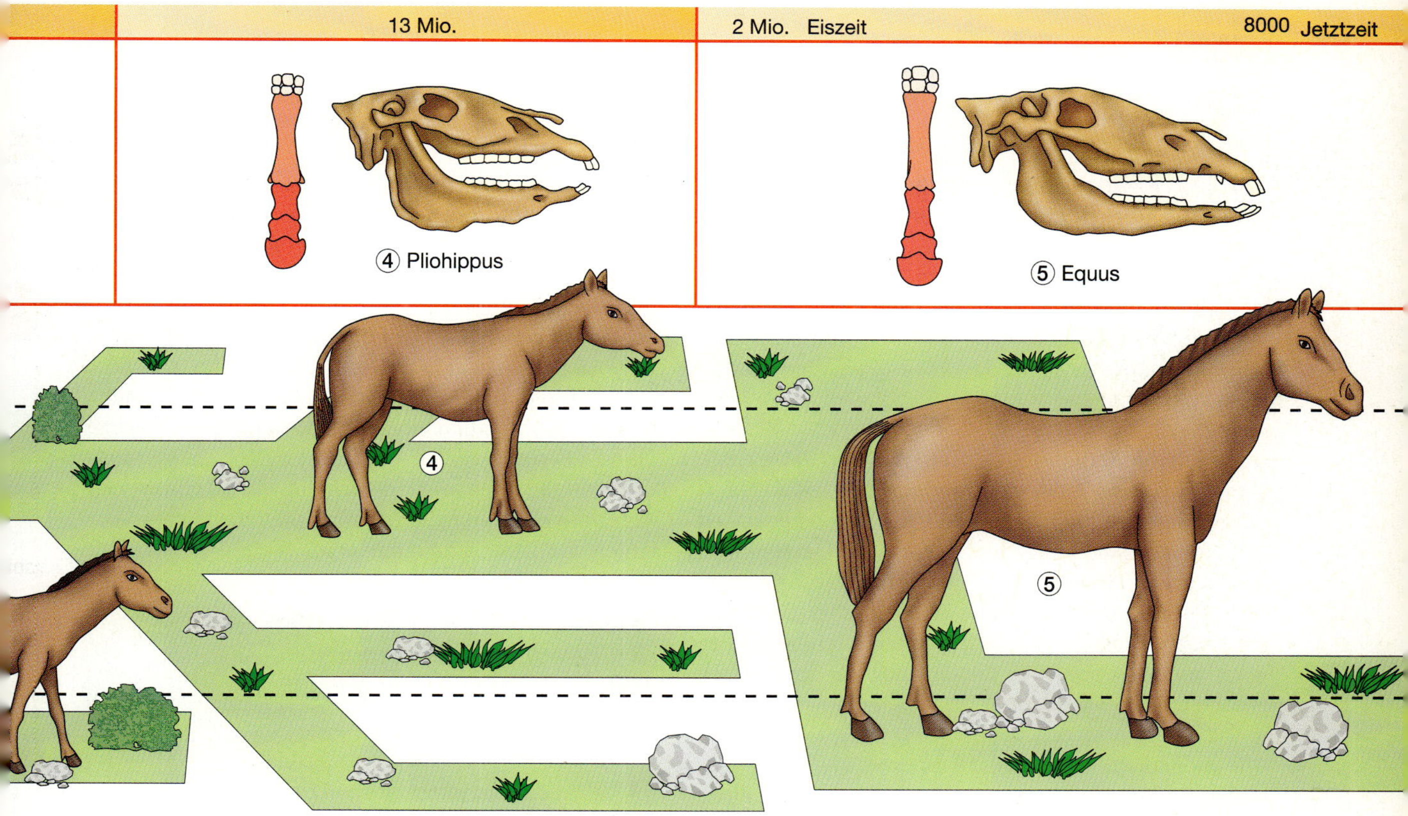

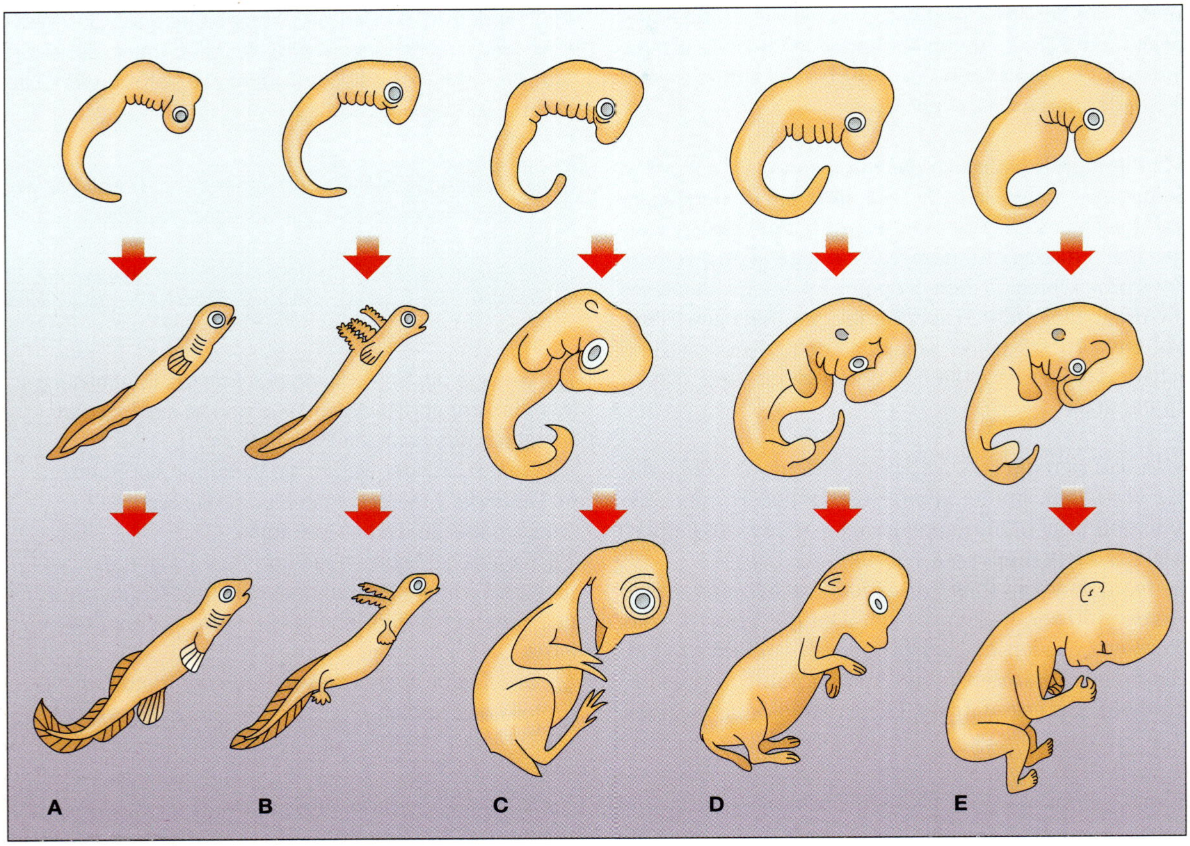

1 ***Embryonalstadien verschiedener Wirbeltiere. A*** *Fisch;* ***B*** *Salamander;* ***C*** *Huhn;* ***D*** *Kaninchen;* ***E*** *Mensch*

2.4 Die Keimesentwicklung – eine verkürzte Evolution?

Wenn wir die Embryonalstadien der verschiedenen Wirbeltiere ansehen, können wir viele Gemeinsamkeiten in ihrem Bau feststellen. Kopf und Rumpf ähneln sich am Anfang so stark, dass eine eindeutige Zuordnung zu den Lurchen, Vögeln oder Säugern auf Anhieb nicht möglich ist.
Der deutsche Zoologe HAECKEL (1834–1919) beschäftigte sich intensiv mit der Abstammungslehre. Nach seiner Theorie durchläuft jedes Tier während seiner Embryonalentwicklung die Stufen der stammesgeschichtlichen Entwicklung noch einmal. Diese Erscheinung formulierte er 1866 als *Biogenetisches Grundgesetz.* Auch wenn diese Theorie heute kritisch betrachtet wird, fallen während der Entwicklung der Embryonen tatsächlich bemerkenswerte Besonderheiten auf.

Alle Individuen entstehen ebenso wie die Urorganismen aus einer einzigen Zelle. Das Herz wird bei allen Wirbeltierembryonen wie bei den Fischen zweikammerig angelegt. Erst später differenziert es sich in die jeweils arttypische Form. Auch haben alle Wirbeltierembryonen zu Beginn der Keimesentwicklung Kiemenspalten. Da die Kiemenspalten für alle Lungenatmer nutzlos sind, bilden sie sich später wieder zurück oder werden umgewandelt.
Häufig entstehen während dieser Zeit auch bestimmte Organanlagen oder Körperstrukturen. Dazu gehört zum Beispiel das embryonale Haarkleid des Menschen, das bis zur Geburt wieder abgestoßen wird. Diese Besonderheiten deuten darauf hin, dass während der Embryonalentwicklung eines Lebewesens Anlagen von Merkmalen stammesgeschichtlicher Vorfahren vorübergehend auftreten.

In der Embryonalentwicklung eines Lebewesens treten Anlagen auf, die Rückschlüsse auf deren Stammesentwicklung erlauben.

1 Vergleiche die verschiedenen Stadien der abgebildeten Embryonen. Welche Veränderungen kannst du erkennen? Beschreibe.

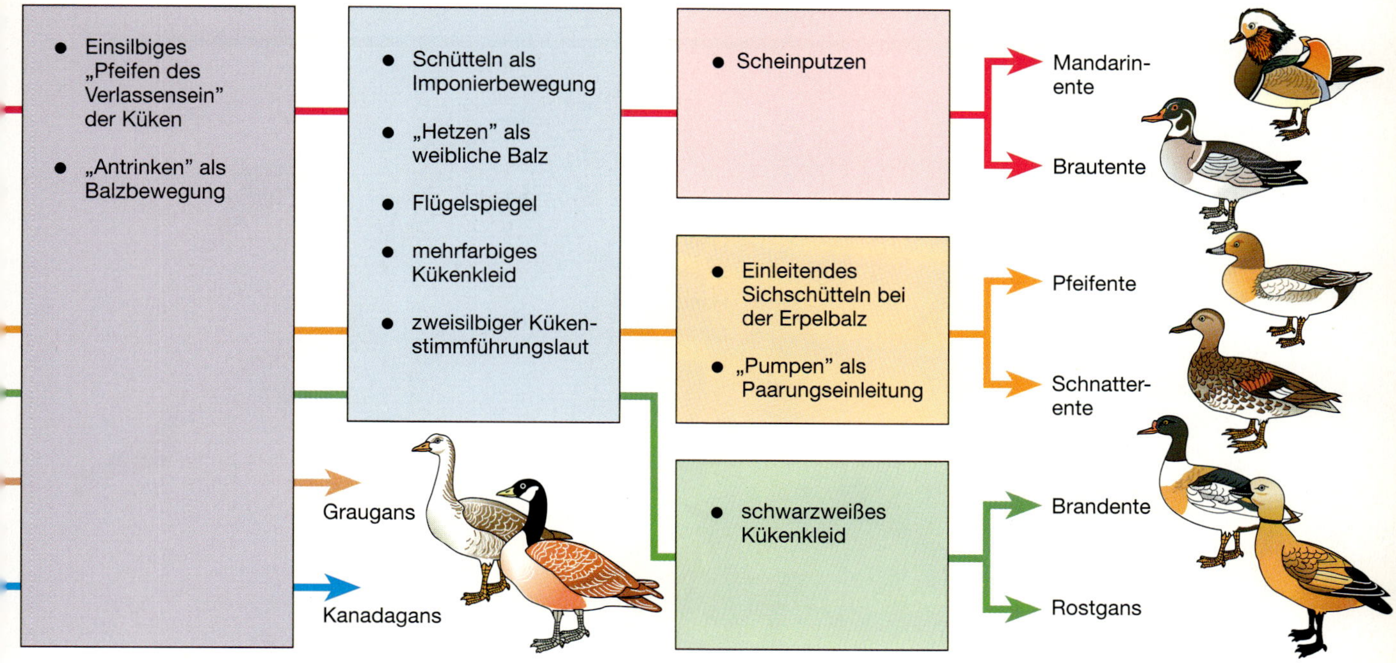

1 ***Stammbaum der Entenvögel*** *(nach Verhaltensmerkmalen)*

2.5 Das Verhalten verrät stammesgeschichtliche Verwandtschaft

In der *Verhaltensforschung* werden unter anderem angeborene Verhaltensweisen nahestehender Tiergruppen untersucht. Aus den gewonnenen Erkenntnissen können Forscher Rückschlüsse auf die stammesgeschichtliche Entwicklung der Tiere ziehen.
Zu den am gründlichsten erforschten Tierarten gehören die *Entenvögel.* So fällt z. B. auf, dass die Küken aller Entenvögel einen einsilbigen Pfeiflaut ausstoßen, wenn sie sich verlassen fühlen. Dieses *„Pfeifen des Verlassenseins"* ist angeboren. Während der Balz sind besonders viele charakteristische Verhaltensweisen zu beobachten. Es gibt beispielsweise zwei Arten von Balzverhalten: die gesellige *Turnierbalz,* die viele Erpel gemeinsam aufführen und die *Einzelbalz* vor der Ente.
Die Turnierbalz beginnt mit einer Begrüßungsbewegung, dem *Antrinken.* Die Erpel nehmen etwas Wasser auf und schleudern es nach oben. Im Augenblick der größten Spannung des Körpers ertönt ein lauter Pfiff, dem sofort ein tiefer Grunzton folgt. Weitere Bestandteile der Turnierbalz sind z. B. das *Schnabelschütteln,* das *Schüttelstrecken,* wobei der Körper schräg nach vorn aus dem Wassers gehoben wird, sowie das *Schwanzschütteln.* Dieser Gesellschaftsbalz folgt die *Einzelbalz.* Sie dient der Paarfindung und ist auf ein bestimmtes Weibchen gerichtet.

Das *„Hetzen"* als weibliche Balz zeigen alle Entenvögel bis auf Graugans und Kanadagans. Dabei schwimmt die Ente kopfnickend ihrem umworbenen Erpel hinterher und droht gleichzeitig über ihre Schulter hinweg den anderen artgleichen Männchen.
Alle Verhaltensweisen lassen sich auf bestimmte Grundformen wie Trinken, Baden und Putzen zurückführen. Sie werden auch als **homologe Verhaltensweisen** bezeichnet, da sie einen gemeinsamen Ursprung – die Körperpflege – haben und vererbbar sind.
Verhaltensforscher haben festgestellt: Je mehr übereinstimmende Verhaltensweisen zwei Entenarten zeigen, desto näher sind sie vermutlich miteinander verwandt. Damit kann das angeborene Verhalten der Tiere ebenso Hinweise auf die stammesgeschichtliche Verwandtschaft geben wie das bei körperlichen Merkmalen der Fall ist.

Das angeborene Verhalten der Tiere gibt Hinweise auf ihre stammesgeschichtliche Verwandtschaft. Tierarten, die nahe miteinander verwandt sind, zeigen häufig homologe Verhaltensweisen.

1 Nenne zwei eng verwandte und zwei entfernt verwandte Entenvögel. Begründe deine Entscheidung mithilfe der Abbildung 1.

2 ***Turnierbalz des Stockentenerpels***

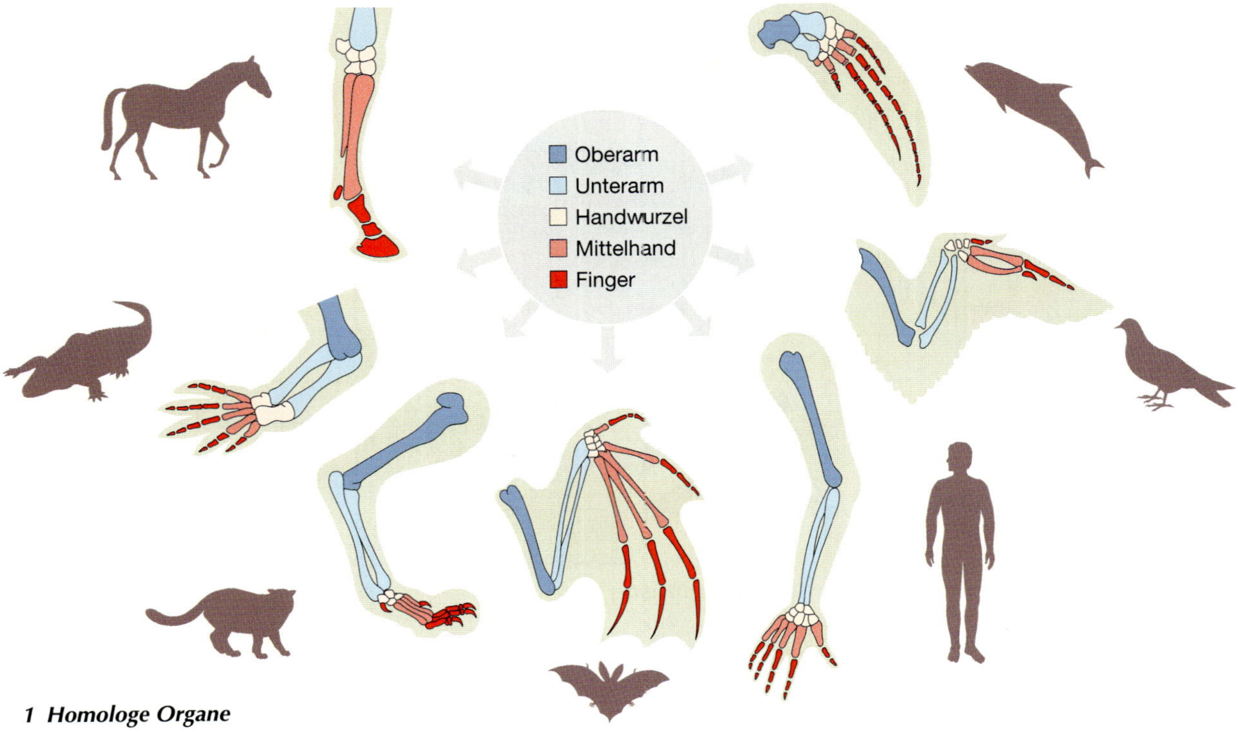

1 Homologe Organe

3 Verwandt oder nur ähnlich?

Beim Betrachten der Vorderbeine eines Vogels, einer Katze und eines Maulwurfs fallen einem zuerst die Unterschiede und nicht die Gemeinsamkeiten auf. Und doch weisen die Vordergliedmaßen auch aller anderen Wirbeltiere den gleichen *Grundbauplan* auf. Sie setzen sich aus Oberarmknochen, Elle und Speiche, sowie Handwurzel-, Mittelhand- und Fingerknochen zusammen. Obwohl die Funktionen wie Fliegen, Laufen, Graben oder Greifen unterschiedlich sind, ist der Aufbau dieser Gliedmaßen doch ähnlich. Solche Organe, die trotz unterschiedlicher Funktion im Grundbauplan übereinstimmen, nennt man **homologe Organe.** Sie sind ein Hinweis auf die stammesgeschichtliche Verwandtschaft.

Ähnliche Homologien gibt es auch bei anderen Gruppen von Lebewesen. So sind z. B. das Sprungbein einer Heuschrecke, das Laufbein eines Käfers und das Sammelbein einer Biene homolog. Sie stimmen jeweils im Grundbauplan überein, auch wenn sie verschieden aussehen. Selbst so unterschiedliche Gebilde wie die Flügel eines Schmetterlings und die einer Biene sind homolog. Wenn verschiedene Lebewesen homologe Organe aufweisen, lässt dies auf gemeinsame Vorfahren schließen, die vor vielen Millionen Jahren lebten.

Jedoch bedeutet gleiches Aussehen oder gleiche Funktion nicht immer eine stammesgeschichtliche Verwandtschaft. So graben Maulwurfsgrille und Maulwurf beide unterirdische Gänge, in denen sie Würmer und Insekten jagen. Dabei dienen die *Grabbeine* des Maulwurfs und der Maulwurfsgrille dem gleichen Zweck, doch ist ihr Aufbau vollkommen unterschiedlich. Beim Maulwurf sind es typische Wirbeltiergliedmaßen mit einem Knochenskelett und bei der Maulwurfsgrille ein abgewandeltes Insektenbein mit einem Außenskelett aus Chitin. Organe, die eine ähnliche Funktion, aber eine unterschiedliche Herkunft haben, bezeichnet man als **analoge Organe.**

Ein gleicher Lebensraum mit gleichen Bedingungen führte für Hai, Delfin und auch für den ausgestorbenen Fischsaurier zu auffälligen körperlichen Übereinstimmungen. So zeigen diese schnell schwimmenden Räuber des Meeres alle eine ähnliche Körperform, obwohl sie nicht eng miteinander verwandt sind. Diese Erscheinung nennt man **Konvergenz.**

Bei einigen Lebewesen sind Organe so weit zurückgebildet, dass sie keine erkennbare Funktion mehr erfüllen. Sie lassen sich jedoch von gebrauchsfähigen Organen ihrer stammesgeschichtlichen Vorfahren ableiten. So findet man bei Bartenwalen noch Reste vom Becken und vom Oberschenkel, obwohl längst keine Hinterbeine mehr ausgebildet werden. Diese Organreste nennt man **rudimentäre Organe.** Sie belegen die Verwandtschaft der Wale mit vierbeinigen Säugetieren. Die hinteren Gliedmaßen wurden im Laufe der stammesgeschichtlichen Entwicklung bei der Anpassung an das Leben im Wasser zurückgebildet.

Homologe Organe und rudimentäre Organe geben Hinweise auf eine stammesgeschichtlich nahe Verwandtschaft von Lebewesen. Analoge Organe und Konvergenz sind nur eine Anpassung an eine gleiche Funktion, sie weisen nicht auf eine Verwandtschaft hin.

1 Vergleiche die Vordergliedmaßen in Abb. 1. Beschreibe und erkläre Bau und Funktion.

2 Die Flügel eines Schmetterlings sind Ausstülpungen der Haut, die mit Chitin überzogen sind. Vergleiche sie mit Vogelflügeln.

3 Bei Seelöwen und Walrossen findet man auf den Flossen Reste von Fuß- bzw. Fingernägeln. Was kann man daraus über deren Entwicklung schließen?

4 Betrachte die Vorderflosse des Wals in Abb. 4 und vergleiche sie mit den Vordergliedmaßen in Abb. 1. Entscheide, ob es sich um ein homologes oder analoges Organ handelt.

5 Männer haben eine mehr oder weniger starke Brust- und Rückenbehaarung. Die Körperbehaarung zählt zu den rudimentären Erscheinungen beim Menschen. Worauf ist sie zurückzuführen? Berichte.

2 ***Analoge Organe (Grabbeine). A*** *Maulwurf;* ***B*** *Maulwurfsgrille*

3 ***Konvergenz. A*** *Hai;* ***B*** *Fischsaurier;* ***C*** *Delfin*

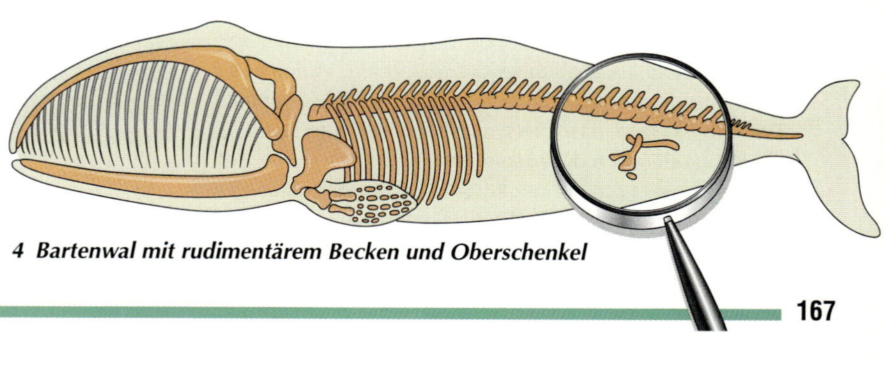

4 ***Bartenwal mit rudimentärem Becken und Oberschenkel***

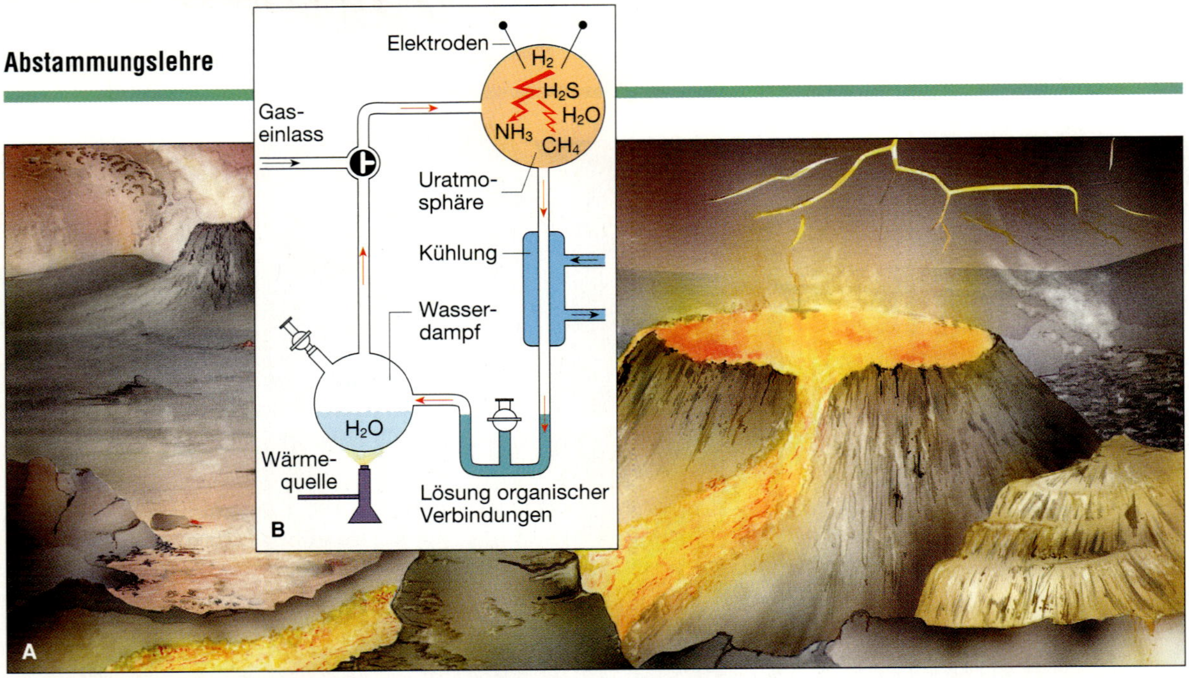

1 ***So könnten die Bausteine des Lebens entstanden sein. A*** *Schema einer Urlandschaft;* ***B*** *MILLER-Apparatur*

4 Ursachen der Evolution

4.1 Wie kann das Leben entstanden sein?

Das Leben entstand vor etwa vier Milliarden Jahren. Blitze, Regen, Vulkanausbrüche, dampfende Lagunen und Erdspalten – dies ist das Bild, das Geologen von der Frühzeit der Erde zeichnen. Zu dieser bedrohlichen Umgebung kam noch eine Atmosphäre, die aus Wasserdampf (H_2O), Wasserstoff (H_2), Schwefelwasserstoff (H_2S), Methan (CH_4), und Ammoniak (NH_3) bestand. Es gab keinen freien, gasförmigen Sauerstoff.

Für uns ein lebensfeindliches Bild – und doch sollen in dieser Umgebung die **Grundbausteine des Lebens** entstanden sein: *Aminosäuren* als Bausteine der Eiweiße sowie *Zucker* und *stickstoffhaltige* Basen als Bausteine für die DNA und die RNA.

Ursprünglich war die Erde ein glühender Feuerball, der sich nach und nach abkühlte und eine feste Kruste bildete. Der dabei entstehende Wasserdampf kondensierte, fiel als heißer Regen auf die Erde und bildete so den Urozean. Sowohl im Urozean als auch in der Uratmosphäre kam es zu chemischen Reaktionen, durch die eine Vielzahl chemischer Verbindungen entstanden, die dann auch miteinander reagierten. Vulkanausbrüche, elektrische Entladungen (Gewitter) radioaktive Strahlungen und das energiereiche, ultraviolette Licht der Sonne lieferten die notwendige Energie.

1953 gelang es einem jungen amerikanischem Studenten, in einem Versuch die Bedingungen auf der Urerde nachzuahmen. Stanley MILLER mischte aus den bekannten Ausgangssubstanzen eine *„Uratmosphäre"*. Er erhitzte Wasser, erzeugte künstliche Blitze durch Elektroden und bestrahlte seine „Uratmosphäre" mit UV-Licht. Zu seiner Überraschung erhielt er schon nach wenigen Stunden in seiner *„Ursuppe"* organische Verbindungen wie Fettsäuren, Zucker und verschiedene Aminosäuren, die als Grundbausteine für das Leben angesehen werden. Aus diesen einfach gebauten organischen Molekülen entwickelten sich kompliziert aufgebaute organische Verbindungen.

Wie es dann weiterging und sich aus ihnen die ersten Lebewesen entwickelten, ist noch unbekannt.

In einem Gedankenmodell gehen Wissenschaftler davon aus, dass Ketten von RNA-Bausteinen die Herstellung von bestimmten Eiweißen organisierten, die sich vielleicht zu kleinen Kügelchen zusammenschlossen und dann zur *„Urzelle"* weiterentwickelt haben.

Wahrscheinlich hat es viele Jahrmillionen gedauert, bis in der „Ursuppe" durch Auslese geeigneter Stoffe immer kompliziertere Gebilde entstanden, aus denen dann irgendwann die ersten Einzeller hervorgingen.

Die Entstehung des Lebens war ein lange andauernder Prozess. Sein Verlauf ist erst zum Teil bekannt.

1 Beschreibe, unter welchen Bedingungen die Entstehung des Lebens vermutlich stattgefunden hat.

4.2 Die Evolution der Evolutionstheorien

Nach der Schöpfungslehre der Bibel schuf Gott die Welt mit allen Lebewesen in sechs Tagen. Auf dieser Grundlage beruht die bis ins 19. Jahrhundert gültige Theorie von der **Konstanz der Arten.**

Jean-Baptiste de LAMARCK (1744–1829) entwickelte als einer der ersten Forscher die Vorstellung von der Entwicklung der Lebewesen, deren **Evolution.** Nach seiner Theorie haben alle Lebewesen eine gemeinsame Geschichte. Sie stehen über lange Verwandtschaftsketten miteinander in Beziehung. Die Lebewesen passten sich während ihrer Entwicklung jeweils den wechselnden Umweltbedingungen an. So soll der lange Giraffenhals dadurch entstanden sein, dass die Vorfahren der heutigen Giraffen die Hälse zum Fressen nach oben reckten und diese dadurch immer länger wurden. Das „Bedürfnis“, an die Blätter der Bäume zu kommen, soll zur Verlängerung des Halses beigetragen haben. Diese erworbene Eigenschaft soll dann auf die Nachkommen vererbt worden sein. Entsprechend nannte man seine Lehre die Theorie der **Vererbung erworbener Eigenschaften.** Sie gilt heute als widerlegt.

Auch zu Zeiten von Charles DARWIN (1809–1882) glaubte man noch, dass Gott jede Art so geschaffen hatte, dass sie an ihren Lebensraum am besten angepasst ist. DARWIN vertrat nach seinen Untersuchungen so wie LAMARCK die Ansicht, dass sich alle Arten aus früheren Formen entwickelt haben, doch ging er von anderen Ursachen für die Entstehung der Arten aus. Er nannte seine Theorie die **Entstehung der Arten durch natürliche Zuchtwahl.** Danach sind die Nachkommen eines Elternpaares nicht gleich, sondern unterscheiden sich immer etwas. Es treten auch immer wieder Lebewesen mit neuen Merkmalen auf. In der jeweiligen Umwelt überlebten von der Fülle der Nachkommen diejenigen, die am besten angepasst sind, die „fittesten“, wie Darwin schrieb. So verändern sich die Arten langsam und irgendwann sind neue Arten entstanden. Dieser Prozess läuft über viele Generationen ab und führt nach und nach zu Veränderungen.
Für unser Beispiel bedeutet dies, dass aus einer Giraffenpopulation mit unterschiedlich langen Hälsen diejenigen mit den längeren Hälsen auch in schlechten Zeiten noch Nahrung finden werden, da sie auch die höher wachsenden Blätter noch erreichen. Sie sind dann besser genährt und werden sich vermehrt fortpflanzen und den längeren Hals ihren Nachkommen vererben. Darwins Theorie, auch **Darwinismus** genannt, ist in weiten Teilen heute noch gültig.

1 Entstehung des Giraffenhalses nach LAMARCK

In den letzten 200 Jahren lösten sich die folgenden Evolutionstheorien ab: Die Theorie von der Konstanz der Arten, LAMARCKS Theorie der Vererbung erworbener Eigenschaften und die noch heute gültige Abstammungslehre DARWINS.

1 Auf den Kerguelen, ständig sturmumtosten Inseln in der Nähe der Antarktis, gibt es viele flügellose Insekten. Erkläre ihre Entstehung nach den Theorien von LAMARCK und DARWIN. Bewerte.

2 Entstehung des Giraffenhalses nach DARWIN

1 ***Natürliche Selektion durch Fressfeinde. A*** *Birkenspanner auf flechtenbewachsenem Stamm;* ***B*** *Buntspecht als Fressfeind;* ***C*** *Birkenspanner auf rußgeschwärztem Stamm ohne Flechten*

4.3 Die Entstehung von Arten

Die Entstehung einer neuen Pflanzen- oder Tierart vollzieht sich normalerweise in sehr langen Zeiträumen, schätzungsweise in etwa 100 000 bis eine Million Jahren. An einigen Beispielen lässt sich jedoch über einen kürzeren Zeitraum hinweg erkennen, wie sich die Evolution der Arten vollzogen hat und welche Mechanismen dabei wirksam waren.

Birkenspanner sind nachtaktive Schmetterlinge. Sie ruhen tagsüber mit ausgebreiteten Flügeln auf Birkenstämmen. Auf der hellen Rinde sind sie durch ihre hellen, gesprenkelten Flügel vor Insekten fressenden Vögeln gut getarnt. Durch **Mutation** entstehen aber immer wieder dunkle Formen. Sie werden von den Vögeln schnell entdeckt und gefressen. Das Gen, das die dunkle Farbe verursacht, wird dadurch nicht so oft an Nachkommen weitergegeben.
Eine ganz andere Situation zeigt sich in Industriegebieten mit starker Luftverschmutzung. Durch Ruß wurden die Birkenstämme dunkel und damit waren die dunklen Birkenspanner gegenüber den hellen Birkenspannern im Vorteil. Die Vögel entdeckten zuerst die auffälligen hellen Falter.
Von den Nachkommen einer Art überleben also nur diejenigen, die an ihre Umgebung optimal angepasst sind. Nur sie können die jeweiligen Merkmalsanlagen an ihre Nachkommen weitergeben. Diese Auslese durch die Umwelt bezeichnet man als **Selektion.**

> Stichwort
>
> **Art**
>
> Organismen gehören zu einer Art, wenn sie in wesentlichen Merkmalen übereinstimmen und miteinander fruchtbare Nachkommen hervorbringen.

Mutation und Selektion spielen also bei der Entstehung von neuen Arten eine Rolle. Sie sind jedoch nicht die einzigen Evolutionsfaktoren.

Als Gletscher während der Eiszeiten große Teile Europas überzogen, wurde die dort lebende Tierwelt in zwei Gruppen getrennt. Die eine wich nach Südwesten aus, die andere nach Südosten. Während der langen Phasen der Eiszeiten waren die beiden Gruppen voneinander isoliert und konnten sich nicht untereinander fortpflanzen.
So erging es auch den Vorfahren von *Grünspecht* und *Grauspecht.* Aus der Stammform entwickelten sich in den unterschiedlichen Lebensräumen im Verlauf zehntausender Jahre voneinander getrennte Spechtpopulationen: im Osten die Grauspechte, im Westen die Grünspechte. Nach der Eiszeit drangen beide Populationen wieder nach Mitteleuropa vor. Hier stellte sich dann heraus, dass sich die beiden Gruppen nach der langen Trennung nicht mehr untereinander fortpflanzen können.
Grünspecht und Grauspecht sehen sich zwar noch zum Verwechseln ähnlich. Aber während der Grünspecht ein typischer Erdspecht ist und auf dem Boden lebt, findet man den Grauspecht vorwiegend auf Bäumen. Beide bevorzugen Ameisen als Nahrung. Grauspechte sind allerdings bei ihrer Nahrungsauswahl nicht so spezialisiert wie Grünspechte. Sie fressen viele verschiedene Insektenarten, die in den Bäumen leben und stellen sich in

2 Verbreitung von Grünspecht und Grauspecht.
***A** Grauspecht; **B** Verbreitungskarte; **C** Grünspecht*

der kalten Jahreszeit auf Sämereien um. Obwohl beide Spechte sich in Aussehen und Verhalten ähneln, sind zwei **Arten** entstanden.
Lebewesen können auch durch Meere, Wüsten oder Gebirge getrennt werden. Diese **geografische Isolation** ist neben der Mutation und Selektion eine weitere Voraussetzung für die Entstehung neuer Arten.

Auch die Vorfahren der Krähen wurden durch die Eiszeit in zwei Gruppen getrennt. Sie trafen ebenfalls nach der Eiszeit etwa an der Elbe wieder aufeinander. Hier siedeln heute östlich der Elbe die *Nebelkrähen* mit grauen Gefiederteilen und westlich die vollkommen schwarzen *Rabenkrähen*. Im Grenzbereich kommt es zwischen den Tieren von beiden Gruppen zur Fortpflanzung. Es entstehen Mischformen, die *Bastarde*. Bei der Herausbildung von Rabenkrähe und Nebelkrähe sind also keine Arten entstanden, sondern zwei **Rassen.** Die Ursache ist vermutlich, dass die Krähen weniger Generationen voneinander getrennt waren als die Spechte. Während Krähen erst im dritten Lebensjahr geschlechtsreif werden, können sich Spechte schon nach einem Jahr fortpflanzen.

Eine anderes Beispiel für die Entwicklung neuer Rassen oder Arten sind die *Kohlmeisen*. Die großen Entfernungen zwischen ihren Verbreitungsgebieten verhinderten eine Durchmischung der Erbanlagen. So bildete die Kohlmeise drei Rassen. Die europäische Rasse erstreckt sich bis nach Kleinasien und zum Pazifik. Im persischen Raum trifft sie auf die südasiatische Rasse. Wo sich ihre Verbreitungsgebiete berühren, entstehen Bastarde. Die chinesisch-japanische Rasse begegnet der europäischen Rasse nur noch in einem kleinen Grenzbereich im Amurgebiet. Hier verhalten sich die Rassen bereits wie zwei Arten. Sie können sich nicht mehr untereinander fortpflanzen. Der Übergang von der Rassen- zur Artbildung ist also fließend.

> Ursachen für die stammesgeschichtliche Entwicklung der Lebewesen und Voraussetzung für die Bildung neuer Arten sind die Evolutionsfaktoren wie Mutation, Selektion und Isolation.

1 Erläutere die natürliche Selektion durch Fressfeinde anhand der Abbildung 1.
2 Nenne die Faktoren, die zu einer Entstehung von Arten führen und erläutere sie.

3 Rassenbildung der Krähe ***A** Rabenkrähe;*
***B** Nebelkrähe*

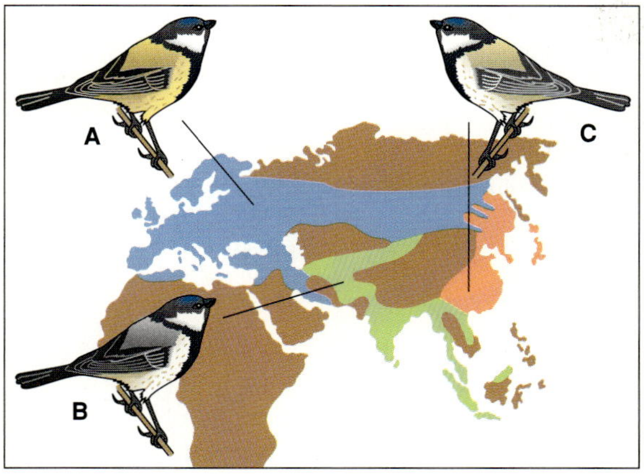

4 Rassenbildung der Kohlmeise. ***A** europäische;*
***B** südasiatische; **C** chinesisch-japanische Rasse*

Streifzug durch die Geschichte

Charles DARWIN und die Galapagosinseln

Charles DARWIN verließ am 27.12.1831 mit dem Vermessungsschiff *Beagle* den englischen Hafen Plymouth. DARWIN – 22 Jahre alt – war auf dem Schiff als junger Naturwissenschaftler angeheuert worden. Die Reise sollte fünf Jahre dauern und führte ihn rund um die Welt. Erst am 2.10.1836 kehrte er mit überall auf der Welt gesammelten Pflanzen- und Tierarten nach England zurück.

Seine Reise brachte ihn auch zu den Galapagos-Inseln. Sie haben ihren Namen nach dem spanischen Wort für Schildkröte, Galapagos, erhalten. Die vulkanische Inselgruppe liegt etwa 1000 Kilometer westlich von Ecuador im Pazifischen Ozean. Sie besteht aus 14 größeren und 16 kleineren Inseln. Die älteren Inseln sind vor etwa fünf Millionen Jahren entstanden. DARWIN beobachtete, beschrieb und sammelte bei seinem fünfwöchigen Aufenthalt auf den Inseln 193 Pflanzen- und Tierarten.

Heute schätzt man die Anzahl der Pflanzen- und Tierarten, die an Land und im Meer um die Inseln vorkommen, auf 6000 bis 9000. Etwa 42 Prozent von ihnen leben nur auf dieser Inselgruppe. Schon DARWIN war aufgefallen, dass die einzelnen Inseln, trotz weitgehend ähnlicher Umwelt, eine unterschiedliche Pflanzen- und Tierwelt beherbergten. Der Vize-Gouverneur der Inseln erzählte DARWIN, dass sich die Schildkröten der verschiedenen Inseln unterschieden. Aufgrund dieser Unterschiede könne er sagen, von welcher Insel eine Schildkröte stamme. Heute wissen wir, dass die Galapagos-Riesenschildkröten alle zu einer Art gehören. Sie haben sich im Laufe der Zeit – durch die geografische Isolation begünstigt – in 14 Unterarten aufgespalten. Von ihnen sind inzwischen drei ausgestorben und weitere stark gefährdet.

DARWIN war sich der Sonderstellung der Inselgruppe in Bezug auf die Pflanzen- und Tierwelt bewusst. Aber er erkannte noch nicht die wissenschaftliche Bedeutung seiner Beobachtungen für seine spätere Evolutionstheorie. Auch in einem 1839 erschienenen Reisebericht über die Fahrt der Beagle finden sich noch keine evolutionären Ansichten DARWINs. Zu diesem Zeitpunkt nahm seine Theorie aber mehr und mehr Gestalt an. Im Jahre 1844 skizzierte er sie in einem 250 Seiten umfassenden Manuskript. Mit der Veröffentlichung seiner Evolutionstheorie wartete DARWIN noch weitere 15 Jahre. Erst 1859 erschien sein damals revolutionäres Buch *„Die Entstehung der Arten durch natürliche Auslese oder die Erhaltung der begünstigten Rassen im Ringen um die Existenz"*.

1 Beschreibe die Reiseroute der Beagle.

2 Erläutere, warum gerade die Pflanzen und Tiere von Inseln für Evolutionsforscher interessant sind.

Evolution

Übung

V1 Evolutionsspiel

Mit diesem Evolutionsspiel lässt sich die natürliche Selektion verdeutlichen. Verschiedenfarbige Wollfäden zeigen, wie sich eine Art an ihre jeweiligen Umweltbedingungen angepasst hat.
Es ist ein Spiel für eine Gruppe von vier Schülern. Einer ist der Spielleiter und Protokollführer, während die anderen drei die Spieler bzw. „Räuber“ sind.

Material: je 15 Blätter grünes und rotes Tonpapier oder verschiedenfarbige Teppichreste (ca. 1 m^2); Klebestreifen; je 1 Knäuel rote und grüne Wolle; Schere; 2 kleine Kartons oder Schalen zum Aufbewahren der Wollfäden
Hinweis: Die Farbe der Wolle muss zur Farbe des Tonpapiers passen (rot und grün sind nur ein Spielvorschlag).
Durchführung: Schneidet von jedem Garnknäuel etwa 200 Wollfäden mit einer Länge von 5 cm und sammelt die Fäden jeweils in einem Karton.
Klebt nun das Tonpapier einer Farbe nach folgendem Muster mit dem Klebestreifen auf der Rückseite zusammen. Das ist euer Spielfeld.

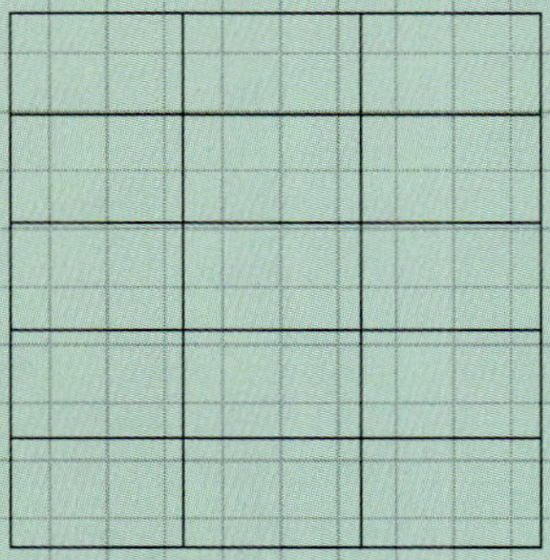

Ohne dass die Spieler zusehen, verteilt der Spielleiter von jeder Farbe 100 Wollfäden unsystematisch auf dem Spielfeld (z. B. rotes Tonpapier).
Jeder der drei Räuber sucht jetzt in möglichst kurzer Zeit 30 Wollfäden von der Spielfläche. Der Spielleiter und Protokollführer notiert das Suchergebnis.
Hinweis: Die Fäden dürfen nur einzeln eingesammelt werden.
Die nicht erbeuteten Wollfäden haben „überlebt“ und „vermehren“ sich jetzt, d. h. zu jedem Wollfaden kommen drei Fäden der gleichen Farbe hinzu und bilden somit die F_1-Generation.

Die Wollfäden werden erneut vom Spielleiter verteilt und anschließend wieder erbeutet. So entsteht eine F_2-Generation. Den gleichen Vorgang wiederholt ihr noch einmal und bildet so die F_3-Generation.

Die F_3-Generation „vermehrt“ sich wieder und bildet die Ausgangspopulation auf dem zweiten Spielfeld (z. B. grünes Tonpapier).
Aufgaben: a) Fertigt für beide Farben ein Spielprotokoll über drei Generationen an. Übertragt dazu die folgende Tabelle in euer Heft.

Spielfeld (rotes Tonpapier)	Anzahl der roten Wollfäden	Anzahl der grünen Wollfäden
Ausgangspopulation	100	100
Selektion		
Vermehrung		
F_1-Generation		
Selektion		
Vermehrung		
F_2-Generation		
Selektion		
Vermehrung		
F_3-Generation		

b) Wertet die beiden Spielprotokolle aus.
Welche Aussagen bezüglich der Selektion sind möglich?
c) Spielt auch das Auftreten von Merkmalsänderungen. Verwendet z. B. längere und kürzere Fäden.
d) Findet weitere Beispiele für Merkmalsveränderungen und probiert sie aus.

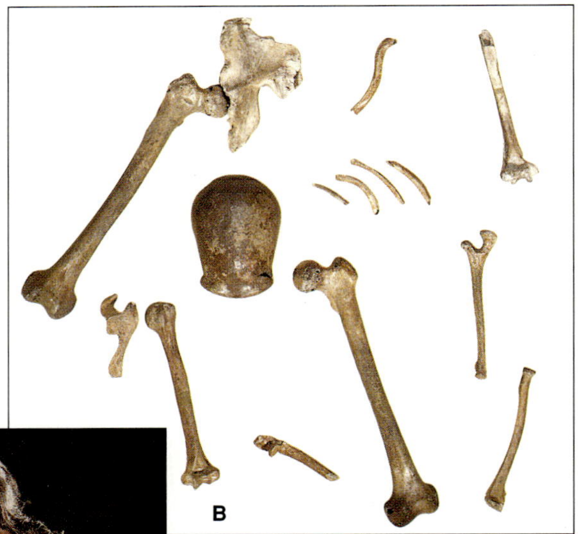

1 ***Neandertaler. A*** *Höhle im Neandertal;* ***B*** *Knochenfund aus dem Neandertal;* ***C*** *Rekonstruktion eines Neandertalers*

5 Entwicklung des Menschen

5.1 16 Knochen verändern das Weltbild

Im August des Jahres 1856 schaufelten zwei Steinbrucharbeiter Lehm und Sand aus der Feldhofer Grotte im Neandertal. Dabei machten sie einen Fund, der aus 16 ungewöhnlichen Knochen bestand.

Johann Carl FUHLROTT, ein Lehrer und Naturforscher aus dem benachbarten Elberfeld, erkannte sofort, dass es sich um die Knochen eines Menschen handelte. Dieser Menschentyp musste eine kräftige Muskulatur und ein sehr robustes Skelett gehabt haben. Größer als 160 cm konnte er nicht gewesen sein. Der Schädel unterschied sich durch Knochenwülste über den Augenhöhlen deutlich von unserem Schädel. FUHLROTT erklärte, dass es Skelettteile eines urtümlichen, von uns verschiedenen Menschen seien. Dieser habe in der letzten Eiszeit gelebt. In Anlehnung an den Fundort nannte er diesen vor langer Zeit ausgestorbenen Menschentyp **Neandertaler.** Damit setzte FUHLROTT voraus, dass der Mensch sich aus Vorfahren entwickelt haben musste. Dies stand in klarem Widerspruch zur biblischen Schöpfungsgeschichte, an die damals uneingeschränkt geglaubt wurde. Auch bedeutende Wissenschaftler wie der Mediziner Rudolf VIRCHOW widersprachen ihm. Sie nahmen an, dass der auffällige Bau der gefundenen Knochen auf krankhafte Veränderungen zurückzuführen sei.

1859 wurde FUHLROTT in seiner Auffassung durch Charles DARWIN unterstützt. Aber erst, nachdem an vielen anderen Orten menschliche Fossilien gefunden wurden, setzte sich die Erkenntnis durch, dass der Jetztmensch sich aus anders aussehenden Vorfahren entwickelt hat. Heute nimmt man an, dass der Neandertaler wohl nicht zu unseren direkten Vorfahren gehört. Aber er hat viele tausend Jahre neben dem Jetztmenschen gelebt, bis vor ca. 30 000 Jahren die letzten Vertreter seiner Art verschwanden.

Die Entdeckung des Neandertalers war der erste Hinweis darauf, dass der heutige Mensch sich aus anders aussehenden Vorfahren entwickelt hat.

1 FUHLROTTs Entdeckung wurde erst nach einigen Jahren anerkannt. Nenne hierfür Gründe.

2 Erstelle einen Steckbrief eines Neandertalers.

3 Suche im Internet nach aktuellen Informationen zum Thema „Neandertaler".

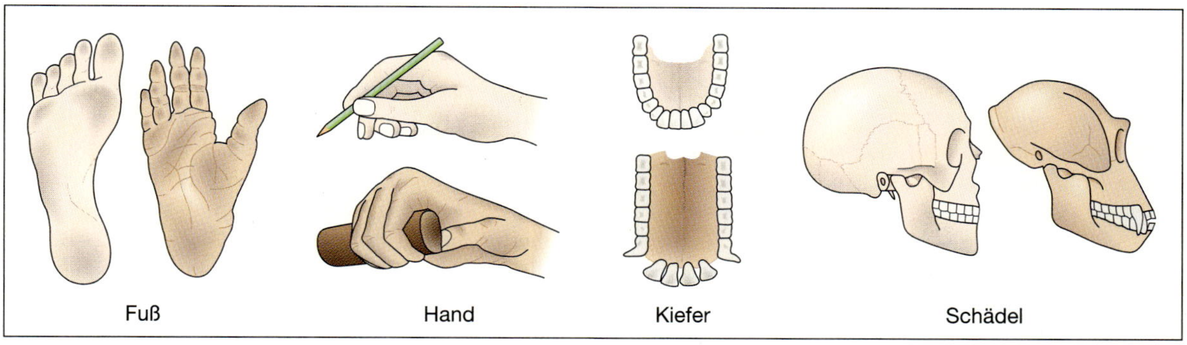

1 Vergleich von Mensch (hellbraun) und Bonobo (dunkelbraun)

5.2 Von Affen und Menschen

Das Affenhaus im Zoo ist für alle Besucher immer ein besonderer Anziehungspunkt. Sind die Gehege deshalb so attraktiv, weil die Besucher im Hinblick auf Gestalt und Verhalten der Tiere eine gewisse Ähnlichkeit mit sich selbst beobachten?

Tatsächlich weisen keine anderen Lebewesen so viele Gemeinsamkeiten mit uns auf wie die Menschenaffen. Untersuchungen des Erbgutes haben gezeigt, dass der Mensch und der erst im letzten Jahrhundert entdeckte *Bonobo* (Zwergschimpanse) eine genetische Übereinstimmung von mehr als 98% aufweisen. Auch der Körperbau der Menschenaffen ähnelt sehr dem der Menschen.

Es gibt aber auch deutlich erkennbare Unterschiede. Wer von uns kann schon mit den Füßen eine Banane schälen? Für den Bonobo ist dies kein Problem. Seine *Füße* sind sehr beweglich und so gebaut, dass die großen Zehen allen anderen Zehen des Fußes gegenübergestellt werden können. Diese Greiffüße sind eine Angepasstheit an ihren natürlichen Lebensraum. Bonobos bewegen sich mit allen Vieren kletternd und schwingend durch die Baumkronen.

Die Füße des Menschen sind als Standfüße ausgebildet und ermöglichen uns den aufrechten Gang. Das vom Fußskelett ausgebildete Gewölbe mindert die bei jedem Schritt auftretenden Erschütterungen.

Auch die *Wirbelsäule* des Menschen fängt Stöße gut auf. Sie ist doppelt-s-förmig gebogen und somit optimal an den aufrechten Gang angepasst. Die c-förmige Wirbelsäule des Bonobos führt dazu, dass der Schwerpunkt des Tieres außerhalb des Körpers liegt. Sie erlaubt nur für kurze Strecken, auf den Hinterbeinen aufgerichtet zu laufen.

Beim *Schädel* des Menschen fällt der Hirnschädel auf, der ausreichend Platz für das große Gehirn bietet. Der Gesichtsschädel ist flach, Kiefer und Gebiss sind wenig ausgeprägt. Am Bonoboschädel hingegen werden die vorspringende Schnauze und große Wülste über den Augen deutlich. Das Gebiss ist durch kräftige Eckzähne gekennzeichnet, der Hirnschädel bleibt viel kleiner als der des Menschen.

Die *Hände* des Bonobos ermöglichen das Ergreifen von Gegenständen, geschicktes Klettern und den Vierfüßergang auf dem Erdboden. Doch nur der Mensch kann seinen Daumen den übrigen vier Fingern genau gegenüberstellen und Materialien und Werkzeuge mit einzigartiger Präzision handhaben.

Aus solchen Vergleichen zwischen Menschen und Menschenaffen schließen die Wissenschaftler heute, dass beide einen gemeinsamen Vorfahren hatten.

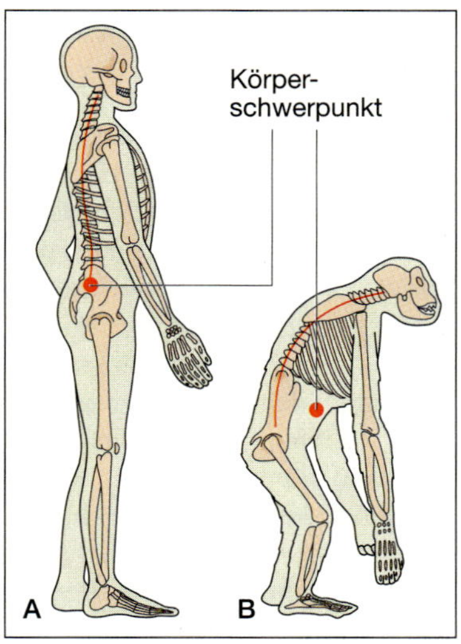

***2 Skelette. A** Mensch; **B** Bonobo*

Vergleichende Untersuchungen an Menschenaffen und Menschen deuten darauf hin, dass sie entwicklungsgeschichtlich gemeinsame Vorfahren haben.

1 Vergleiche Schädel, Hände, Füße und Wirbelsäulen eines Menschen und eines Bonobos anhand der Abbildungen. Stelle die Unterschiede in einer Tabelle zusammen.

5.3 Woher kommt der Mensch?

Wie die Entwicklung zum Menschen ablief, ist bis heute nicht endgültig geklärt. Doch auf der Grundlage vieler Fossilienfunde kann man sich schon eine recht genaue Vorstellung davon machen.

Vor ca. 20 Millionen Jahren lebten Tiere auf Bäumen in den Wäldern Ostafrikas. Sie sahen den heutigen Gorillas und Schimpansen ähnlich. Zu ihnen gehörte der etwa paviangroße **Proconsul.** Er kann wohl als der gemeinsame Vorfahre der Menschen und Menschenaffen angesehen werden.

Die Tiere, die überwiegend auf den Bäumen lebten, entwickelten sich zu Gorillas, Schimpansen, Bonobos und auch Orang-Utans. Andere verließen auf Dauer die Bäume und entdeckten den Boden als Lebensraum. Aus ihnen entstanden die Urahnen des Menschen. Diese *Vormenschen* vom Typ **Australopithecus** („Südaffe") richteten sich auf. So konnten sie Feinde früher entdecken. Ihre Hände dienten nun nicht mehr der Fortbewegung. Wahrscheinlich benutzten sie schon Stöcke, Steine und Knochen als Werkzeuge. Die frühesten Spuren des aufrechten Ganges sind ca. 3,75 Millionen Jahre alt. Etwas jünger sind die Knochen, die 1974 in der äthiopischen Afar-Wüste gefunden wurden. Sie gehören einem Vormenschen der Art **Australopithecus afarensis** („Südaffe aus Afar"). Über lange Zeiträume lebte er gemeinsam mit **Australopithecus africanus** („Afrikanische Südaffe") und **Australopithecus robustus** (Robuster Südaffe).

Diese beiden Vormenschenarten starben ohne Nachfahren aus. Von Australopithecus afarensis hingegen nimmt man an, dass er der Vorfahre der echten Menschen war. Als erste Art der *Frühmenschen* entwickelte sich **Homo habilis** („Geschickter Mensch"). Er konnte bereits einfache Werkzeuge herstellen und benutzen. Allerdings wies er noch viele Gemeinsamkeiten mit den Australopithecinen auf. Sein Gehirn war klein und seine Körperhaltung und seine Fortbewegung waren noch nicht so weit entwickelt wie bei der nachfolgenden Menschengruppe.

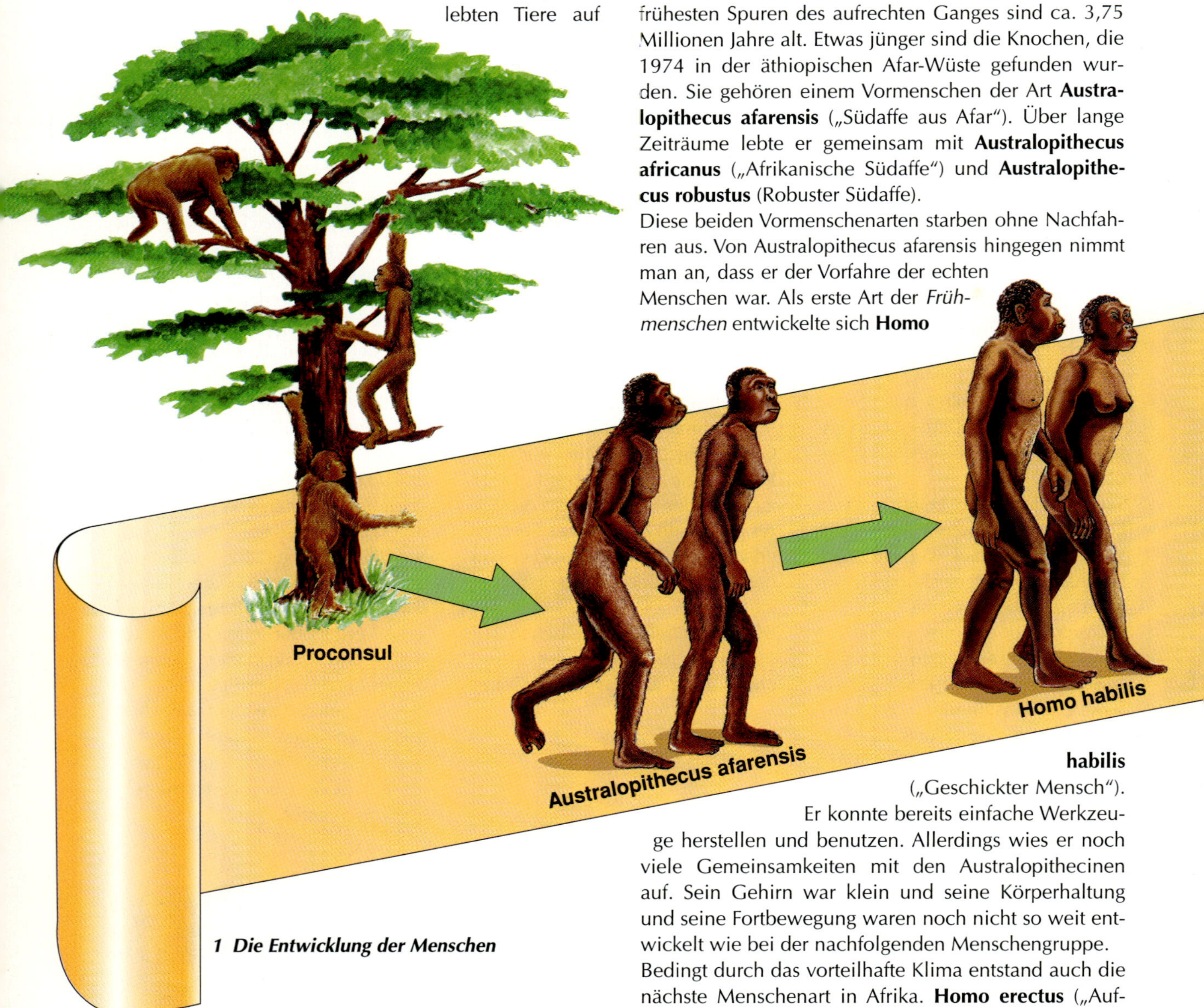

1 Die Entwicklung der Menschen

Bedingt durch das vorteilhafte Klima entstand auch die nächste Menschenart in Afrika. **Homo erectus** („Aufrecht gehender Mensch") fertigte verschiedene Faustkeile und nutzte als Erster das Feuer. Dadurch wurde es ihm möglich, auch in die kälteren Regionen in Europa und Asien einzuwandern. Die Angehörigen dieser Art waren ungewöhnlich groß und konnten bereits verschiedene Wildarten jagen. Sie lebten für längere Zeit an einem Ort und bauten Hütten aus Zweigen mit einem Stützpfosten in der Mitte.

Die zunehmenden Fähigkeiten in der Entwicklung unserer Vorfahren sind in der Entwicklung des Gehirns begründet. So hatte Australopithecus afarensis noch ein Gehirnvolumen von etwa 500 cm^3, während Homo habilis schon ein Hirnvolumen von etwa 1000 cm^3 aufwies.

Aus bestimmten Formen des Homo erectus entwickelten sich wohl wiederum in Afrika die ersten Vertreter von **Homo sapiens** („Wissender Mensch"). Sie besiedelten zunächst insbesondere den vorderen Orient sowie West- und Mitteleuropa. Die Knochenfunde, die FUHLROTT identifizierte, gehören zur Unterart **Homo sapiens neanderthalensis** („Neandertaler"). Von ihrem massigen Körperbau darf man sich nicht dazu verleiten lassen, nur plumpe Kraftpakete zu vermuten. Im Gegenteil – sie können schon als sehr intelligent betrachtet werden. Sie hatten das größte Hirnvolumen aller Menschenarten. Viele Werkzeuge wurden geschickt angefertigt. Steinmesser, Schaber, Stichel, Faustkeile und Speerspitzen zeigen, welche vielfältigen Arbeiten schon mit speziell dafür produzierten Geräten erledigt werden konnten.

Die Neandertaler waren die Ersten, die es unter den Bedingungen der Eiszeit dauerhaft in fast allen Gebieten unseres Kontinents aushielten. Sie waren sicherlich die ersten wirklichen Europäer.

Neandertaler lebten in Gruppen von 20 bis 30 Personen. Sie sammelten Wurzeln, Waldfrüchte, Beeren, Nüsse, Eier, Muscheln, Krebse und selbst Insekten. Mammute, Hirsche, Rentiere, Wildpferde, Bisons und Auerochsen, aber auch kleine Säugetiere und Vögel wurden gejagt. Als Nomaden folgten die Neandertaler ihrer Beute und blieben meist nur wenige Wochen an einem Ort. Sie waren keineswegs Höhlenmenschen. Vielmehr lebten sie während ihrer Wanderungen in Zelten aus Tierhäuten. Vor etwa 30000 Jahren verschwanden sie, nachdem sie zuvor lange Zeit mit anderen Menschenarten von Typ Homo erectus und den ersten *Jetztmenschen* unserer Unterart **Homo sapiens sapiens** („Wissender Mensch") zusammengelebt hatten.

Im Verlauf von wenig mehr als 25000 Jahren besiedelte nun Homo sapiens sapiens alle Erdregionen und kann heute in der Arktis genauso überleben wie im tropischen Regenwald. Wir jetzigen Menschen zeigen einzigartige kulturelle, wissenschaftliche und technische Fähigkeiten. Deshalb beherrscht Homo sapiens sapiens als zur Zeit einzige lebende Menschenart die Welt.

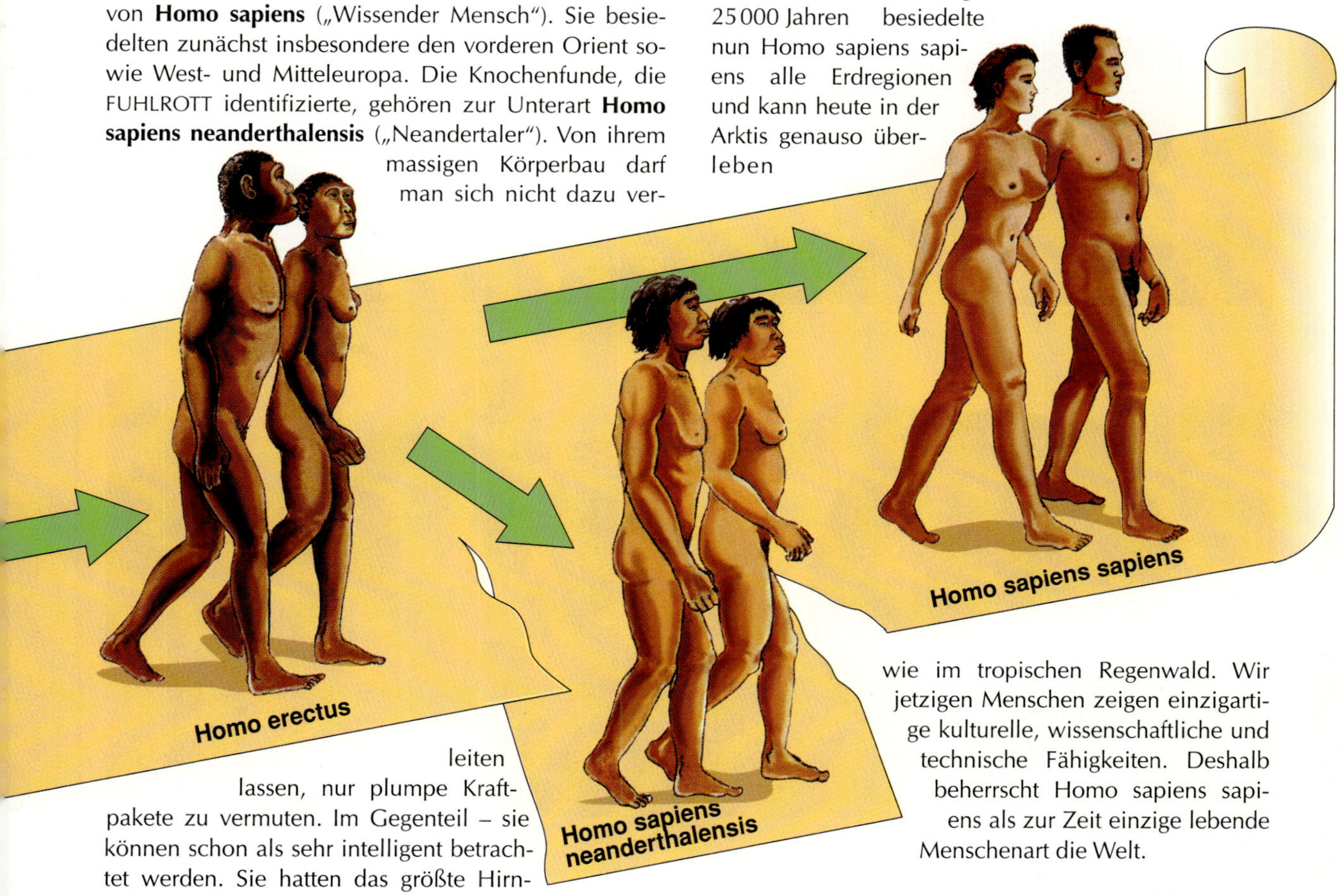

Aus Vormenschen vom Typ Australopithecus gingen die ersten Menschen hervor. Über die Frühmenschen Homo habilis und Homo erectus entstand der Jetztmensch Homo sapiens sapiens. Als erste Menschenart ist er in der Lage, alle Regionen und Klimazonen der Erde zu bewohnen.

1 Beschreibe anhand des Stammbaums (S. 179), wie die Entwicklung zum heutigen Menschen verlief. Beschreibe auch die Entwicklung der Schädel.

2 Schon vor über einer Million Jahren lernten unsere Vorfahren das Feuer zu gebrauchen. Welcher Zusammenhang besteht zwischen dieser Fähigkeit und der Besiedelung Mitteleuropas durch den Menschen? Beschreibe.

2 Lebensbilder aus der Geschichte der Menschheit.
A *Australopithecus afarensis;* ***B*** *Homo erectus;* ***C*** *Homo sapiens neanderthalensis*

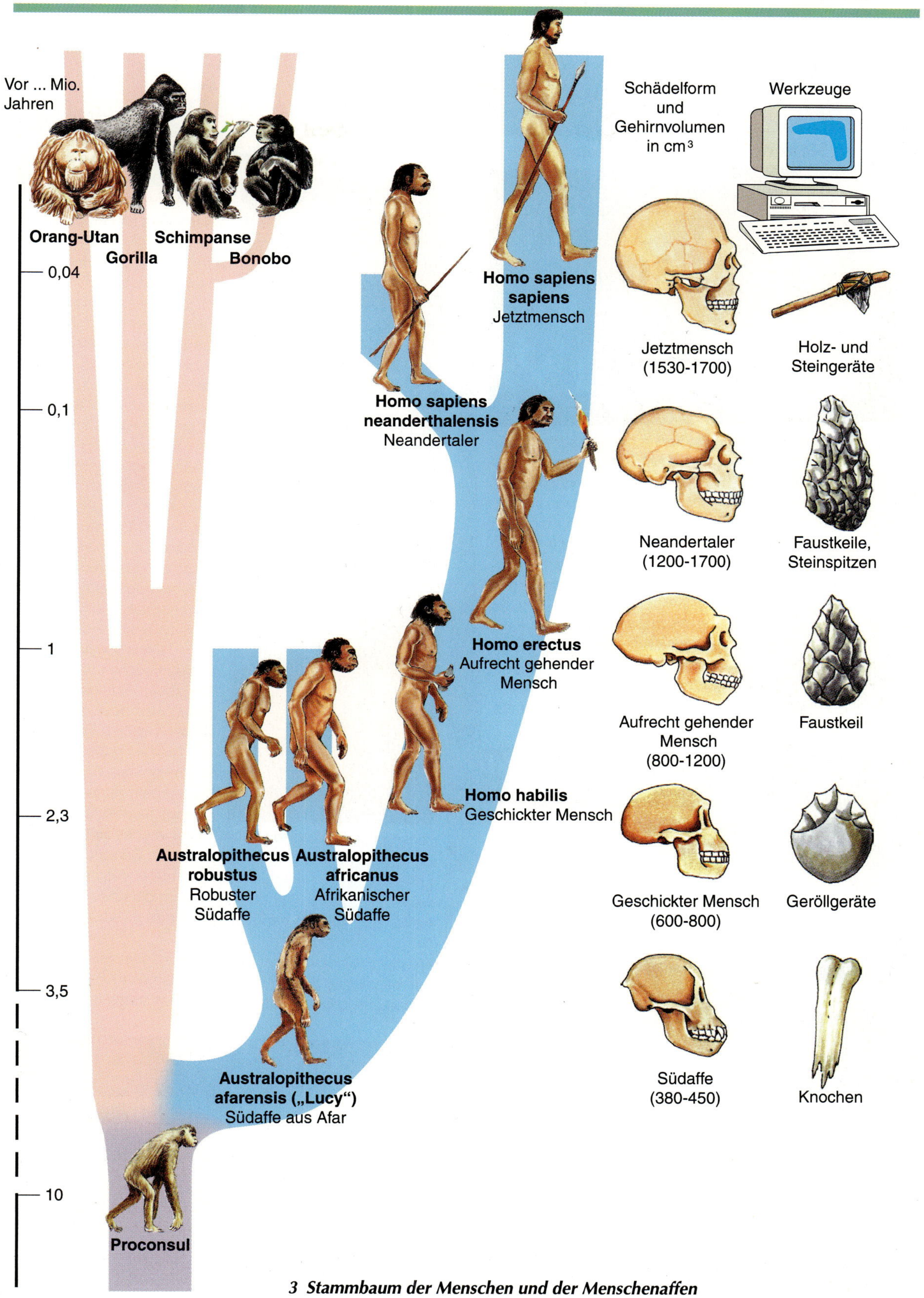

3 Stammbaum der Menschen und der Menschenaffen

Pinnwand

UNSERE VORFAHREN

Rekonstruieren – aber wie?

Aus gefundenen Skelettteilen versuchen Wissenschaftler das Aussehen der Vorfahren des Menschen zu rekonstruieren. Dazu werden Gipsabgüsse der gefundenen Knochen gefertigt. Nicht gefundene Knochen werden durch Vergleiche mit anderen Funden ergänzt. Anschließend modelliert man Nasenknorpel, Muskeln und Haut in Plastilin. Die dazu nötigen Maße und Informationen liefern Datenbanken, die nach Ultraschall-Untersuchungen heutiger Menschen erstellt wurden. Von dieser Figur wird nun in einem weiteren Arbeitsschritt ein Abdruck mit einem gummiartigen Material genommen. In dieses lassen sich die Augen und die Haare einsetzen. Ganz zum Schluss wird die Hautfarbe aufgesprüht, die die Wissenschaftler für die wahrscheinlichste halten. Auf diese Art und Weise können unsere Vorfahren ziemlich genau rekonstruiert werden.

Erste Spuren

Bei Laetolie in Tansania fanden Wissenschaftler menschliche Fußspuren. Diese zeigten, dass schon vor 3,75 Millionen Jahren Vormenschen aufrecht gingen. Die Spuren entstanden als Abdrücke in Vulkanasche, die vom Regen durchnässt worden war. Sie wurden von der Sonne steinhart gebrannt und anschließend mit Sand bedeckt, bis sie 1976 entdeckt und freigelegt wurden.

„Lucy“ wird entdeckt

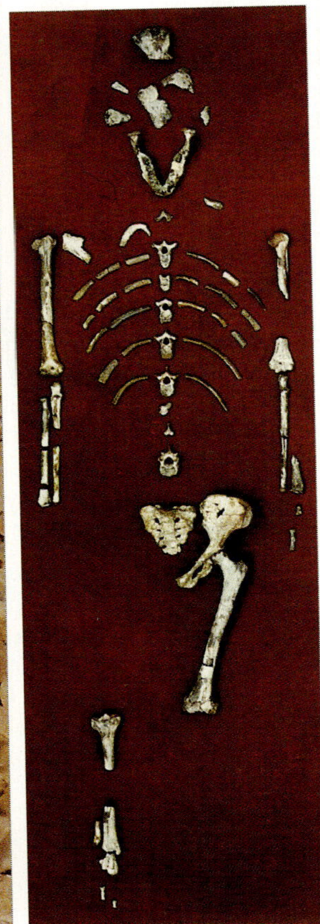

Der Amerikaner Donald Johanson suchte mit vielen Mitarbeitern im Jahre 1974 in der Afar-Wüste im Osten Afrikas nach Überresten unserer frühesten Vorfahren. Dort werden durch seltene, aber starke Regenfälle immer wieder Fossilien freigespült.
Wie an allen anderen Arbeitstagen war Johanson mit seinem Assistenten Gray auf der Suche nach Fossilien, als sie etwas Besonderes entdeckten. „Mein Gott!“, rief Gray und hob es auf. Es war die Rückseite eines kleinen Schädels. Daneben fand er unter anderem einen Hüftknochen und den Teil eines Oberschenkelknochens, einen vollständigen Beckenknochen und ein Kreuzbein. Ein solches Skelett war noch nie gefunden worden. Es gilt als ein Überrest unserer ältesten bekannten Vorfahren, die aufrecht gingen.
Abends feierten die Wissenschaftler und hörten dabei immer wieder den Beatles-Song „Lucy in the Sky with Diamonds“. Da Johanson anhand des Beckenknochens vermutete, dass es sich wegen der großen Beckenöffnung um die Knochen eines weiblichen Wesens handelte, gab er dem Skelett den Namen „Lucy“.
Neuere Erkenntnisse deuten darauf hin, dass es wohl doch ein männliches Skelett war. Inzwischen wurden aber auch andere, weibliche Skelette dieser Vormenschenart gefunden.

1 Welchen wissenschaftlichen Namen trägt „Lucy“?

2 Nenne die Knochen des gefundenen Skelettes, die gut zu erkennen sind.

3 Erkläre, warum die Fußspuren von Laetoli solange erhalten blieben.

Aus der Steinzeit direkt zu uns

Streifzug durch die Geschichte

1 Betrachtung der Mumie am Gletscher

19. September 1991. Die deutschen Bergsteiger Erika und Helmut Simon entdecken in den Ötztaler Alpen eine leblose Gestalt, die in dem Gletschereis eingebettet ist. Die schnell verständigte Polizei prüft den Fund und lässt ihn durch Archäologen bergen. Die anfängliche Vermutung bestätigte sich rasch. Bei der Gestalt handelt es sich um die Mumie eines Mannes, deren Alter auf mindestens 5000 Jahre geschätzt wird. Der im Gletschereis konservierte Steinzeitmensch gibt uns einmalige Informationen über unsere Vorfahren aus dieser Epoche. Die ebenfalls erhaltene Ausrüstung sowie weitere Funde ermöglichen uns eine genaue Vorstellung vom Leben in dieser Zeit.

„Ötzi", so wurde der Gletschermann bald nach seinem Fundort benannt, war wahrscheinlich ein Hirte, der seine Schaf- und Ziegenherden auf die Hochweiden des Ötztals trieb. Seine Heimat war ein kleines Dorf in einem Alpental Südtirols. Durch den Anbau von Nutzpflanzen und die Zucht von Nutztieren konnten viele Menschen ernährt werden. In den mit dichten Wäldern bewachsenen Tälern lebten Wildtiere, die von den Dorfbewohnern gejagt wurden. Männer und Frauen wohnten in Holzhäusern, die mit einem Strohdach versehen auf einem Steingerüst standen. Die Menschen konnten schon Kupfer schürfen und bearbeiten. Auf den Äckern wurden Zugtiere und Pflüge eingesetzt und das Rad wurde schon bei allen Transportaufgaben selbstverständlich verwendet.

Der Gletschermann trug zweckmäßige Lederkleidung und einen Regenumhang aus Grasgeflecht. Eine Gürteltasche enthielt viele nützliche Werkzeuge wie eine Knochenahle zum Bohren und Nähen, ein Feuerzeug aus Zunder und Feuerstein sowie Feuersteingeräte zum Schneiden, Schaben und Bohren. Als Waffen dienten mit großer Perfektion gefertigte Pfeile und ein Bogen. „Ötzi" besaß auch ein Beil mit einer Kupferklinge.

Der Mann aus dem Ötztal war optimal ausgerüstet. Er kam in seiner Gebirgsheimat gut zurecht – bis eines Tages ein Pfeil sein Schulterblatt durchschlug und er verblutete.

*2 **Leben in der Steinzeit. A** Dorf vor etwa 5300 Jahren; **B** Rekonstruktion des Gletschermannes*

1 Faustkeil

2 Kupfermesser

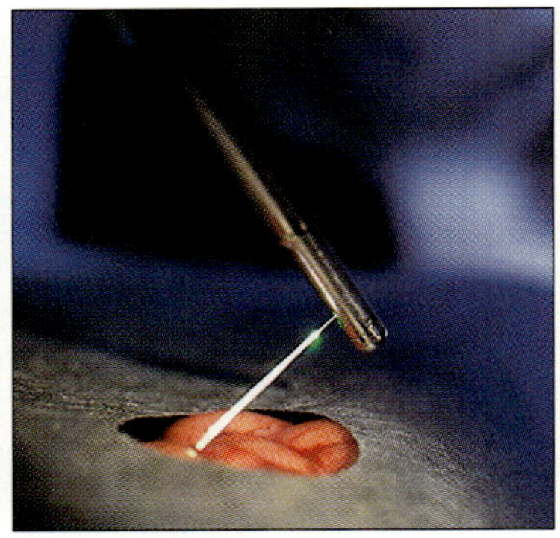

3 Laserskalpell

5.4 Die kulturelle Entwicklung des Menschen

Vom Faustkeil zum Laserskalpell, von der Höhlenzeichnung zum Internet: Diese Fortschritte machen deutlich, dass sich die Menschen nicht nur körperlich veränderten. Sie entwickelten sich auch geistig weiter. Bedingt durch die besondere Ausprägung des Großhirns erwarben unsere Vorfahren besondere Fertigkeiten, die sich im Laufe der Zeit immer weiter verfeinerten.

Durch die Aufrichtung ihres Körpers hatten die Menschen die Arme frei. Dadurch war es ihnen möglich, Geräte zu handhaben. Als erste **Werkzeuge** wurden Knochen und Steine so benutzt, wie sie gefunden wurden. Im Verlauf der Zeit lernten unsere Vorfahren dann, Steine und Stöcke so zu bearbeiten, dass neue Geräte entstanden. Die ältesten uns bekannten Geräte sind 2,5 Mio. Jahre alt. Sie stammen von frühen Vertretern des Homo habilis. Mit Steinwerkzeugen konnten Menschen Tiere erlegen, Felle schneiden, Nahrung zerkleinern und weitere Werkzeuge herstellen. Ein Beispiel dafür ist der *Faustkeil.*

Alle früheren Menschenarten arbeiteten mit Steinwerkzeugen. Erst vor wenigen tausend Jahren lernten unsere Vorfahren, Metall zu bearbeiten. So entstanden leistungsfähige Werkzeuge, die sich gegen Steingeräte durchsetzten. Heute ermöglicht uns die Lasertechnologie sogar, das Licht als Schneidewerkzeug zu verwenden.

Gleichzeitig mit dem Werkzeuggebrauch entwickelte sich die **menschliche Sprache.** Durch sie wurde es möglich, dass Jäger untereinander genaue Absprachen trafen. Mit einer vereinbarten Strategie konnten sie so auch Großwild wie Mammuts und Auerochsen erlegen. Sprache und Schrift ermöglichen uns, gewonnene Erfahrungen weiterzugeben. So baut jede Generation auf den Erfahrungen der vorherigen auf, was den Fortschritt beschleunigt. Durch die Erfindung des Buchdrucks konnten schließlich sehr viele Menschen auf einmal dieselben Informationen beziehen. Dieser Prozess wird heute durch Computer und weltweite Nachrichtennetze extrem beschleunigt. Über Kontinente hinweg werden in wenigen Sekunden Nachrichten ausgetauscht. Nahezu das gesamte Wissen der Menschheit steht an jedem Ort der Welt zur Verfügung.

4 Schriftzeichen (Ton)

5 Bücherstapel

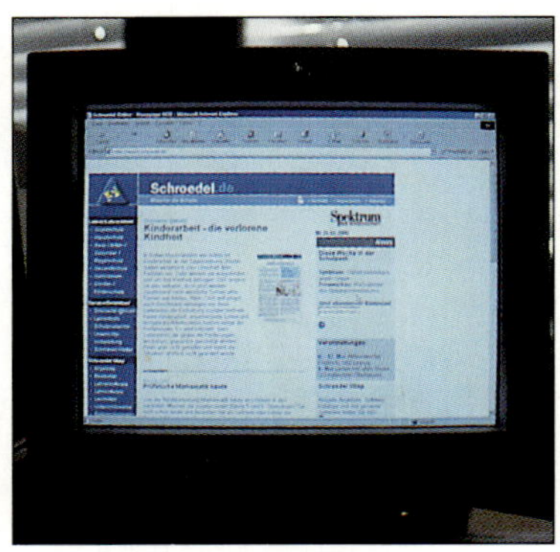

6 Weltweite Information

7 Höhlenmalerei

8 Venusfigürchen

9 Moderne Kunst

Neben diesen Entwicklungen haben wir zahlreiche Hinweise auf das **künstlerische Schaffen** unserer Vorfahren. In Höhlen und an Felswänden gibt es viele steinzeitliche Malereien, von denen einige über 30000 Jahre alt sind. Immer wieder haben die steinzeitlichen Menschen versucht, ihre Jagdtiere in Zeichnungen darzustellen. Bis heute zeigt sich das künstlerische Schaffen des Menschen in den Bereichen von Musik, Malerei und Bildhauerei.

Auch **religiöse Vorstellungen** entwickelten sich im Laufe der kulturellen Evolution. Die frühen Höhlenmalereien dienten wohl dazu, Macht über Jagdbeute zu erlangen; die weiblichen Figuren werden als Fruchtbarkeitsgöttinnen gedeutet. Religiöse Rituale sind uns schon aus der Altsteinzeit bekannt. So pflegten die Neandertaler einen Höhlenbärenkult. Die Schädel der erlegten Tiere wurden gestapelt und nach bestimmten Regeln beigesetzt. Grabbeigaben wie zum Beispiel Nahrungsmittel, Waffen und Werkzeuge neben den Skeletten verstorbener Neandertaler weisen darauf hin, dass diese Menschen bereits eine Vorstellung vom Leben nach dem Tode hatten.

Aus Nordeuropa und Südengland sind uns beeindruckende Steinzeitbauten bekannt, die sicherlich religiösen Zwecken dienten. Es kann teilweise heute noch nicht erklärt werden, wie die damaligen Menschen in der Lage waren, die riesigen Felsbrocken zu Bauwerken zusammenzufügen.
Bis heute versuchen die Menschen, den religiösen Vorstellungen durch beeindruckende Bauten wie Kathedralen, Tempel und Moscheen Ausdruck zu verleihen.

> Die kulturelle Evolution des Menschen ist gekennzeichnet durch die Entwicklung von Werkzeugen, Sprache, Kunst und religiösen Vorstellungen.

1 Warum finden wir steinzeitliche Malereien insbesondere in Höhlen und unter überhängenden Felswänden?
2 Durch welche körperlichen Veränderungen wurde die geistige Entwicklung ermöglicht?
3 Nenne Beispiele, an denen deutlich wird, was Schrift und Sprache für den Menschen bedeuten.
4 Wieso deuten Grabbeigaben auf eine Vorstellung von einem Leben nach dem Tode hin?

10 Bestattung eines Neandertalers

11 Stonehenge

12 Kölner Dom

5.5 Vielfalt der Menschen

In einer Statistik einer Realschule in Nordrhein-Westfalen hat sich gezeigt, dass Schülerinnen und Schüler aus insgesamt 17 verschiedenen Nationen diese Schule besuchen. Entwicklungsgeschichtlich gesehen gehören sie alle zu den **Jetztmenschen** (Homo sapiens sapiens). Alle Menschen dieser Erde haben die gleiche Grundgestalt und können sich als Erwachsene untereinander fortpflanzen. Doch offensichtlich gibt es auch Unterschiede wie zum Beispiel die Hautfarbe, die Form von Lippen und Augen und die Struktur der Haare. Wie kommt es zu solchen Unterschieden?

Als die Menschen ihre Urheimat Afrika verließen und neue Lebensräume besiedelten, entstanden Gruppen, die durch Meere, Wüsten, Gebirge oder Eis voneinander **isoliert** waren. Sie wurden durch **Mutation** und **Selektion** unterschiedlich an die jeweilige Umwelt angepasst. In heißen Kontinenten wie zum Beispiel Afrika ist eine stark pigmentierte Haut ein guter Schutz gegen die UV-Strahlung der Sonne. Menschen, bei denen durch Mutation eine dunklere Haut auftrat, waren so gegenüber ihren hellhäutigen Mitmenschen im Vorteil. So könnte sich die dunkle Hautfarbe der Afrikaner durchgesetzt haben. Eine dunkle Haut findet man auch bei den Bewohnern anderer heißer Länder wie Südindien und Australien.
In anderen Gebieten der Welt erwiesen sich andere Merkmale als vorteilhaft und setzten sich durch. Doch die verschiedenen Menschengruppen blieben nicht dauerhaft voneinander getrennt. Schon früh gelangten Menschen verschiedener Regionen durch Handelsreisen, aber auch durch Eroberungszüge und Verschleppungen in Kontakt miteinander. Dabei kam es zu Verbindungen zwischen Frauen und Männern unterschiedlicher Kulturen und verschiedenen Aussehens. Ihre Nachkommen waren den jeweiligen Volksgruppen nicht mehr eindeutig zuzuordnen. Durch Tourismus, Flugverkehr und wirtschaftliche Verknüpfungen sind heute die Kontakte zwischen den Völkern noch viel enger und zahlreicher geworden. So kommt es, dass in allen Kontinenten Menschen mit Merkmalen verschiedener Völker leben.
Obwohl es auch heute noch deutliche Unterschiede gibt, lehnen es die meisten Wissenschaftler ab, die Menschen in verschiedene Rassen einzuteilen.

Die Unterschiede zwischen einzelnen Gruppen führen oft zu Vorurteilen und sogar zu **Rassenkonflikten** oder Kriegen. Um das zu verhindern muss man wissen, dass Menschen zwar Unterschiede aufweisen, aber alle gleich an Würde und Rechten sind.

Alle auf der Erde lebenden Menschen gehören zu einer Art. In der Evolution sind unterschiedlich aussehende Gruppen entstanden. Die unterschiedlichen Völker sind gleichwertig.

1 Welche Evolutionsfaktoren haben zum Entstehen unterschiedlicher Menschengruppen beigetragen?
2 Warum müssen sich Nordeuropäer anders als viele Einheimische vor der Tropensonne schützen?
3 Welche Gemeinsamkeiten weisen alle heute lebenden Menschen auf?
4 Die meisten Wissenschaftler lehnen heute den Begriff „Rasse“ für die Bezeichnung verschiedener Menschengruppen ab. Begründe.

1 Schülerinnen und Schüler einer Realschule

MENSCHEN – FREI UND GLEICH AN RECHTEN UND WÜRDE?

Pinnwand

Fremdenfeindlichkeit

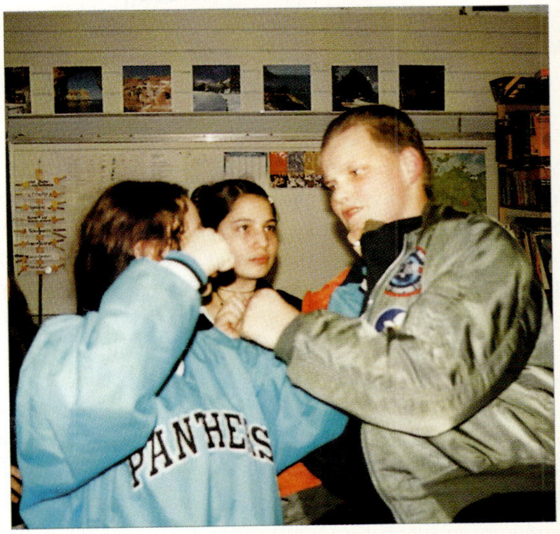

Definitionen

Rassismus
Als Rassismus bezeichnen wir weltanschauliche Überzeugungen, nach denen Menschen anderer Rassen oder ethnischer Gruppen gegenüber der eigenen als minderwertig eingestuft werden.

Völkermord
Das Verbrechen der Vernichtung einer nationalen, ethnischen, rassischen oder religiösen Gruppe bezeichnet man im Völkerrecht als Völkermord.

Ethnozid
So bezeichnet man die gewollte organisierte Vernichtung der kulturellen Identität von Menschen einer bestimmten ethnischen Gruppe durch politische, soziale und kulturelle Umerziehung.

1 Was könnte auf dem Foto „Fremdenfeindlichkeit" passiert sein? Versuche, dich in die einzelnen Personen hinein zu versetzen und das Geschehen aus ihrer Sicht zu schildern.

2 Lies die Definitionen. Schlage unbekannte Wörter im Lexikon nach. Nenne Beispiele für solche Vorgehensweisen.

3 Nenne Beispiele für Einrichtungen, die über die Einhaltung der Menschenrechte wachen. Benutze dazu Nachschlagewerke oder informiere dich im Internet.

4 Markiere auf einer Weltkarte Regionen, in denen es gegenwärtig zu kriegerischen Auseinandersetzungen zwischen verschiedenen Volksgruppen kommt. Berichte.

Menschenrechte

Die Generalversammlung der **Vereinten Nationen** verkündete 1948 die **Allgemeine Erklärung** der Menschenrechte. Die Würde aller Menschen soll durch Rechte gesichert werden, die in 30 Artikeln festgelegt sind.

Artikel 1
Alle Menschen sind frei und gleich an Würde und Rechten geboren. Sie sind mit Vernunft und Gewissen begabt und sollen einander im Geiste der Brüderlichkeit begegnen.

Artikel 3
Jeder Mensch hat das Recht auf Leben, Freiheit und Sicherheit der Person.

Artikel 5
Niemand darf der Folter oder grausamer, unmenschlicher oder erniedrigender Behandlung oder Strafe unterworfen werden.

Artikel 7
Alle Menschen sind vor dem Gesetz gleich und haben ohne Unterschied Anspruch auf gleichen Schutz durch das Gesetz.

Flüchtlinge

Bis heute werden Menschen wegen ihrer Zugehörigkeit zu bestimmten Volksgruppen verfolgt und vertrieben.

1 Ernte früher

2 Moderne Ernte

5.6 Zukunft der Menschheit

Alle Lebewesen sind den Evolutionsfaktoren **Mutation, Selektion** und **Isolation** ausgesetzt und werden dadurch der Umwelt angepasst. Nur der Mensch kann seine Entwicklung teilweise selbst beeinflussen.
Dies zeigt sich zum Beispiel an der Entwicklung der Nahrungsmittelproduktion. Durch den Einsatz von ertragssteigerndem künstlichen Dünger, von Pestiziden und besseren Erntemethoden wurde der Ernteertrag, zum Beispiel des Weizens, um ein Mehrfaches gesteigert. Durch das erweiterte Nahrungsangebot und auch durch die verbesserte medizinische Versorgung stieg die Weltbevölkerung stark an. Zur Jahrtausendwende lebten ca. 6 Milliarden Menschen auf der Erde und in jeder Sekunde werden es drei mehr.
In den Industrienationen macht sich der Mensch von seiner Umwelt unabhängig. Moderne Verkehrsmittel bringen ihn heute in kurzer Zeit und über viele Kilometer von Ort zu Ort. Isolierte und zentral beheizte Häuser machen ihn vom Wetter unabhängig. Die Industrie versorgt ihn ohne große Mühe mit notwendigen Gebrauchsgütern und Luxusartikeln.
Doch diese Entwicklung hat auch ihre Schattenseiten. Die notwendige Energie für Verkehr, Heizung und Industrie wird überwiegend aus fossilen Brennstoffen wie Kohle und Erdöl gewonnen. Dabei werden große Mengen an Schadstoffen frei, die die Gesundheit der Menschen sowie Tiere und Pflanzen gefährden. Eine Lösung dieser Probleme erhofft man sich von weiteren technischen Entwicklungen. Auch die **Gentechnik** wird zunehmend Einfluss auf Mensch, Tier und Pflanzen und damit auf unsere Umwelt nehmen. Mit ihrer Hilfe soll das Erbgut von Tieren und Nutzpflanzen so verbessert werden, dass z.B. noch mehr Menschen ernährt werden können. Aber auch hier gibt es Risiken, zum Beispiel wenn in das Erbgut von Menschen eingegriffen wird. Dazu kommt eine große Ungleichheit in der Verteilung der Güter auf der Welt. In den Entwicklungsländern herrscht oft noch Hunger und Armut und sie haben am meisten unter dem starken Bevölkerungswachstum und der Umweltverschmutzung zu leiden. Ob die Menschheit ihre Probleme wie Ungleichheit, Bevölkerungsexplosion und Umweltbelastung lösen kann, wird die Zukunft zeigen.

Der Mensch beeinflusst seine Evolution selbst.
Ob er die mit seinen Fertigkeit verbundenen Risiken beherrschen kann, hängt von ihm selbst ab.

1 Erkläre, warum die Evolutionsfaktoren Mutation, Selektion und Isolation für die Menschen nur noch geringe Bedeutung haben.

2 Interpretiere die Grafiken zu Energiebedarf, Bevölkerungswachstum und CO_2-Ausstoß. Beschreibe mögliche Zusammenhänge.

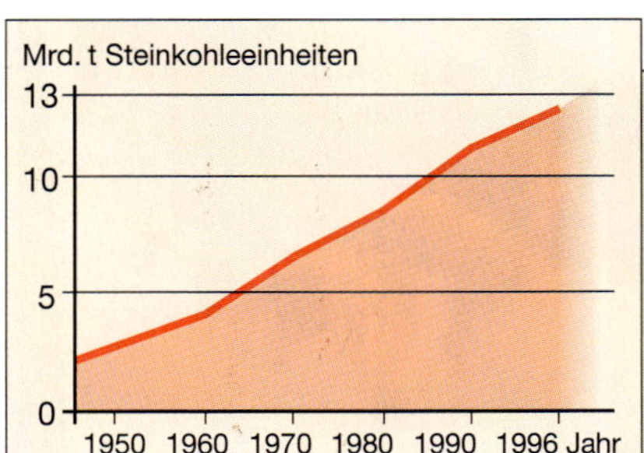

3 Energiebedarf

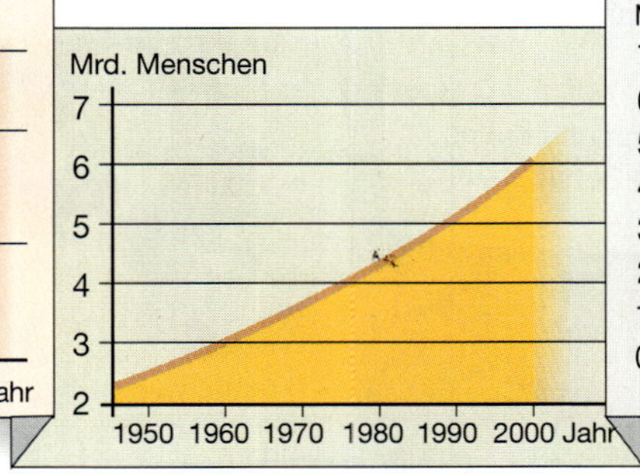

4 Bevölkerungswachstum

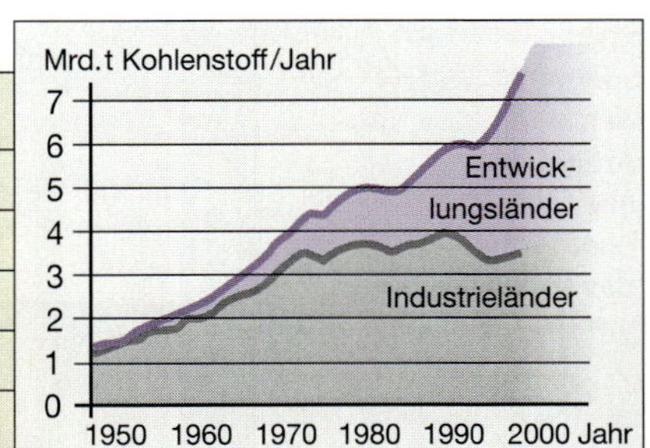

5 CO_2-Ausstoß

Abstammungslehre

Prüfe dein Wissen

A1 Bringe die Erdzeitalter in die richtige Reihenfolge und ordne sie der Erdurzeit, dem Erdaltertum, dem Erdmittelalter und der Erdneuzeit zu:
Devon, Jura, Kambrium, Karbon, Ordovizium, Perm, Präkambrium, Quartär, Silur, Tertiär, Trias.

A2 Fossilien als Briefmarkenmotive.
a) Benenne die Motive.
b) Ordne sie in der richtigen zeitlichen Abfolge.
c) Benenne die Zeitalter ihres Vorkommens.

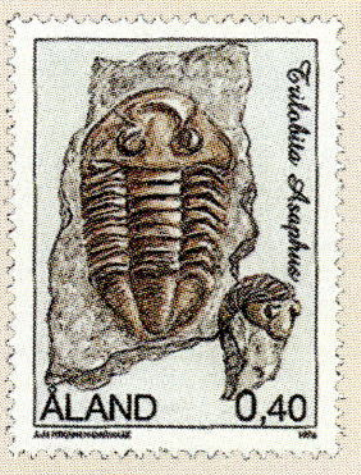

A3 Brückentiere zeigen Merkmale von 2 verschiedenen Tierklassen.
a) Urvogel: nenne je 3 Merkmale der entsprechenden Tierklassen.
b) Schnabeltier: Nenne je 2 Merkmale der entsprechenden Tierklassen.

A4 Es gibt verschiedene Theorien zur Evolution:
1. Die von den Vorfahren erworbenen Eigenschaften werden von Generation zu Generation weitergegeben.
2. Durch natürliche Auslese verändern sich die Arten im Laufe der Generationen.
3. Alle Lebewesen, wie sie heute leben, sind durch einen Schöpfungsakt von Gott geschaffen worden.

a) Wie heißen die zitierten Theorien?
b) Welche der genannten Theorien ist heute allgemein anerkannt?

A5 Wähle aus den folgenden genannten Begriffen die drei aus, die als Ursache für die Bildung neuer Arten in Betracht kommen.
Auslese, Gentransfer, Isolation, Klimawechsel, Klonen, Modifikation, Mutation, Selektion, Vererbung, Züchtung.

A6 Welche der folgend genannten körperlichen Merkmale sind beim Menschen und beim Bonobo übereinstimmend?
Bau der Hand, Anzahl der Knochen, Bau der Wirbelsäule, Anzahl der Zähne, Bau der Füße, Erbgut, Bau des Schädels.

A7 Zu welcher Zeit etwa lebte der mögliche gemeinsame Vorfahre vom Menschen und von Menschenaffen?
a) vor 100 Mio. Jahren,
b) vor 50 Mio. Jahren,
c) vor 10 Mio. Jahren,
d) vor 5 Mio. Jahren.

A8 Stammbaum des Menschen und der Menschenaffen. Benenne die mit Ziffern gekennzeichneten Vertreter.

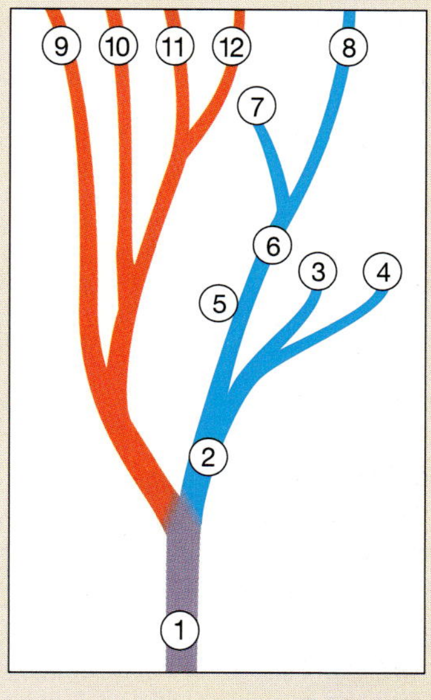

A9 Benenne die folgend dargestellten Werkzeuge und ordne sie zeitlich ein.

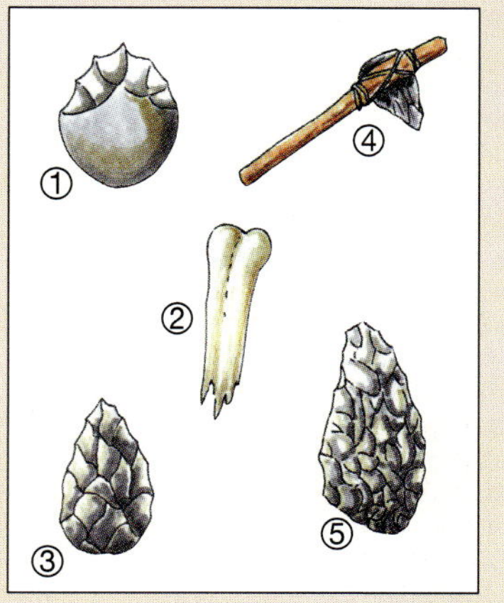

Fette Seitenzahlen weisen auf ausführliche Behandlung im Text oder auf Abbildungen hin;
f. = die folgende Seite; ff. = die folgenden Seiten.

U

V

W

Z

Trotz entsprechender Bemühungen ist es nicht in allen Fällen gelungen, den Rechtsinhaber ausfindig zu machen. Gegen Nachweis der Rechte zahlt der Verlag für die Abdruckerlaubnis die gesetzlich geschuldete Vergütung.

Titel (Fossilien): Arthur/Mauritius, Mittenwald; Titel (Kopffüßer): NAS/Douglas/Faulkner/Okapia, Frankfurt; 3.1: Greiner/Greiner+Meyer, Braunschweig; 3.1A: Vock/Okapia, Frankfurt; 3.1B: Schrempp/Greiner+Meyer, Braunschweig; 3.1C: Dr. Pott/Okapia, Frankfurt; 3.1D: Hanneforth/Silvestris, Kastl; 3.1E: Reinhard/Okapia, Frankfurt; 3.2: GettyImages/Bavaria Bildagentur GmbH, München; 4.1: Kerscher/Silvestris, Kastl; 5.1: Manzoni/Pantarei/Centro Studi Ricerche Ligabue, Venezia; 6.1: Greiner/Greiner+Meyer, Braunschweig; 6.1A: Vock/Okapia, Frankfurt; 6.1B: Schrempp/Greiner+Meyer, Braunschweig; 6.1C: Dr. Pott/Okapia, Frankfurt; 6.1D: Hanneforth/Silvestris, Kastl; 6.1E: Reinhard/Okapia, Frankfurt; 7.2A: fm/Mauritius, Mittenwald; 7.2B: Compost/Okapia, Frankfurt; 7.2C: Dr. Pott/Okapia, Frankfurt; 7.2D: Naroska F./Silvestris, Kastl; 11.1A. Reinhard/Okapia, Frankfurt; 11.2A: Greiner/Greiner+Meyer, Braunschweig; 12.1A: Günter/Okapia, Frankfurt; 12.1B: Soontag/Okapia, Frankfurt; 12/13.2: Grzimek/Okapia, Frankfurt; 16.1A–C: Starke, Leipzig; 16.1D: Dr. Jaenicke, Rodenberg; 16/17.2: Thonig/Mauritius, Mittenwald; 18.1: Dr. Jaenicke, Rodenberg; 18.2: Wellmann/Okapia, Frankfurt; 19.4: Lichtbildarchiv Dr. Keil, Neckargemünd; 20.1B: Lond. Sc.Films/OSF/Okapia, Frankfurt; 20.1C: Kage/Okapia, Frankfurt; 21.1–2: SaKa-Ragis Pflanzenzucht GbR, Windeby; 22.1: Reinhard/Okapia, Frankfurt; 23.1: Sammer/Bildarchiv Sammer, Neuenkirchen; 23.2: Dobers, Walsrode; 23.3: Spethmann/Universität Hannover, Fachbereich Gartenbau, Hannover; 23.4: Sammer/Bildarchiv Sammer, Neuenkirchen; 24.1A: Kalt/Zefa, Düsseldorf; 24.1B: Greiner+Meyer, Braunschweig; 28.1: Pioneer Hi-Breed Northern Europe GmbH, Buxtehude; 28.1A: Dobers, Walsrode; 28.1B: Pioneer Hi-Breed Northern Europe GmbH, Buxtehude; 29.1: Dr. Jaenicke, Rodenberg; 31.4B: Dr. Ursula Hofmann, Göttingen; 31.5: Tegen, Hambühren; 32.1B: Lieder, Ludwigsburg; 34.1A: Reinhard/Okapia, Frankfurt; 35.3: Dobers, Walsrode; 36.1: Reinhard/Okapia, Frankfurt; 37.1A: Prof. Dr. Weber, Reutlingen; 38.1A: aus: Hans Kleinig und Uwe Maier, Zellbiologie, 4. Aufl., Spektrum Akademischer Verlag, Heidelberg, Berlin, 1999; 39.1: Dr. Jaenicke, Rodenberg; 39.2, 40.1–2: Tegen, Hambühren; 41.2, 41.3A–B, 41.4C–D: Dr. Jaenicke, Rodenberg; 42.2 (10F): Dr. F.-M. Thomas, Albrecht-von-Haller-Institut für Pflanzenwissenschaften, Göttingen; 43.1: Reinhard-Tierfoto, Heiligkreuzsteinach; 43.2A: Tönnies, Laatzen; 43.3: Reinhard-Tierfoto, Heiligkreuzsteinach; 43.4A: Dr. Philipp, Berlin; 44.1A–C, 45.3A–C: Dr. Jaenicke, Rodenberg; 45.4: Reinhard/Okapia, Frankfurt; 46.1A: Heine/Silvestris, Kastl; 46.1B: A.N.T./Silvestris, Kastl; 46.1C: Mallwitz/Wildlife, Hamburg; 47.1: Dobers, Walsrode; 47.2: Dr. Schmid/Okapia, Frankfurt; 47.3: ISP/GettyImages/Bavaria Bildagentur GmbH, München; 50.1C: Scharf/Arnold Inc./Okapia, Frankfurt; 56.1A: Schäfer/Okapia, Frankfurt; 56.1B: Scharf/Arnold Inc./Okapia, Frankfurt; 56.1C: Günter/Okapia, Frankfurt; 56.1D: Lochstampfer/Silvestris, Kastl; 56.1E: Starke, Leipzig; 56.1F: Vock/Okapia, Frankfurt; 56.4: Prof. Dr. Weber, Reutlingen; 58.1: GettyImages/Bavaria Bildagentur GmbH, München; 58.1A: Glammeier, Hannover; 58.1B: Thonig/Mauritius, Mittenwald; 60.1A: Eriksson/Okapia, Frankfurt; 60.1B: Dobers, Walsrode; 60.1C: Dr. Philipp, Berlin; 60.1D: Dobers, Walsrode; 60.2A: Dr. Philipp, Berlin; 60.2B: Angermayer, Holzkirchen; 60.2C: Dobers, Walsrode; 60.2D: Skibbe/Silvestris, Kastl; 61.4A–B: Glammeier, Hannover; 61.4C: Starke, Leipzig; 61.4D, 61.5A: Dobers, Walsrode; 61.5B: Starke, Leipzig; 61.5C: Sandved/Okapia, Frankfurt; 61.5D: Dobers, Walsrode; 62.1: Walz/Silvestris, Kastl; 62.2: Dr. Philipp, Berlin; 62.3: Montford/BIOS/Okapia, Frankfurt; 62.4: Ziesler/Angermayer, Holzkirchen; 62.5: Harding/Silvestris, Kastl; 63.2: Kiepke/Naturbild/Okapia, Frankfurt; 62.3: Wendler/Okapia, Frankfurt; 64.2: Thonig/Mauritius, Mittenwald; 64.3: Dr. Philipp, Berlin; 64.4: Tönnies, Laatzen; 65.5–6: Dr. Philipp, Berlin; 65.7: Reinhard/Okapia, Frankfurt; 66.1A, 67.1: Dr. Philipp, Berlin; 67.2–3: Prof. Dr. Weber, Reutlingen; 67.4–5: Dr. Jaenicke, Rodenberg; 67.6: R. Förster/Natur im Bild/Okapia, Frankfurt; 67.6A: Tönnies, Laatzen; 67.7: Prof. Dr. Weber, Reutlingen; 70.1, 71.3: Tönnies, Laatzen; 72.1: Ekholm/Mauritius, Mittenwald; 72.2A: Angermayer, Holzkirchen; 72.2B: Tönnies, Laatzen; 75.1, 75.1A: Starke, Leipzig; 75.1B: Heppner/Silvestris, Kastl; 75.1C: Tönnies, Laatzen; 77.2: Dr. Bleich/Xeniel Dia, Neuhausen; 78.2A: NHPA/Silvestris, Kastl; 78.2B: Laub/Okapia, Frankfurt; 78.2C: Schmidt/Okapia, Frankfurt; 78.2D: Lenz/Silvestris, Kastl; 78.2E: Pfletschinger/Angermayer, Holzkirchen; 79.2F: Silvestris, Kastl; 79.2G: Wothe/Silvestris, Kastl; 79.2H: Reinhard-Tierfoto, Heiligkreuzsteinach; 80.1A–D: Pfletschinger/Angermayer, Holzkirchen; 84.1A: Brockhaus/Silvestris, Kastl; 84.3: Pfletschinger/Angermayer, Holzkirchen; 85.1: Dr. Philipp, Berlin; 85.3: Kunz/Okapia, Frankfurt; 86.1A–B: Wellinghorst, Groß Mimmelage; 86.1C: Dr. Philipp, Berlin; 87.1–4: Dobers, Walsrode; 87.6: Markmann/Okapia, Frankfurt; 88.1A–D: Wellinghorst, Groß Mimmelage; 90.1: Dr. Thomas, Göttingen; 94.1: Mauritius, Mittenwald; 95.4: Büttner/Naturbild/Okapia, Frankfurt; 96.1A: Dr. Philipp, Berlin; 96.1B: Reinhard/Okapia, Frankfurt; 96.2A: Partsch/Silvestris, Kastl; 96.2B: Geduldig/Okapia, Frankfurt; 96.2C: Geil/Silvestris, Kastl; 97.1: Tönnies, Laatzen; 97.2: Reinhard/Okapia, Frankfurt; 97.3: Dr. Jaenicke, Rodenberg; 97.4: Wellinghorst, Groß Mimmelage; 97.5: Tönnies, Laatzen; 98.1A: Maier/Okapia, Frankfurt; 98.1B: Arndt/Okapia, Frankfurt; 98.1C: Sunset/Silvestris, Kastl; 99.1: Wellinghorst, Groß Mimmelage; 100.1: Büttner/Naturbild/Okapia, Frankfurt; 100.2: Öko Prüfzeichen GmbH & Informationsstelle Biosiegel bei der ÖPZ-GmbH, Bonn; 100.3: Bioland Verlags GmbH, Mainz; 101.5: CMA, Bonn; 102.1: Wellinghorst, Groß Mimmelage; 102.2: Reinhard/Okapia, Frankfurt; 102.3: Kottal/Silvestris, Kastl; 103.2: Wellinghorst, Groß Mimmelage; 104.1A–D: Dr. Philipp, Berlin; 105.2: Pott/Okapia, Frankfurt; 105.3: Danegger/Okapia, Frankfurt; 105.4: Dr. Philipp, Berlin; 106.1: Thielscher/Silvestris, Kastl; 106.1A: Angermayer, Holzkirchen; 107.1: Elfner/Angermayer, Holzkirchen; 107.2A: Schillinger, Nürnberg; 107.2B: Glinski, Berlin; 107.2C: Runge, Otterberg; 107.3: Ziesler/Angermayer, Holzkirchen; 108.1A: Schwirtz/Silvestris, Kastl; 108.2B. Zeeb, Holzgerlingen; 109.4: ESOC, Darmstadt; 110.2: Dr. Philipp, Berlin; 112.1: Kerscher/Silvestris, Kastl; 112.2: Rabisch, Duingen; 113.1: Schwenk; 113.2: Deutsches Museum, München; 114.1A–C: Fabian, Hannover; 115.4A: Stein GbR, Vastorf; 115.4B: Reinhard/Okapia, Frankfurt; 115.4C: Starke, Leipzig; 117.1: Tegen, Hambühren; 117.2: Häberle, Ostfildern; 118.1–2: Lieder, Ludwigsburg; 118.3: Mauritius, Mittenwald; 118.4: Wildermuth, Dachau; 119.1A–F: Lieder, Ludwigsburg; 121.1: Archiv für Kunst und Geschichte, Berlin; 121.2: Lichtbildarchiv Dr. Keil, Neckargemünd; 123.6: Lieder, Ludwigsburg; 125.1A: Tönnies, Laatzen; 125.1B: Wellinghorst, Groß Mimmelage; 125.2A: Hecker/Silvestris, Kastl; 125.2B: Reinhard/Okapia, Frankfurt; 126.1: Reininger/Focus, Hamburg; 126.2: Behrens, Lehrte; 126.3: Ferrero/Nature/Okapia, Frankfurt; 126.4: Focus, Hamburg; 126.6: Lanceau/Logis/Okapia, Frankfurt; 127.1: dpa, Frankfurt; 127.2: aus: Moore, Persand: Embryiology, © 1998, W. B. Saunders, Philadelphia; 128.1A–B: Meyer Blumenvertrieb, Oldenburg; 128.4A: Albinger/Silvestris, Kastl; 128.4B: Thonig/Mauritius, Mittenwald; 130.1A: Fabian, Hannover; 130.2: Science Photo Library/Focus, Hamburg; 132.1: Behrens, Lehrte; 133.3 (Inset): Dobers, Walsrode; 134.2: Behrens, Lehrte; 134.4: Spaeth/Silvestris, Kastl; 135.5A–B: Nichols/Focus, Hamburg; 136.1–2: Paul Brierly; 138.1A: Rossi/Zefa, Düsseldorf; 139.1: Cortier/Okapia, Frankfurt; 140.1: Angelika Alb/Deutsches Rotes Kreuz, Berlin; 141.1: Dia 10 aus der Dia-Serie „…zeig, was wir können", zu beziehen beim Bundesverband Evangelische Behinderte e. V., Stuttgart; 141.2: Arend/epd-Bild, Frankfurt; 141.3: Beyer, Halle; 142.2: Dobers, Walsrode; 145.4: dpa, Frankfurt; 147.1: Dr. Jaenicke, Rodenberg; 147.1A: AgroConcept; 147.2A–B: Spektrum der Wissenschaft 8/92; 147.3: NAS/Myers/Okapia, Frankfurt; 148.4: Behring-Werke, Marburg; 149.1: Su/Silvestris, Kastl; 152.1: Manzoni/Pantarei/Centro Studi Ricerche Ligabue, Venezia; 153.1: Dr. Sauer/Silvestris, Kastl; 153.3: Cancalosi/Okapia, Frankfurt; 153.4: Staatliches Museum für Naturkunde, Stuttgart; 153.5: Breck/Okapia, Frankfurt; 153.6: Dinosaurier-Park, Münchehagen; 157.1: De Cuveland/Silvestris, Kastl; 158.1F: Dr. Sauer/Okapia, Frankfurt; 159.1: Wendler/Wildlife, Hamburg; 159.1A: Nagel/Wildlife, Hamburg; 160.1B: Gohier/Okapia, Frankfurt; 161.1A: Klein & Hubert/Okapia, Frankfurt; 161.2A: Schauer/Group Fricke//MPIV, Seewiesen; 162.1: Abteilung Messelfoschung, FIS, Frankfurt; 167.2A: Lenz/Silvestris, Kastl; 167.2B: Wendler/Okapia, Frankfurt; 169.1A, 169.2A: Deutsches Museum, München; 170.1A: Dr. Bishop/Dr. Cook, Liverpool, aus: Spektrum der Wissenschaft: Verständliche Forschung Evolution, 3-922 508-22-7, S. 32 oben; 170.1B: Farkaschovsky/Okapia, Frankfurt; 170.1C: Dr. Bishop/Dr. Cook, Liverpool, aus: Spektrum der Wissenschaft: Verständliche Forschung Evolution, 3-922 508-22-7, S. 32 unten; 172.1: Widstrand/Naturbild/Okapia, Frankfurt; 172.3: Angermayer, Holzkirchen; 173.1. Behrens, Lehrte; 174.1A: Eulner, Haan; 174.1B: Neanderthal Museum, Mettmann; 174.1C: Rekonstruktion: Elisabeth Daynès, Fotograf: Christian Creutz/Neanderthal Museum, Mettmann; 178.2A: Rekonstruktion von Wolfgang Schnaubelt und Nina Kieser/Wildlife Art/Hessisches Landesmuseum Darmstadt/Geo/Thomas Ernsting/Bilderberg, Hamburg; 178.2B: Rekonstruktion von Wolfgang Schnaubelt und Nina Kieser/Wildlife Art/Hessisches Landesmuseum Darmstadt; 178.2C: Sina Althöfer/Wissenschaftliche Rekonstruktion von W. Schnaubelt & N. Kieser WildLife Art Team); 180.1: Stephan, Munderkingen; 180.2: Render/Science Photo Library/Focus, Hamburg; 180.3: The Cleveland Museum of Natural History, Ohio; 181.1: Gamma/Studio X, Limours; 181.2B: Landmann, Romeny-sur-Marne; 182.1: Manfred Ehrich/Löbbecke-Museum, Düsseldorf; 182.2: Archiv für Kunst und Geschichte, Berlin; 182.3: Steger, München; 182.4: Helmes, Aachen; 182.5–6: Behrens, Lehrte; 183.7: Eulner, Haan; 183.8: Archiv für Kunst und Geschichte, Berlin; 183.9: Hinterglasbild Allerheiligen I, 1911, von Wassily Kandinsky, © VG Bild-Kunst, Bonn 2001, Bonn; 183.10: Schaubelt/Bilderberg, Hamburg; 183.11: Eulner, Haan; 184.1: Konopka, Schwerte; 185.1: Bax, Hannover; 185.2: Eulner, Haan; 186.1: Backens, ; 186.2: Saaten-Union, Hannover; 187.1: Dobers, Walsrode; Hinteres Vorsatz (Homo erectus): Ca. Biological/Phototake/Okapia, Frankfurt; Hinteres Vorsatz (Blätter und Blüten): Cancalosi/Okapia, Frankfurt; Hinteres Vorsatz (Libelle): Cancalosi/Okapia, Frankfurt; Hinteres Vorsatz (Belemnit): Klein & Hubert/Okapia, Frankfurt; Hinteres Vorsatz (Schnecken): Michler/Okapia, Frankfurt; Hinteres Vorsatz (Seelilie): Nill/Okapia, Frankfurt; Hinteres Vorsatz (Knochenfisch): Chillmaid/OSF/Okapia, Frankfurt; Hinteres Vorsatz (Krebs und Saurier): Forschungsinstitut und Naturmuseum Senckenberg, Frankfurt

FOSSILIEN

Seelilie
(ca. 200 Mio. Jahre)

Belemnit
(ca. 150 Mio. Jahre)

Knochenfisch
(ca. 50 Mio. Jahre)

Schnecken
(ca. 160 Mio. Jahre)